环境风险应急技术

主　编　石昌智　刘维平　高　栗

副主编　朱邦辉　夏志新

参　编　张郁婷　闫生荣　代雅兴

　　　　谢　武　卢士兵　周　宏

主　审　黄凤莲　胡　萧

U0234123

北京理工大学出版社
BEIJING INSTITUTE OF TECHNOLOGY PRESS

内 容 提 要

本书遵循党的二十大报告精神，积极响应习近平总书记对应急工作的重要指示，致力于培养具备环境风险防范意识和应急处理能力的专业人才。本书内容共分为六个项目，包括认识环境风险、识别环境风险、评估环境风险、排查环境风险、处置环境风险和防范环境风险。每个项目均设计了多个工作任务，注重与实际工作对接，以便学生边学边练，提高实际操作能力。

本书适用于高等院校资源环境与安全类专业，可作为环境管理与评价技术、环境工程技术、资源综合利用技术、水净化与安全技术、给排水工程技术、安全技术与管理、环境监测技术、绿色低碳技术、应急救援技术等专业的工作手册式新形态教材，也可作为企事业单位从事环境风险管理人员和从事突发环境事件应急咨询服务专业技术人员的培训用书或参考用书。

图书在版编目（CIP）数据

环境风险应急技术 / 石昌智，刘维平，高栗主编 .
北京：北京理工大学出版社，2024.10.
ISBN 978-7-5763-4551-3

Ⅰ . X820.4
中国国家版本馆 CIP 数据核字第 2024PL8345 号

责任编辑：阎少华		**文案编辑**：阎少华	
责任校对：周瑞红		**责任印制**：王美丽	

出版发行 / 北京理工大学出版社有限责任公司

社　　址 / 北京市丰台区四合庄路 6 号

邮　　编 / 100070

电　　话 / （010）68914026（教材售后服务热线）

　　　　　　（010）63726648（课件资源服务热线）

网　　址 / http：//www.bitpress.com.cn

版 印 次 / 2024 年 10 月第 1 版第 1 次印刷

印　　刷 / 河北鑫彩博图印刷有限公司

开　　本 / 787 mm×1092 mm　1/16

印　　张 / 17

字　　数 / 359 千字

定　　价 / 76.00 元

前言

Foreword

　　随着工业化、城市化进程的加速，环境风险问题逐渐凸显，成为影响经济社会持续、健康发展的重要因素。为应对这一挑战，增强全民环境风险防范意识、普及环境风险知识和培养环境应急处置能力显得尤为重要。本书的编写旨在满足这一现实需求，力争为社会培养更多具备扎实专业知识和技能的环境风险应急人才。

　　本书以习近平新时代中国特色社会主义思想为指导，全面贯彻落实习近平总书记关于生态环境保护和应急管理工作的指示批示精神。在编写过程中，充分考虑了"十四五"时期的社会经济发展需求和生态文明建设要求，紧密结合我国现行生态环境保护法律法规和最新的环境应急规范标准，力求全面、系统地展示我国环境风险应急典型事故案例处置经验和最新要求。我们深知，在日益严峻的环境风险挑战面前，唯有激浊扬清，方能彰显我中华之决心与力量。本书致力于深入剖析环境风险的根源，揭示事故背后的隐患，以激浊；同时也致力于传播应急管理的知识，弘扬生态保护的理念，精练应急处置的技术，以扬清。为了提高教材的实用性和可操作性，我们与湖南省环境治理行业协会、湖南天瑶环境技术有限公司等企业合作，共同编写了本书。

　　本书采用项目化课程方式呈现，从理论维度、实践维度、案例维度、政策法规维度和学科交叉维度等多个维度展开教学，帮助学生全面了解和掌握环境风险应急处理技术。

　　在当下对环境保护和预防突发事件越来越重视的背景下，本书不仅传授知识，更致力于培养实际操作能力与综合素质，并具有以下特点：一是知识、能力与素质并重，本书不仅提供丰富的理论知识，还着重培养学生的实际操作技能和应对环境风险的综合素质，确保学生在掌握基础理论的同时，也具备预防和应对突发环境风险的能力，具体体现在识别和评估环境风险、编制环境应急预案、开展突发环境事件应急预案的培训及演练等方面的能力；二是题库设计科学，本书配备了理论、技能和素质题库，题目设计由浅入深，层层递进，不仅帮助学生巩固所学知识，还能让他们在实际操作中不断提升技能和应对能力；三是强调产教融合，本书以工作过程项目化为导向，以学生的能力培养为本位，产教融合的方式确保了教育内容与行业发展紧密相连，为学生未来的职业发展铺平道路；四是学、练、实施、考评一体化，通过这种模式，学生不仅能够系统地学习理论知识，还能够进行实际操作练习，让学生有机会将所学应用于实际情境，而考评是对学生学习成果的全面检验。

本书由石昌智、刘维平、高栗担任主编，由朱邦辉、夏志新担任副主编，由黄凤莲、胡萧担任主审。具体编写分工为：项目一由高栗编写，项目二由刘维平编写，项目三由石昌智编写，项目四由代雅兴、谢武、周宏编写，项目五由朱邦辉和夏志新编写，项目六由张郁婷、闫生荣、卢士兵编写。全书由刘维平统稿。本书在编写过程中还得到了相关企业人员的技术指导，如湖南天瑶环境技术有限公司高级工程师卢士兵，湖南省环境治理协会执行会长、高级工程师胡萧，湖南瑶岗仙矿业有限责任公司安环部阳骥，浙江泰鸽安全科技有限公司高级工程师陈义灶，他们不但提供了案例素材，还对职场提示、项目实施和评价提供了宝贵的建议。此外，本书由长沙环境保护职业技术学院牵头，联合广东环境保护工程职业学院、重庆资源与环境保护职业学院、南通科技职业学院共同编写。同时，我们衷心感谢湖南省职业教育教学改革研究项目"课程思政视域下高职环境类专业教材思政设计路径研究"（项目编号：ZJGB202232）对教材编写给予的帮助，并向所有为本书作出贡献的同行和专家致以最诚挚的感谢和最崇高的敬意。

本书的出版是我们为提高环境风险应急技术水平所做的一项重要工作。希望通过本书的推广和应用，能够培养更多具备专业技能的环境风险应急人才，推动环境风险应急工作的持续发展。

最后，我们衷心希望本书能够帮助广大学生和从业人员更好地预防和处置突发环境事件，为保护人民群众的人身财产及环境安全作出更大的贡献。我们将密切关注环保领域的新动态和新进展，不断修订和完善教材内容，以满足读者的需求。

编　者

目录

Contents

项目一　认识环境风险

知识目标

1. 掌握突发环境事件的定义、特点和影响。

2. 掌握突发环境事件的分类、分级。

3. 掌握风险、环境风险、风险率、风险评估、风险管控等基本概念。

4. 熟悉与环境风险管理相关的法律法规、部门规章、技术规范和标准等。

5. 了解我国突发环境事件应急管理体制、机制和应对原则。

能力目标

1. 具备判定环境污染事故是否属于突发环境事件以及对其分类、分级的能力。

2. 具备收集、整理、研读学习与环境风险相关的法律法规、部门规章、技术规范和标准等文献资料的能力。

素养目标

1. 树立正确的安全观，增强环境风险防范及生态环境保护意识。

2. 培养环境保护中的责任和担当精神，积极参与环保事业，为可持续发展贡献力量。

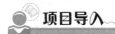 项目导入

大家是否曾听说过这样的新闻：某地突发严重的水污染事件，导致大量鱼类死亡、水环境质量受到严重威胁；某化工企业发生有毒有害物质大量泄漏，引发厂区周围居民的恐慌和健康问题。这些突发事件，其实都与突发环境事件息息相关。那么，什么是突发环境事件？我们又该如何应对这些突发环境事件呢？

在我们的日常生活中，环境风险似乎离我们很遥远，但实际上，它无处不在。你知道吗？全球气候变化、水污染、空气质量恶化等环境问题已经成为影响人类生存和发展的重大风险。因此，认识环境风险、管控环境风险已经成为我们每一个人必须面对的课题。那么，如何有效地认识和管控环境风险呢？

通过"认识环境风险"的学习，我们不仅能深入认识环境风险的本质，还能掌握有效的管控方法和手段。让我们共同努力，为保护我们共同的家园——地球，作出积极的贡献！

 项目分析

打开《环境风险应急技术》教材，我们首先需要从认知环境风险开始。了解突发环境

事件的定义、分类及分级标准，这是理解环境风险的基础。突发环境事件不仅包括因自然灾害而引发的环境污染，也包括由人为因素引发的各种生态环境受到破坏的紧急情况。通过深入学习突发环境事件的分类和分级，学生将能够更好地了解不同突发环境事件的潜在影响范围和程度，并采取相应的应对措施。

然而，仅了解突发环境事件本身并不够，更重要的是学会如何进行有效的风险管理和预防突发环境事件。在项目一中，我们将探讨风险的相关概念、风险管理与环境风险的关系，以及如何通过科学的方法和手段来管控环境风险。此外，学生还将学习到环境风险管理的法律依据、突发环境事件应急管理体制以及应对突发环境事件的基本原则。

通过本项目的学习，学生将建立对环境风险的全面认知，了解我国管控环境风险的依据，以及突发环境事件应急管理体制和应对原则。这将为我们未来在环境应急领域的工作和研究奠定坚实的基础。

 **知识结构**

本项目从两个方面来认识环境风险，知识网络框图如下：

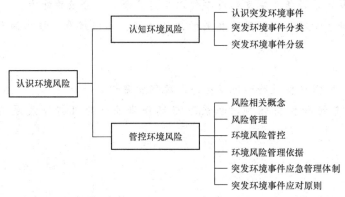

任务一　认知环境风险

任务引入

我们生活在一个与自然环境息息相关的世界里，对环境风险的认知和管控是我们每个人都应当具备的基本素养。环境风险是客观存在的，如果认识不够、管控不当，很容易引发突发环境事件。通过扫码学习"墨西哥湾钻井平台、火灾爆炸事件"，完成课前思考：

1. 什么是突发环境事件？什么原因引发的突发环境事件呢？
2. 环境污染事件和突发环境事件有何区别？

待学习完本任务后，完成以下任务：

1. 识别突发环境事件及其类型。

2. 确定突发环境事件等级。

视频：墨西哥湾
石油泄漏事件

📖 知识学习

一、认识突发环境事件

随着工业化、城市化进程的加速，人类所面临的环境挑战日益严峻。在这个大背景下，突发环境事件成了一个不可忽视的问题。这些事件的发生，不仅对人类健康、生态环境造成了巨大威胁，还对社会经济发展产生了深远的影响。因此，对突发环境事件的研究、预警和应对变得至关重要。

精品微课：认识
环境风险

然而，尽管突发环境事件带来的危害巨大，但对其的认知和研究仍存在诸多不足。这不仅体现在对其定义的模糊上，也体现在对其特点和影响认识的不足上。我们应明确突发环境事件的定义，分析其特点，并深入探讨其对社会、环境和经济的具体影响。同时，我们也将用前瞻性思维去思考如何更好地预警和应对该类事件，以减少其带来的损失。

1. 突发环境事件的定义

（1）突发事件。2007 年 8 月 30 日第十届全国人民代表大会常务委员会第二十九次会议通过的、自 2007 年 11 月 1 日起施行的《中华人民共和国突发事件应对法》明确："突发事件，是指突然发生，造成或者可能造成严重社会危害，需要采取应急处置措施予以应对的自然灾害、事故灾难、公共卫生事件和社会安全事件"。按照社会危害程度、影响范围等因素，自然灾害、事故灾难、公共卫生和社会安全事件分为特别重大、重大、较大和一般四个等级。

（2）突发环境事件。2014 年 12 月，国务院办公厅印发了新版《国家突发环境事件应急预案》（国办函〔2014〕119 号），明确："突发环境事件是指由于污染物排放或自然灾害、生产安全事故等因素，导致污染物或放射性物质等有毒有害物质进入大气、水体、土壤等环境介质，突然造成或可能造成环境质量下降，危及公众身体健康和财产安全，或造成生态环境破坏，或造成重大社会影响，需要采取紧急措施予以应对的事件，主要包括大气污染、水体污染、土壤污染等突发性环境污染事件和辐射污染事件。"

《企业突发环境事件风险评估指南（试行）》明确指出，突发环境事件是指突然发生，造成或可能造成环境污染或生态破坏，危及人民群众生命财产安全，影响社会公共秩序，需要采取紧急措施予以应对的事件。

《企业突发环境事件风险分级方法》(HJ 941—2018)关于突发环境事件的定义基本沿用《国家突发环境事件应急预案》中的含义。根据《国家突发环境事件应急预案》(国办函〔2014〕119 号)中突发环境事件的定义,一是增加了突发环境事件原因的描述和界定,列举了引发和次生突发环境事件的情形,主要包括"污染物排放或自然灾害、生产安全事故"等情况。这有助于增强各级政府及其有关部门和企业的环境风险意识,适应应急管理工作从单项向综合转变的发展态势,在应对事故灾难和自然灾害时,要尽可能减少对环境的损害,防范次生突发环境事件。二是明确了突发环境事件可能产生的影响,主要包括"突然造成或可能造成环境质量下降,危及公众身体健康和财产安全,或造成生态环境破坏,或造成重大社会影响。"三是在定义中明确"突然造成或可能造成",这里既包括了"突然暴发",也包括了"突然发现"。将突发性污染和一些累积性污染都纳入突发环境事件的范畴,体现了国家对环境安全的底线思维,有利于最大限度地减少事件的环境影响。

(3)突发事件和突发环境事件的区别和联系。突发事件和突发环境事件在外延上表现为突发事件和环境事件的交集。突发环境事件既属于环境事件,是环境事件的一种,同时又属于突发事件,也是突发事件的一种。

1)两者的区别如下。

①定义:突发事件是指突然发生,可能造成严重社会危害,需要采取应急处置措施的事件;而突发环境事件是指突然发生,可能造成较大环境影响,需要采取应急处置措施的事件。

②类型:突发事件包括自然灾害、事故灾难、公共卫生事件、社会安全事件等;而突发环境事件主要涉及大气、水体、土壤、生物等方面的环境污染或生态破坏事件。

③应对措施:针对不同类型的突发事件,国务院制定国家突发事件总体应急预案,组织制定国家突发事件专项应急预案;国务院有关部门根据各自的职责和国务院相关应急预案,制定国家突发事件部门应急预案并报国务院备案;而针对突发环境事件,除了采取必要的应急处置措施外,还需要综合考虑环境保护、生态修复等方面的需求。

2)两者的联系如下。

①都是突然发生的紧急事件,需要采取紧急应对措施;都可能对人类社会或环境造成严重危害,需要采取有效的应对措施以减小损失;在某些情况下,一种突发事件可能引发另一种突发事件或突发环境事件,如地震可能导致火灾、水灾等。

②突发环境事件通常与自然因素有关,如地震、台风等,也可能与人类活动有关,如工业事故、交通事故等;而突发事件的范围更广泛,不仅包括自然灾害和事故灾难,还可能包括社会安全事件、公共卫生事件等。

③在应对方面,针对不同类型的突发事件和突发环境事件,都需要采取相应的应急管理和救援措施,以确保人员安全和减少损失。在应急救援过程中,各部门需要密切配合,协调各方面的资源和力量,确保救援工作的有效性和及时性。

总之,突发事件和突发环境事件虽然存在一定区别,但在应对方面仍有很多相似之处。在制定应急预案和应对措施时,需要综合考虑不同事件的特点和需求,确保能够有效地应对各种紧急情况。

2. 环境污染事件和突发环境事件的区别

在过去的几十年里，随着工业化和城市化进程的加速，环境污染问题逐渐凸显，成为全球关注的焦点。然而，环境污染并不等同于突发环境事件。尽管两者都涉及环境的恶化，但它们的性质、影响和应对方式有着显著的区别。

(1)环境污染事件。环境污染是指由于人为因素或不可抗拒的自然灾害因素，使环境受到有毒有害物质的污染，从而导致生物的生长繁殖和人类的正常生活受到不利影响的现象，如户外焚烧秸秆，养殖废水(也称污水)或废气直排，过度使用农药、化肥或激素等都会对大气环境、地表水环境、地下水环境或土壤环境造成污染。环境污染具有以下特征。

①环境污染伴随人类活动而产生。人类活动以外的自然因素也可能直接释放某种物质或能量而造成污染，但此类污染不属于一般意义上的环境污染。

②环境污染为物质、能量从一定的设备(设施)或场所向外界排放或泄漏。

③环境污染是环境质量下降的结果。环境虽然具有一定的自净能力，但在具体时空下，环境的自净能力是有限的，当向环境排放或泄漏的有害物质或能量超过了环境的自净能力时，就会导致环境污染。

综上所述，环境污染通常是一个长期的、持续的过程，通常是由于工业排放、农业活动、城市发展等多种因素导致的。这种污染通常缓慢地累积，可能不会立即引发明显的负面效应。因此在面对环境污染时，我们需要长期、持续努力来改善和调整各种活动和排放。

(2)突发环境事件。突发环境事件可简单理解为突发性环境污染事故，如油罐车交通事故导致油品大量泄漏而污染周边的地表水体，火电厂液氨大量泄漏而影响厂区周边大气环境质量等。由于突发环境事件通常没有固定的排放方式和排放途径，事故发生的时间、地点、环境有很大的不确定性，发生突然，瞬时或短时间大量排出污染物质，会对环境造成严重污染和破坏，给生命和财产造成重大损失。其具有以下基本特性。

①发生时间的突然性。一般的环境污染是一种常量的排放，有固定的排污方式和途径，并在一定时间内有规律地排放污染物质。但突发环境事件没有固定的排放方式，突然发生、始料未及、来势凶猛，有着很大的偶然性和瞬时性。

②污染范围的不确定性。由于造成突发环境事件的原因、规模和污染物种类具有很大的未知性，所以其对众多领域如大气、水域、土壤、森林、绿地、农田等环境介质的污染范围带有很大的不确定性。

③负面影响的多重性。突发环境污染事件一旦发生，不仅会打乱一定区域内的正常生活、生产秩序，还会造成人员死亡、国家财产的巨大损失和生态环境的严重破坏。事件级别越高，危害越严重，恢复重建越困难。

④健康危害的复杂性。由于各类突发性环境污染事故的性质、规模、发展趋势各异，自然因素和人为因素互为交叉作用，所以具有复杂性。事故发生瞬间可引起急性中毒、刺激作用，造成群死群伤；那些具有慢性毒作用、环境中降解很慢的持久性污染物，则可能对人群造成慢性危害和远期效应。

⑤处理处置的艰巨性。由于缺乏科学系统的预防措施和先进可行的应急处理技术，这些事故发生后，对人身、财产、环境等造成了巨大的破坏。

综上所述，突发环境事件，通常是一个突然发生的、不可预测的事件，如化学物品泄漏、大规模的工业事故、自然灾害等引发的环境污染。这些事件可能在短时间内对环境、人类健康和社会经济造成严重的影响。正是由于突发环境事件的突发性和不可预测性，使得这类事件的应对更具挑战性。在面对突发环境事件时，我们需要的是迅速的反应、有效的应急措施和各部门的紧密协作。

因此，尽管环境污染和突发环境事件都是我们面临环境问题的重要组成部分，但它们的特点和应对方式是截然不同的。在研究和实践上，我们需要对两者进行明确的区分，以便更好地理解和应对这两类问题。

二、突发环境事件分类

在面对突发环境事件时，明确事件分类不仅能帮助我们更好地理解事件的性质，还能为有效的应对策略提供基础。深入了解突发环境事件的分类方法和标准，不仅能帮助我们更好地理解和评估事件的潜在影响，还能为制定针对性的处置措施提供基础。不同的分类意味着不同的风险和影响，也意味着我们需要采取不同的措施来应对。因此，对突发环境事件进行科学、准确的分类，是有效应对这类事件的重要一步。

突发环境事件可以按照不同的分类标准进行分类，常见的分类标准包括事件的成因、发生过程、性质等。

1. 按照事件成因分类

①自然灾害型：指由于不可抗拒的自然因素，如地震、火山爆发、泥石流、洪水、干旱等引发的环境事件。

②事故灾难型：指由于人类活动或技术原因造成的事故，如化工泄漏、爆炸、交通事故、油轮泄漏等引发的环境事件。

2. 按照发生过程分类

①突发型：指在短时间内突然发生，事前没有明显征兆的环境事件，如爆炸、泄漏等。

②渐进型：指在一定时间内逐渐恶化，最终导致严重后果的环境事件，如长期污染积累导致的生态破坏。

3. 按照污染物的种类及性质分类

①水污染事件：涉及地表水、地下水、海洋等水体的污染事件，如化工废水泄漏、油轮泄漏等。

②空气污染事件：涉及大气环境的污染事件，如有毒气体泄漏、烟尘排放等。

③土壤污染事件：涉及土壤环境的污染事件，如重金属污染、农药残留等。

④辐射污染事件：涉及放射性物质的泄漏或意外释放，如核电站事故、放射源丢失等。

以上分类方式并不是完全独立的，同一个环境事件可能同时属于多个分类。在实际应用中，可以根据具体情况选择合适的分类方式进行描述和分析。

三、突发环境事件分级

1. 分级依据

根据《国家突发环境事件应急预案》(国办函〔2014〕119 号)进行分级。分级的主要依据包括突发环境事件造成的人员伤亡、直接经济损失、生态环境破坏程度和影响范围。具体来说，特别重大和重大突发环境事件通常涉及大量的人员伤亡和经济损失，并对区域生态环境造成严重破坏；较大突发环境事件则可能对一定区域内的人员和环境造成影响；一般突发环境事件则可能对较小范围内的人员和环境造成一定的影响。

精品微课：环境
风险分类与分级

2. 事件分级

突发环境事件分为四个等级，即特别重大（Ⅰ级）、重大（Ⅱ级）、较大（Ⅲ级）和一般（Ⅳ级），括号内内容为每个事件等级的表征方式。

3. 分级标准

突发环境事件分级标准见表 1-1-1。

表 1-1-1　突发环境事件分级标准

事件等级	分级标准
特别重大突发环境事件	凡符合下列情形之一的，为特别重大突发环境事件： (1)因环境污染直接导致 30 人以上死亡或 100 人以上中毒或重伤的； (2)因环境污染疏散、转移人员 5 万人以上的； (3)因环境污染造成直接经济损失 1 亿元以上的； (4)因环境污染造成区域生态功能丧失或该区域国家重点保护物种灭绝的； (5)因环境污染造成设区的市级以上城市集中式饮用水水源地取水中断的； (6)Ⅰ、Ⅱ类放射源丢失、被盗、失控并造成大范围严重辐射污染后果的；放射性同位素和射线装置失控导致 3 人以上急性死亡的；放射性物质泄漏，造成大范围辐射污染后果的； (7)造成重大跨国境影响的境内突发环境事件
重大突发环境事件	凡符合下列情形之一的，为重大突发环境事件： (1)因环境污染直接导致 10 人以上 30 人以下死亡或 50 人以上 100 人以下中毒或重伤的； (2)因环境污染疏散、转移人员 1 万人以上 5 万人以下的； (3)因环境污染造成直接经济损失 2 000 万元以上 1 亿元以下的； (4)因环境污染造成区域生态功能部分丧失或该区域国家重点保护野生动植物种群大批死亡的； (5)因环境污染造成县级城市集中式饮用水水源地取水中断的； (6)Ⅰ、Ⅱ类放射源丢失、被盗的；放射性同位素和射线装置失控导致 3 人以下急性死亡或者 10 人以上急性重度放射病、局部器官残疾的；放射性物质泄漏，造成较大范围辐射污染后果的； (7)造成跨省级行政区域影响的突发环境事件

事件等级	分级标准
较大突发环境事件	凡符合下列情形之一的，为较大突发环境事件： (1)因环境污染直接导致3人以上10人以下死亡或10人以上50人以下中毒或重伤的； (2)因环境污染疏散、转移人员5 000人以上1万人以下的； (3)因环境污染造成直接经济损失500万元以上2 000万元以下的； (4)因环境污染造成国家重点保护的动植物物种受到破坏的； (5)因环境污染造成乡镇集中式饮用水水源地取水中断的； (6)Ⅲ类放射源丢失、被盗的；放射性同位素和射线装置失控导致10人以下急性重度放射病、局部器官残疾的；放射性物质泄漏，造成小范围辐射污染后果的； (7)造成跨设区的市级行政区域影响的突发环境事件
一般突发环境事件	凡符合下列情形之一的，为一般突发环境事件： (1)因环境污染直接导致3人以下死亡或10人以下中毒或重伤的； (2)因环境污染疏散、转移人员5 000人以下的； (3)因环境污染造成直接经济损失500万元以下的； (4)因环境污染造成跨县级行政区域纠纷，引起一般性群体影响的； (5)Ⅳ、Ⅴ类放射源丢失、被盗的；放射性同位素和射线装置失控导致人员受到超过年剂量限值的照射的；放射性物质泄漏，造成厂区内或设施内局部辐射污染后果的；铀矿冶、伴生矿超标排放，造成环境辐射污染后果的； (6)对环境造成一定影响，尚未达到较大突发环境事件级别的

4. 突发环境事件分级的意义

突发环境事件分级的意义在于根据事件的严重程度和紧急程度，采取相应的应急响应措施和资源调配，有效避免应而不急或过度应急。对于特别重大突发环境事件，需要启动最高级别的应急响应，调配大量的资源和力量进行处置和救援；对于重大、较大和一般突发环境事件，则根据实际情况启动相应的应急响应，调配相应的资源和力量进行处置。通过分级管理，可以更加科学、高效地应对突发环境事件，最大限度地减少人员伤亡和经济损失，保护生态环境和人民群众的生命财产安全。

任务二　管控环境风险

任务引入

随着人类活动的日益频繁和工业化进程的加速，环境风险已成为我们面临的一大挑战。从水污染到空气质量恶化，从生态破坏到气候变化，环境风险的多样性和复杂性已对全球社会经济发展产生了深远影响。因此，对环境风险的管控不仅是环境保护的需要，更是保障社会经济可持续发展的关键。扫码学习"天津滨海新区危险品仓库爆炸事故"，完成课前思考：

    1. 为什么会发生此次突发环境事件？

    2. 如何避免类似的突发环境事件？

待学习本任务后，完成以下任务：

1. 识别环境风险和环境风险管控，如何开展环境风险管控？

2. 环境风险管控的依据是什么？突发环境事件应急管理体制和应对原则是什么？

视频：天津滨海新区危险品
仓库发生爆炸事故

📖 知识学习

    环境风险管控对于生态环境安全非常重要。通过风险源安全管理和科学有效预防，能够显著降低环境风险。管控环境风险主要是通过环境风险辨识和评估，全面了解环境风险来源、影响范围和程度，以及可能的发展趋势；通过制定操作规程、应急预案和监管措施控制预防风险；通过实时监测和评估，及时发现和治理潜在的环境风险隐患；通过相应法律法规和政策，明确各方在环境风险管理中的责任和义务；通过制定规范和标准，建立健全管理体制，规范环境风险管控。

一、风险相关概念

1. 风险

（1）风险。风险是指在特定客观情况下，在特定时间内，某一事件的预期结果与实际结果之间的变动程度，如使用电灯照明有触电危险、乘坐飞机出行有可能发生飞机失事的风险等。构成风险的三要素为风险因素、风险事件、风险损失。

精品微课：环境
风险管理

（2）风险源。风险源是指可能导致伤害或疾病、财产损失、环境破坏或这些情况组合的根源或状态，如加油站油罐、加油机、加油枪及输油管线等都是风险源。其中，汽油和柴油泄漏后可能发生火灾或爆炸事故，其是加油站火灾、爆炸事故的根源，如新建未投入使用的加油站，由于未暂存汽油或柴油，此加油站就不会发生火灾、爆炸事故风险。风险物质和风险源是发生风险事故的根源和物质基础。

2. 环境风险

（1）环境风险。环境风险是指在一定区域或环境单元内，由自然和人为因素单独或共同作用而导致的事故，对人类健康、社会发展和生态平衡等造成的影响和损失。例如，冷链企业(大型冻库)制冷剂为液氨，一旦发生液氨泄漏就会对冻库周边大气环境造成严重污染，甚至导致周边人群发生氨气中毒伤亡事故。环境风险具有两个主要特点：不确定性和危害性。按照对环境风险源的理解不同，环境风险有狭义和广义之分，狭义的环境风险只考虑自然灾害和污染事故对人类、社会和生态系统造成的不利影响，环境风险主要来源于自然和人类行为；广义的环境风险拓展了自然和人类行为的范畴，环境风险源包含气候变化、核战争、传染性疾病、转基因植物等。

(2)环境风险源(单元)。环境风险源(单元)是指长期或临时生产、加工、使用或储存环境风险物质的一个(套)生产装置、设施或场所或者同属一个企业且边缘距离小于500米的几个(套)生产装置、设施或场所，如加油站中的油罐、加油机、加油枪、输油管等都是环境风险源(单元)。

二、风险管理

1. 风险管理的含义、计算和特点

(1)风险管理的含义。风险管理是一种特殊的管理功能，是指由社会机构、企业和个人运用各种先进的管理工具，通过对风险的分析、评估，综合考虑种种不确定性，提出供决策的方案，力求以较少的成本获得较多的安全保障，或以相同的成本或代价获得更多的安全保障或更少的损失。

(2)风险大小的计算。关于风险大小的计算见式(1-2-1)。

$$风险值\left(\frac{后果}{时间}\right) = 概率\left(\frac{事故数}{单位时间}\right) \times 危害程度\left(\frac{后果}{每次事故}\right)$$

$$R = P \times S \tag{1-2-1}$$

式中　R——风险值(风险率)；

　　　P——事故发生的概率；

　　　S——事故后果的危害程度。

(3)风险管理的特点。风险管理是一门新兴的管理学科，越来越受到各国工业安全领域的重视，在西方发达国家，风险管理已普及到大中小型企业。风险管理是指企业通过识别风险、衡量风险、分析风险，从而有效控制风险，用最经济的方法来综合处理风险，以实现最佳安全生产保障的科学管理方法。由此定义可知：

①风险不局限于静态风险，也包括动态风险。研究风险管理是以静态风险和动态风险为对象的全面风险管理。

②风险管理的基本内容、方法和程序是共同构成风险管理的重要方面。

③强调风险管理应体现成本和效益关系，要从最经济的角度来处理风险，在主客观条件允许的情况下，选择最低成本、最佳效益的方法，制定风险管理决策。

表1-2-1为日常生活或生产过程中各种事故的风险值及其可接受程度。

表 1-2-1　各种事故风险值及其可接受程度

风险值范围（死亡/年）	风险等级	危险性描述	可接受程度	控制目标
10^{-3} 数量级及以上	极高风险	操作危险性特别高，接近或超过人的自然死亡率	不可接受	这类风险涉及生命安全和企业运营的持续性，对其的容忍度非常低。必须采取紧急和有效的措施来防止或减少此类事件的发生，将风险降低到可接受水平以下，或至少显著减少其发生的可能性和影响
10^{-4} 数量级	高风险	操作危险性显著，相当于交通事故的死亡率	不可接受	高风险事件可能导致严重的人员伤亡和财产损失，对企业的声誉和财产构成重大威胁。因此，需要迅速采取行动来识别和解决风险的根本原因，将风险降低到中等风险或更低水平
10^{-5} 数量级	中等风险	危险性适中，与游泳事故和煤气中毒事故相当	应引起关注	虽然中等风险事件不像高风险事件那样具有灾难性，但其累积效应仍可能对组织及周边环境造成显著影响。通过采取措施减少这些风险，以提高组织的稳健性和长期绩效，将风险降低到低风险水平或采取适当的控制措施管理风险
10^{-6} 数量级	低风险	危险性较低，相当于地震和天灾的风险	一般关注	这些风险通常被认为是可接受的，并且可能不需要大量的资源来管理，但仍然需要保持警惕，以确保它们不会因外部因素的变化而升级成更高的风险
$10^{-8} \sim 10^{-7}$ 数量级及以下	极低风险	危险性极低，类似陨石坠落伤人的罕见事件	很少关注	

2. 环境风险管理

(1)环境风险管理的含义。环境风险管理是指依据环境风险评价的结果，参照相应的规范，采用科学的控制手段，对环境风险进行分析和评估，并研究和实施可以控制环境风险的相关措施，力求以较少的成本将环境风险控制在可承受范围内，以保护人类健康与生态系统的安全。

(2)环境风险管理的目的。环境风险管理的目的就是"使用少量的钱预防，而不是花大量的钱处置"。环境风险管理就是要尽可能降低突发环境事件发生的概率，并为突发环境事件的应急处置做必要准备。事件发生前的各种宣传、教育、制定预案、培训和演练等都是预防教育的重要环节，在这过程中要培养政府、企事业单位和公众的危机意识和风险意识，以及应对危机的心理准备、知识准备、技能准备和物质准备等。

(3)环境风险管理的措施。按照突发环境事件发生前(事前)、事件发生时(事中)和事件处理后(事后)三个阶段进行全过程的环境风险管理，对于不同的阶段采取不同的环境风险管理措施。

①事件发生前：针对具有环境污染事故风险的污染源，进行突发风险事件的预防和

应急准备。例如：宣传教育、执法、制定应急预案、组织应急演练、开展环境风险评估、危险化学品登记、化工企业环境风险隐患排查、监测等；设置围堰、初期雨水收集池、事故应急池、在线监控、毒性气体泄漏报警器；储备吸油棉、吸油毡、重金属快速检测试纸和药剂，以及防护服、耐酸碱手套、正压式呼吸器等。

②事件发生时：事件一旦发生，要求反应迅速，启动事先准备的突发环境事件应急预案，并按照应急工作流程开展环境应急监测工作，在政府和应急专业技术团队的支持下实现科学、及时、统一的应急指挥，采取相应的应急处理技术和现场救援技术，从而及时、有效地控制事故的态势和危害。现场处置时应做到反应迅速、决策正确、各股力量配合等，并按照《突发环境事件信息报告办法》(中华人民共和国环境保护部令第 17 号)的要求，向属地生态环境主管部门和县区级及以上人民政府逐级报告事故信息，必要时，可请求属地人民政府支援应急处置工作。

③事件处理后：紧随应急处置阶段之后要做好事故救援的善后工作，要及时对事故现场和次生环境污染进行清理、处置，并根据处置技术的要求按照规定的科学程序和方法进行操作，使处理结果达到一定的标准要求，从而把事故的危害降至最低，如整理现场、开展事故对环境的影响评价，还包括事后恢复重建、损害评估、事件调查、善后处置等。

3. 风险管理和环境风险管理的区别与联系

风险管理和环境风险管理在某些方面有相似之处，但也有明显的区别，具体区别和联系如下所述。

(1)风险管理和环境风险管理的区别。风险管理是指在项目或企业面临潜在风险的环境中，通过一系列管理策略和活动，将风险可能造成的不良影响降至最低的过程。它主要关注的是识别、评估和控制风险，旨在减少损失和增加企业的稳定性。风险管理涵盖的范围广泛，包括金融、市场、运营和法律等领域的风险。

环境风险管理是风险管理的一个子集，主要关注与环境相关的风险。它主要侧重于识别、评估和控制与环境破坏、污染、资源耗竭等相关的风险。环境风险管理不仅关注企业的经济利益，还注重环境保护和社会责任。

(2)风险管理和环境风险管理的联系。风险管理和环境风险管理的联系在于，环境风险管理是风险管理的一个分支，它采用了风险管理中风险识别、评估和控制的框架。两者都致力于识别和管理潜在的不良影响，从而提高系统组织的稳定性和可持续性。

总体来说，环境风险管理是风险管理的一个特定领域，重点关注与环境相关的风险，并寻求在环境保护和社会责任方面取得平衡。

三、环境风险管控

1. 环境风险识别

环境风险识别是环境风险评估与管理的重要环节。它主要涉及对潜在的环境风险源、传播途径、影响范围及可能造成的后果进行全面、细致的辨识与评估。

具体来说，环境风险识别主要涵盖以下几方面内容。

(1)风险源辨识：对可能产生环境风险的物质、活动、设施等进行识别，并了解其特性、分布、状态等。

（2）传播途径辨识：分析风险源可能通过哪些途径对环境造成影响，如大气、水体、土壤等。

（3）影响范围辨识：预测风险物质可能扩散的范围，以及可能影响的区域和人群。

（4）后果评估：评估风险物质对环境造成的潜在后果，包括生态影响、健康影响等。

为确保环境风险识别的全面性，可以采用多种方法和技术，如资料审查、现场调查、专家咨询等。同时，应综合考虑自然环境和社会环境两方面的因素，以获得更为准确和全面的评估结果。

环境风险识别是一个持续的过程，随着环境条件的变化和技术的进步，应定期对识别的结果进行更新和调整。只有准确识别环境风险，才能为后续的风险评估、风险管理提供有力的支撑，从而更好地保护生态环境和公众健康。

2. 环境风险评估

环境风险评估是一个复杂的过程，它涉及对潜在的环境风险进行全面的分析、预测和评价。这种评估通常涵盖了风险识别、源项分析、后果预测、风险控制、环境风险管理与应急响应等多个环节。

（1）风险识别。这是评估的第一步，主要任务是识别出可能对环境产生负面影响的因素。这可能包括有毒化学品的泄漏、自然灾害、设备故障等。

（2）源项分析。在这一步，评估人员会分析可能的风险源，包括它们的位置、频率、持续时间等。这种分析有助于理解哪些因素可能引发环境风险，以及这些风险可能有多严重。

（3）后果预测。在这一阶段，评估人员会预测并计算环境风险可能导致的后果。这包括对人类健康、生态系统、经济和社会的影响范围和程度。

（4）风险控制。在评估了潜在的环境风险后，下一步是考虑如何控制这些风险。这可能包括改进工艺流程、提高设备可靠性、实施应急计划等。

（5）环境风险管理与应急响应。这一阶段关注的是如何长期管理和控制环境风险，以及在发生紧急情况时如何快速响应。这可能涉及制订和实施风险管理计划，以及培训员工和社区成员如何应对可能的紧急情况。

总体来说，环境风险评估是一个持续的过程，需要不断地监测和更新。有效的环境风险评估可以帮助企事业单位识别、控制和管理环境风险，从而保护环境和公众健康。

3. 环境风险预防策略与措施

环境风险预防策略与措施是降低潜在环境破坏和污染的关键。以下是一些主要的环境风险预防策略与措施。

（1）源头控制。通过改进工艺流程、提高设备效率和减少不必要的排放，从源头上降低环境风险。这可能涉及采用更环保的生产方法、使用低毒或无毒的原材料，以及采取能源节约措施。

（2）风险评估和监测。定期进行环境风险评估，识别潜在的风险源和薄弱环节。同时，持续监测环境质量、设备和排放，以便及时发现并解决潜在问题。

（3）应急响应计划。制订和实施应急响应计划，明确在紧急情况下的行动步骤和责任分配。其包括建立应急指挥系统、配备必要的设备和资源，以及定期进行演练和培训。

（4）环境风险管理。建立环境风险管理框架，明确各级责任和决策流程。这有助于确保在面对潜在环境风险时，能够快速、有效地采取应对措施。

（5）社区参与和信息公开。加强与社区的沟通和合作，确保公众了解企业的环境风险情况，并鼓励公众参与环境风险的监测和应对。同时，定期公开企业环境信息，接受社会监督。

（6）遵守法律法规。严格遵守相关环境保护法律法规，确保企业活动符合标准。对于违规行为，应积极整改并承担相应的法律责任。

（7）技术创新与应用。鼓励和支持环保技术的研发和应用，以提高生产效率并减少环境风险，如采用清洁能源、推广循环经济等。

通过实施这些预防策略与措施，企业可以大大降低环境风险，保护生态环境和公众健康。同时，也有助于提升企业的社会形象和市场竞争力。

4. 应急响应与恢复

应急响应与恢复是应对突发环境事件的重要环节，主要涉及以下方面：

（1）响应分级。根据突发环境事件的性质、影响范围和严重程度，将应急响应分为不同的级别，如 I 级、II 级、III 级和 IV 级。各级响应所需资源和措施都有所不同。

（2）现场处置。在事件发生后，应急人员须迅速到达现场，采取必要的措施控制污染源，防止事态扩大，包括关闭涉事设施、实施紧急处置措施、采取临时控制措施等。

（3）应急监测。对事故现场及周边环境进行实时监测，了解污染物的扩散情况、影响范围和浓度水平，为应急处置和恢复工作提供科学依据。

（4）资源调配。根据应急响应的需要，协调各方资源，包括人力、物资、设备等，确保应急处置工作的顺利进行。

（5）信息报告与发布。及时向上级主管部门报告事件情况，同时向受影响的社区和公众发布预警信息，告知他们可能的危害和应对措施。

（6）社会动员与协作。与当地政府、社区、企事业单位等建立协作关系，动员社会力量参与应急处置和恢复工作，共同应对环境事件。

（7）事故调查与评估。在事件得到控制后，开展事故调查和环境影响评估，分析事件发生原因和影响，总结经验教训，提出改进措施。

（8）恢复工作。根据评估结果，制订恢复计划，修复受损的环境和设施。对于长期的环境污染治理和生态恢复，需要制定综合性的治理方案并逐步实施。

应急响应与恢复是一个系统性的过程，需要各部门、企事业单位和公众通力合作，确保在突发环境事件发生时能够迅速、有效地应对，降低对环境和公众的影响。

5. 技术创新与应用

环境风险管控的技术创新与应用是降低环境风险、保障生态安全的关键。近年来，在环境风险管控领域涌现了许多创新技术和应用。

（1）智能监测技术。利用物联网、大数据和人工智能等技术，实现环境风险的实时监测和预警。通过安装传感器和远程监控系统，可以实时收集环境数据，及时发现潜在风险，提高预警准确性和响应速度，如目前生态环境主管部门和工信部门主推的"智慧化工工业园"。

(2)污染治理技术。针对不同类型和来源的污染物，研发了多种新型治理技术，如高级氧化技术、光催化技术、生物治理技术等。这些技术能够更高效地去除污染物，降低环境风险。

(3)生态修复技术。利用生态工程和生态补偿等原理，研发了多种生态修复技术，如采用植物修复、微生物修复和动物修复等技术，对受损的生态系统进行修复和恢复，降低生态风险。

(4)风险评估模型。基于大数据和数学模型，开发了多种环境风险评估模型。这些模型能够对复杂的环境风险进行定量评估，为决策提供科学依据。通过输入相关参数，模型能够快速给出风险等级和防控建议。

(5)风险管控平台。集成了上述技术的环境风险管控平台正在逐步建立和完善。这些平台能够整合各类资源，实现环境风险的全面监测、评估和管控。通过信息化手段，提高环境风险管控的效率和智能化水平。

(6)政策与标准。在技术创新与应用的同时，相关的政策与标准也在不断完善。政府和企业需要制定更加严格的标准、规范操作规程，确保技术的合规性和有效性。

这些技术创新与应用为环境风险管控提供了有力支持，有助于降低环境风险、保障生态安全。未来，随着技术的进步和环境问题的复杂性增加，仍须继续加大创新力度，加强跨领域合作，推动环境风险管控领域的持续发展。

6. 国际合作与经验分享

环境风险管控的国际合作与经验分享在保护全球环境和生态系统方面起着重要作用。各国通过分享经验、合作研究、共同制定标准等方式，不断推动环境风险管控水平的提升。

(1)信息共享。通过建立全球性的环境风险数据库和信息平台，各国可以共享风险评估、监测和管控等方面的数据和经验，有助于提高各国对环境风险的认知水平，共同应对全球性环境问题。

(2)技术交流与合作。国际组织、研究机构和非政府组织等开展多种形式的技术交流与合作，共同研发新的环境风险管控技术。通过联合开展研究、共同申请专利、推广先进技术等方式，推动技术创新和成果转化。

(3)政策协同。各国政府在环境风险管控方面制定了一系列政策和标准。通过国际合作，可以协调各国政策，避免标准差异带来的不公平竞争和市场混乱。同时，共同制定国际环境风险评估和管控标准，可推动全球环境治理的规范化。

(4)培训与能力建设。针对环境风险管控人才的培养，国际合作也发挥了重要作用。通过组织培训课程、研讨会和工作坊等形式，提高各国在环境风险评估、监测和应急响应等方面的能力。同时，加强人才交流，促进能力建设经验的传播。

(5)跨界合作与区域一体化。跨界环境风险通常涉及多个国家和地区，需要各方加强合作，共同应对。国际合作有助于建立跨界合作机制，协调各方利益，共同制定跨界环境风险管控方案。同时，区域一体化进程中，各国可以整合资源、共享信息、协同应对，提高整个区域的环境风险管控水平。

总之，国际合作与经验分享是推动环境风险管控事业发展的重要途径。通过加强合作、共享信息和技术，各国可以共同应对全球性环境问题，降低环境风险，为全球的可持续发展作出贡献。

四、环境风险管理依据

根据《国家突发公共事件总体应急预案》的规定，应急管理是指政府及其他公共机构在突发事件的事前预防、事发应对、事中处置和善后恢复过程中，通过建立必要的应对机制，采取一系列必要措施，应用科学、技术、规划与管理等手段，保障公众生命、健康和财产安全，促进社会和谐健康发展的有关活动。事故应急管理的内涵，包括预防、准备、响应和恢复四个阶段。当前应急管理工作内容概括起来叫作"一案三制"。"一案"是指应急预案。根据发生和可能发生的突发事件，事先研究制订的应对计划和方案。应急预案包括各级政府总体预案、专项预案和部门预案，以及基层单位的预案和大型活动的单项预案。"三制"是指应急工作的管理体制、运行机制和法制。为了贯彻落实"一案"要求，我国生态环境保护相关的法律法规及部门规章对此都有明确的规定。

精品微课：
环境应急管理

精品微课：
一案三制

1. 法律依据

（1）《中华人民共和国突发事件应对法》。

第二十六条规定，国家建立健全突发事件应急预案体系。

国务院制定国家突发事件总体应急预案，组织制定国家突发事件专项应急预案；国务院有关部门根据各自的职责和国务院相关应急预案，制定国家突发事件部门应急预案并报国务院备案。

地方各级人民政府和县级以上地方人民政府有关部门根据有关法律、法规、规章、上级人民政府及其有关部门的应急预案以及本地区、本部门的实际情况，制定相应的突发事件应急预案并按国务院有关规定备案。

第二十七条规定，县级以上人民政府应急管理部门指导突发事件应急预案体系建设，综合协调应急预案衔接工作，增强有关应急预案的衔接性和实效性。

第二十八条规定，应急预案应当根据本法和其他有关法律、法规的规定，针对突发事件的性质、特点和可能造成的社会危害，具体规定突发事件应对管理工作的组织指挥体系与职责和突发事件的预防与预警机制、处置程序、应急保障措施以及事后恢复与重建措施等内容。

应急预案制定机关应当广泛听取有关部门、单位、专家和社会各方面意见，增强应急预案的针对性和可操作性，并根据实际需要、情势变化、应急演练中发现的问题等及时对应急预案作出修订。

应急预案的制定、修订、备案等工作程序和管理办法由国务院规定。

（2）《中华人民共和国环境保护法》。

第四十七条规定，各级人民政府及其有关部门和企事业单位，应当依照《中华人民共和国突发事件应对法》的规定，做好突发环境事件的风险控制、应急准备、应急处置和事后恢复等工作。县级以上人民政府应当建立环境污染公共监测预警机制，组织制定预警方案；环境受到污染，可能影响公众健康和环境安全时，依法及时公布预警信息，启动应急措施。企事业单位应当按照国家有关规定制定突发环境事件应急预案，报生态环境保护主管部门和有关部门备案。在发生或者可能发生突发环境事件时，企事业单位应当立即采取措施处理，及时通报可能受到危害的单位和居民，并向生态环境保护主管部门和有关部门报告。突发环境事件应急处置工作结束后，有关人民政府应当立即组织评估事件造成的环境影响和损失，并及时将评估结果向社会公布。

（3）《中华人民共和国水污染防治法》。

第七十九条规定，市、县级人民政府应当组织编制饮用水安全突发事件应急预案。饮用水供水单位应当根据所在地饮用水安全突发事件应急预案，制定相应的突发事件应急方案，报所在地市、县级人民政府备案，并定期进行演练。

（4）《中华人民共和国大气污染防治法》。

第九十四条规定，县级以上地方人民政府应当将重污染天气应对纳入突发事件应急管理体系。省、自治区、直辖市、设区的市人民政府以及可能发生重污染天气的县级人民政府，应当制定重污染天气应急预案，向上一级人民政府生态环境保护主管部门备案，并向社会公布。

（5）《中华人民共和国固体废物污染环境防治法》。

第八十五条规定，产生、收集、贮存、运输、利用、处置危险废物的单位，应当依法制定意外事故的防范措施和应急预案，并向所在地生态环境主管部门和其他负有固体废物污染环境防治监督管理职责的部门备案；生态环境主管部门和其他负有固体废物污染环境防治监督管理职责的部门应当进行检查。

此外，环境风险管理相关或相近的法律还有《中华人民共和国水法》《中华人民共和国防洪法》《中华人民共和国海洋环境保护法》《中华人民共和国环境影响评价法》。《中华人民共和国草原法》《中华人民共和国土壤污染防治法》也都明确提出在发生突发事件时，应当立即采取应急措施，防止环境污染和生态破坏，并进行事后评估和整改。这些法律法规共同构成了我国环境风险管理的法律体系，为政府、企业和个人在应对环境风险方面提供了指导和依据。在制定具体环境风险管理措施时，应充分考虑这些法律法规的要求和规定，确保措施的合法性和有效性。

2. 法规及标准

（1）《突发事件应急预案管理办法》（国办发〔2024〕5号）。

第六条规定，国务院应急管理部门统筹协调各地区各部门应急预案数据库管理，推动实现应急预案数据共享共用。各地区各部门负责本行政区域、本部门（行业、领域）应急预案数据管理。县级以上人民政府及其有关部门要注重运用信息化数字化智能化技术，推进应急预案管理理念、模式、手段、方法等创新，充分发挥应急预案牵引应急准备、指导处置救援的作用。

第十六条规定，单位应急预案侧重明确应急响应责任人、风险隐患监测、主要任务、信息报告、预警和应急响应、应急处置措施、人员疏散转移、应急资源调用等内容。

（2）《企事业单位突发环境事件应急预案备案管理办法（试行）》（环发〔2015〕4号）。

第三条规定，环境保护主管部门对以下企业环境应急预案备案的指导和管理，适用本办法：

1）可能发生突发环境事件的污染物排放企业，包括污水、生活垃圾集中处理设施的运营企业；

2）生产、储存、运输、使用危险化学品的企业；

3）产生、收集、储存、运输、利用、处置危险废物的企业；

4）尾矿库企业，包括湿式堆存工业废渣库、电厂灰渣库企业；

5）其他应当纳入适用范围的企业。

核与辐射环境应急预案的备案不适用本办法。省级生态环境保护主管部门可以根据实际情况，发布应当依法进行环境应急预案备案的企业名录。

第四条规定，鼓励其他企业制定单独的环境应急预案，或在突发事件应急预案中制定环境应急预案专章，并备案。鼓励可能造成突发环境事件的工程建设、影视拍摄和文化体育等群众性集会活动主办企业，制定单独的环境应急预案，或在突发事件应急预案中制定环境应急预案专章，并备案。

（3）《突发环境事件应急管理办法》（中华人民共和国环境保护部令第34号）。

为了规范突发环境事件应急管理工作，提高处置效率，减轻环境影响，保障公众生命健康和环境安全而制定的法规。该办法对突发环境事件的应急处置、应急准备、应急监测等方面进行了规范，要求各级政府及其有关部门和企事业单位建立健全环境应急管理体系，提高应对环境风险的能力。

（4）《国家突发环境事件应急预案》（国办函〔2014〕119号）。

国家级的突发环境事件应急预案，旨在建立健全突发环境事件应对机制，规范应急处置程序，提高应对突发环境事件的能力。该预案对突发环境事件的分级、应急组织指挥体系、监测预警、应急响应、后期处置等方面进行了规定，明确了各级政府和有关部门在应对突发环境事件中的职责和措施。

（5）环境风险评估技术指南。

环境风险评估技术指南主要包括《企业突发环境事件风险分级方法》（HJ 941—2018）、《建设项目环境风险评价技术导则》（HJ 169—2018）、《环境风险评估技术指南—硫酸企业环境风险等级划分方法（试行）》（环发〔2011〕106号）、《环境风险评估技术指南——氯碱企业环境风险等级划分方法》（环发〔2010〕8号）、《环境风险评估技术指南——粗铅冶炼企业环境风险等级划分方法（试行）》（环发〔2013〕39号）、《尾矿库环境风险评估技术导则（试行）》（HJ 740—2015）、《行政区域突发环境事件风险评估推荐方法》（环办应急〔2018〕9号）。上述环境风险评估技术指南旨在帮助企事业单位和评估机构系统、全面地评估项目的潜在环境风险。这一过程主要包括以下几个步骤：明确评估的目标和范围，确定评估的步骤和流程，进行环境风险识别，以及评估环境风险等级。这些步骤相互关联，共同构成了环境风险评估的基础。

（6）《建设项目环境风险评价技术导则》（HJ 169—2018）。

为了规范和指导建设项目环境风险评估工作而制定的技术导则。该导则对建设项目环境风险评估的程序、内容和方法进行了规定，以保障建设项目的安全和环境保护。

根据该导则，建设项目环境风险评估应在项目可行性研究阶段进行，评价内容包括识别建设项目存在的潜在环境风险源，预测评价项目建设和运行过程中可能对周边环境造成的危害程度，提出相应的防范措施和应急预案。在评价方法上，该导则推荐采用定性、定量相结合的方法进行风险评估，并根据建设项目的特点和环境特征选择合适的评价方法。同时，该导则还要求建立建设项目环境风险评估管理档案，将环境风险评估的相关资料和文件进行归档管理。

（7）《国务院关于印发"十四五"国家应急体系规划的通知》（国发〔2021〕36 号）。

为全面贯彻落实习近平总书记关于应急管理工作的一系列重要指示和党中央、国务院决策部署，扎实做好安全生产、防灾减灾救灾等工作，积极推进应急管理体系和能力现代化，根据《中华人民共和国国民经济和社会发展第十四个五年规划和 2035 年远景目标纲要》，制定本规划。

（8）应急监测相关标准。

关于应急监测的相关规定和标准包括《突发环境事件应急监测技术规范》（HJ 589—2021）、《辐射事故应急监测技术规范》（HJ 1155—2020）、《关于加强生态环境应急监测工作的意见》（环办监测函〔2018〕40 号）、关于印发《生态环境应急监测能力评估要点》和《生态环境应急监测报告编制指南》的通知（环办监测函〔2020〕110 号）、《关于加强地方生态环境部门突发环境事件应急能力建设的指导意见》《环境空气 挥发性有机物的应急测定 便携式气相色谱-质谱法》（HJ 1223—2021）、《水质 挥发性有机物的应急测定 便携式顶空/气相色谱-质谱法》（HJ 1227—2021）、《环境空气 氯气等有毒有害气体的应急监测 比长式检测管法》（HJ 871—2017）、《环境空气 无机有害气体的应急监测 便携式傅里叶红外仪法》（HJ 920—2017）、《环境空气 氯气等有毒有害气体的应急监测 电化学传感器法》（HJ 872—2017）等。

（9）其他相关法规、规章。

还有一些与环境风险应急相关的专项法规和规章，如关于印发《环境应急资源调查指南（试行）》的通知（环办应急〔2019〕17 号）、《生产安全事故应急条例》（中华人民共和国国务院令第 708 号）、《核电厂核事故应急管理条例》（1993 年 8 月 4 日中华人民共和国国务院令第 124 号发布，根据 2011 年 1 月 8 日《国务院关于废止和修改部分行政法规的决定》修订）、《危险化学品安全管理条例》（中华人民共和国国务院令第 645 号）、《放射性物品运输安全管理条例》（中华人民共和国国务院令第 562 号），还包括省级的各项规章，这些法规和规章对特定类型的环境风险的应急处置进行了规范，提供了更为具体的指导和规范。

五、突发环境事件应急管理体制

突发环境事件的应急管理体制与国家整体应急管理体制紧密相联。《中华人民共和国突发事件应对法》第十六条确立了"国家建立统一指挥、专常兼备、反应灵敏、上下联动的应急管理体制和综合协调、分类管理、分级负责、属地管理为主的工作体系"。在突发环境事件方面，该体制特别强调了针对突发环境事件的特殊管理需求：需在县级以上地方政府的统一领导下，实施分类管理、分级负责、属地管理为主的应急策略。同时，县级及以上的生态环境保护主管部门，应在同级政府的领导下，负责监督、指导、协助并督促下级政府及其相关部门，妥善应对突发环境事件。

1. 统一领导

突发环境事件应急管理体制强调统一领导的重要性。在应对突发环境事件时，必须有一个权威的领导机构来统一指挥和协调各方面的资源和力量。这样可以确保行动的一致性和高效性，避免因多头指挥而导致混乱。

突发环境事件应急的统一领导部门是各级政府。生态环境部是国务院生态环境行政主管部门，负责全国生态环境工作，根据《中华人民共和国环境保护法》的规定，负责重特大突发环境事件应对的指导协调和环境应急的日常监督管理工作。

在地方层面，各级政府及其生态环境行政主管部门负责本行政区域内的突发环境事件应急管理工作。根据突发环境事件的发展态势及影响，地方各级政府可报请上级政府批准，或根据上级政府领导同志指示，成立地方突发环境事件应急指挥部，负责指导、协调、督促有关地区和部门开展突发环境事件应对工作。必要时，成立国家突发环境事件应急指挥部，由国务院领导同志担任总指挥，统一领导、组织和指挥应急处置工作。

2. 综合协调

综合协调是另一个关键环节。突发环境事件应急处置通常涉及多个领域和部门，因此需要各部门之间的紧密配合和协调。通过建立综合协调机制，可以确保各部门之间的有效沟通与合作，实现资源的合理配置和共享。

生态环境行政主管部门在突发环境事件应急管理中主要负责制定国家环境质量标准和污染物排放标准；建立监测机构，制定监测规范，会同有关部门组织监测网络；对管辖范围内的环境状况进行调查和评价，拟定环境保护规划；审批环境影响报告书；对排污单位进行现场检查；负责排污申报登记；对违反环境保护法者进行行政处罚；调查处理污染事故等。

根据《中华人民共和国突发事件应对法》的规定，国务院生态环境行政主管部门或其他有关部门可以根据应急处置工作的需要，成立应急指挥部或现场指挥部。地方政府可以根据需要成立应急指挥机构，组织、协调、指挥有关地区和部门开展处置工作。生态环境行政主管部门在其中发挥着重要作用，负责制定标准、监测、调查评价、审批报告、现场检查、行政处罚等工作，以确保环境事件得到及时、有效的应对和处置。

3. 分类管理和分级负责

分类管理和分级负责也是突发环境事件应急管理体制的重要方面。由于环境事件的类型和影响程度各不相同，因此需要针对不同类型的事件采取不同的应对策略。分类管理有助于明确各类事件的应对措施和责任主体。同时，分级负责则根据事件的严重程度和影响范围，对不同级别的事件进行分级管理，确保各级政府和部门能够根据实际情况采取适当的应对措施。

首先，分类管理是指根据突发环境事件的性质、影响范围和危害程度等因素，对其进行分类，并采取相应的应对措施。在突发环境事件应对中，根据事件的性质和特点，可以将其分为不同的类别，如突发水环境事件和突发大气环境事件。针对不同类别的环境事件，需要采取不同的应对措施和资源调配方式。因此，分类管理有助于提高应对的针对性和有效性。

其次，分级负责是指根据突发环境事件的严重程度和影响范围，对其进行分级，并由相应的政府部门或机构负责应对。在应急管理中，分级负责原则将事件分为不同的级别，如特别重大、重大、较大和一般等。各级政府或机构根据事件级别承担相应的责任和义务，负责组织协调应急资源，采取必要的应对措施。分级负责能够更好地整合资源，提高应急响应的速度和效果。企事业单位突发环境事件，一般分为车间级、厂区级和区域级（流域级）三个等级，事发单位应根据突发环境事件的等级现状科学、合理地采取应急处置措施，如车间级的突发环境事件一般由车间或个别部门开展应急处置，厂区级事件需要多部门联合采取行动，而区域级（流域级）事件则需举全厂之力，甚至请求属地人民政府参与救援处置。

在处置突发环境事件时，分类管理和分级负责是相互关联的。分类管理为处置突发环境事件提供了指导思想和应对策略，根据事件的性质和特点制定相应的应对方案和措施。而分级负责明确了各级政府或机构的责任和义务，确保在应对过程中能够形成有效的协调联动机制，实现资源的合理配置和利用。

在实际应对突发环境事件时，各级政府或机构应遵循分类管理和分级负责的原则，根据事件的性质和特点采取相应的应对措施，并明确各级政府或机构的责任和义务。通过分类管理和分级负责的落实，可以更好地协调各方面的资源和力量，提高应对突发环境事件的能力和水平。

4. 属地管理

属地管理为主的原则在突发环境事件应急管理中也非常重要。突出环境事件通常具有地域性特点，当地政府和有关部门对于本地的环境和应急资源更加了解，能够更快速地响应和处理事件。因此，在应急管理中应充分发挥属地政府和有关部门的作用，提高应急响应的速度和效果。

除了以上体制外，突发环境事件工作应坚持统一领导、分级负责，属地为主、协调联动，快速反应、科学处置，资源共享、保障有力的原则。突发环境事件发生后，地方人民政府和有关部门立即按照职责分工和相关预案开展应急处置工作。

六、突发环境事件应对原则

根据《突发环境事件应急管理办法》第三条"突发环境事件应急管理工作坚持预防为主、预防与应急相结合的原则。"预防为主的原则是突发环境事件应对的首要原则。这意味着在事件发生前，应采取一系列措施来预防事件的发生或减轻其影响。这包括建立健全环境监测和预警系统，加强环境安全管理，增强公众的环保意识和应急能力等。通过预防措施的落实，可以降低环境事件发生的概率，减少潜在的风险和危害。

预防与应急相结合的原则强调了在预防为主的同时，也要做好应急准备和响应工作。在预防的基础上，制定应急预案，建立应急队伍，配备必要的应急设备和物资，确保在事件发生时能够迅速、有效地应对。此外，还需要加强应急演练和培训，提高应急处置能力，确保在实际应对中能够作出科学、准确的决策。

此外，突发环境事件应对还应遵循科学性原则。由于环境事件的复杂性和不确定性，需要依靠科学的方法和技术手段来进行监测、评估和处置。科学性的原则要求不断更新和完善突发环境事件应对的理论和实践，引入先进的科技手段和方法，提高应对的科技含量和准确性。协调性原则也是突发环境事件应对的重要原则之一。由于环境事件往往涉及多个领域和部门，因此需要各部门之间的紧密配合和协调。通过建立协调机制，明确各部门职责分工，加强信息共享和沟通合作，可以更好地整合资源和力量，形成合力应对环境事件。可持续性原则要求在应对突发环境事件时，不仅要考虑当前的需求和利益，还要考虑未来的可持续发展。在采取应急措施时，应注重保护生态环境和自然资源，确保在应对过程中不会对环境和生态系统造成二次伤害。同时，还应注重恢复和重建工作，确保在事件结束后能够尽快恢复正常的生活和经济秩序。

总之，突发环境事件应对原则是在遵循突发事件应对原则的基础上，结合环境事件的特殊性和实际需求而制定的。通过预防为主、预防与应急相结合、科学性、协调性和可持续性等原则的落实，可以更好地应对各类环境事件，保障人民群众的生命财产安全和生态环境安全。

职场提示

从初学者到行家、再到专家的进阶之路

环境应急管理的核心在于预防，这需要我们深入理解环境风险的本质，以及如何进行有效的风险管理。对于初学者来说，以下是一些重要的提示，帮助你在这条进阶之路上稳步前行。

一、基础概念的理解

(1)风险与环境风险。了解风险的定义、分类及其影响因素，明确环境风险的特点和来源。理解环境风险不仅仅是单一事件，而是一个涉及多个因素和潜在后果的综合体。

(2)风险管理及环境风险管理。掌握风险管理的原则、流程和方法，理解环境风险管理的目的和核心任务。明白环境风险管理不仅是应对策略，也是一个涉及预防、控制和缓解的全面过程。

二、风险识别与评估

(1)识别风险因素。学会识别工作场所中可能存在的环境风险物质、风险源项和风险情景，理解它们可能导致的潜在后果。培养对环境风险的敏感度和洞察力。

(2)风险评估与排序。通过科学的方法和工具，对识别出的环境风险进行量化和评估。学会根据风险率(风险值)进行排序，确定风险管理的优先级。

三、预防与控制措施

(1)预防为主的原则。理解预防是环境应急管理的核心，学会制定和实施有效的预防措施，降低环境风险的发生概率及后果的严重程度。

(2)控制措施的制定。掌握制定针对不同环境风险的应急控制措施的方法，包括技术措施、管理措施和教育培训措施等。

四、技术与管理结合

(1)信息化技术的应用。利用现代信息化技术手段，如大数据、人工智能等，提高环境风险的识别、评估和预防的效率和准确性。

(2)技术与管理的融合。理解技术与管理在环境风险管理中的互补作用，学会将先进的技术与管理方法相结合，形成有效的风险防控体系。

五、持续学习与严谨的工作态度

(1)持续学习。环境风险领域的知识和技术不断更新，要养成持续学习的习惯，跟踪最新的理论和实践成果。

(2)严谨的工作态度。对待环境风险要秉持科学、认真、严谨的态度。每一个细节都不能忽视，每一次操作都要严格按照规定进行。

从初学者到行家，再到专家，环境风险管理的旅程充满了挑战和机遇。只要我们掌握了基础概念，学会了识别与评估风险，并能够将技术与管理相结合，保持持续学习和严谨的工作态度，就能在环境风险应急技术领域，为企业的可持续发展作出更大的贡献。

🖮 知识拓展

| 古代人类的风险防范观 | 《国家突发环境事件应急预案》 | 《突发事件应急预案管理办法》 |

🧰 项目实施

一、工作计划

本项目是认识环境风险，根据认知规律，将项目分为两个任务，分别是认知环境风险和管控环境风险。工作计划是根据项目实施工作任务，完成项目实施，并填入表中。

二、项目实施

任务描述	本次环境风险认知的任务旨在帮助学生全面了解突发环境事件的定义、特点、分类、等级及应对策略，为后续的环境风险管理提供基础。学生需要掌握突发环境事件应急管理体制和应对原则，明确环境风险管理相关内容，包括风险评估、监测预警、风险控制、应急预案等方面的内容。同时，学生需要了解国家法律法规、标准、企业内部规定等，以确保风险管理工作的合法性和有效性			
工作任务	工作步骤	完成情况	完成人	复核人
任务一　认知环境风险	(1)学习本任务内容，明确突发环境事件的定义； (2)通过案例分析，了解突发环境事件的特点； (3)研究突发环境事件可能产生的各种影响，包括对人类健康、生态系统、经济和社会的影响； (4)以小组为单位，经成员前期详细策划，录制成一个精品微视频，以某具体突发环境事件案例导向，描述该事件的特点和影响，练习表达能力和增强风险意识			
任务二　管控环境风险	(1)成立学习小组，针对"墨西哥湾钻井平台火灾、爆炸事件"，结合"管控环境风险"内容学习，讨论分析该事件的发生，是风险管控哪些环节出现了问题，如何才能避免事件的发生，同时录制视频，提高分析和表达能力； (2)上网查找环境风险管理依据，建立学习资料库； (3)识记突发环境事件应急管理体制和应对原则			

🧰 项目评价

序号	项目实施过程评价	自我评价	企业导师评价
1	相应法规和标准理解与应用能力		
2	任务完成质量		
3	关键内容完成情况		
4	完成速度		
5	参与讨论主动性		
6	沟通协作		
7	展示汇报		
8	项目收获		
9	素质考查		
10	综合能力		
	综合评价		
备注：表中内容每项10分，共100分，学生根据任务学习的过程与完成情况，真实、诚信地完成自我评价，企业导师根据项目实施过程、成果和学生自我评价，客观、公正地对学生进行综合评价			

一、知识测试

1. (多选题)根据《中华人民共和国突发事件应对法》相关的规定,突发事件的类型有(   )。

A. 自然灾害事件　　　　B. 事故灾难事件　　　　C. 公共卫生事件

D. 人为伤害事件　　　　E. 社会安全事件

2. (多选题)根据《国家突发环境事件应急预案》的规定,突发环境污染事件具体原因主要包括(   )。

A. 污染物排放　　　　　B. 自然灾害　　　　　　C. 安全生产事故

D. 人为破坏　　　　　　E. 超自然因素

3. (多选题)按照社会危害程度、影响范围等因素,自然灾害、事故灾难、公共卫生事件分为(   )等级。

A. 轻微事件　　　　　　B. 一般事件　　　　　　C. 较大事件

D. 特别重大事件　　　　E. 重大事件

4. (多选题)根据《国家突发环境事件应急预案》的规定,突发环境污染事件包括(   )。

A. 突发大气污染事件　　　　　　　　　B. 突发噪声污染事件

C. 突发水体污染事件　　　　　　　　　D. 突发土壤污染事件

E. 突发辐射污染事件

5. (单选题)反映风险大小常用指标是(   )。

A. 事故后果的严重程度　　　　　　　　B. 事故发生的频率

C. 风险值　　　　　　　　　　　　　　D. 事故发生的地点

6. (判断题)事件发生的概率越大,则该事件的风险也越大。(   )

二、技能测试

1. (多选题)以下企事业单位发生的突发事件中,属于突发环境事件的有(   )。

A. 某养猪场臭气(NH_3、H_2S 等)超标排放

B. 某 KTV 噪声严重超标,对周边居民夜间休息造成严重影响

C. 某 98% 浓硫酸罐车(约 40 t)发生侧翻导致大量浓硫酸泄漏,且进入事发地周边农田

D. 某火电厂液氨站发生液氨泄漏事故,造成该液氨站厂界外 450 m 范围内的居民需紧急撤离疏散

E. 2015 年某农村加油站的单层柴油罐发生柴油泄漏,造成其周边 500 m 范围内6 户居民家水井内发现 5~10 cm 不等浮油层

2. 根据教材"突发环境事件分类"的相应内容,完成对下列突发环境事件类型的分类。

序号	突发环境事件情景	按事件性质划分
1	2003 年 12 月 23 日重庆开县 16 号矿井发生井喷,富含 H_2S 和 SO_2 的天然气喷至 30 m 高,造成职工和井场周围居民硫化氢中毒,死亡 243 人,住院治疗 2 142 人等	
2	2011 年,北京密云地区居民刘玉英发现,在她打算用来耕种的土地上被人扔了许多开着口的袋子,里面装满了不明成分的灰色粉末。检测结果表明,当地废弃物中的锑含量为 7 700～11 900 ppm,比我国的法定含量上限高出 640～990 倍	
3	四川化工股份有限公司将没有经过完全处理的含氨氮的工艺冷凝液和高浓度氨氮废水直接排入沱江,致使沱江水氨氮严重超标,导致沿江简阳、资中、内江三地百万群众饮水被迫中断,50 万千克网箱鱼死亡,直接经济损失达 2.1 亿元,被破坏的生态需要 5 年时间来恢复	

3. 根据本项目所学内容,同时查阅《国家突发环境事件应急预案》的事件分级相应内容,判定以下情形属于哪类等级的突发环境事件。

序号	突发环境事件后果情景	事件等级	事件等级表征
1	因环境污染造成县级城市集中式饮用水水源地取水中断的		
2	因环境污染造成直接经济损失 1 亿元以上的		
3	因环境污染直接导致 3 人以下死亡或 10 人以下中毒或重伤的		
4	造成跨省级行政区域影响的突发环境事件		
5	因环境污染造成国家重点保护的动植物物种受到破坏		
6	因环境污染造成跨县级行政区域纠纷,引起一般性群体影响的		

三、素质测试

(判断题)在现实的生活或生产过程中,有些场所或生产经营单位风险大,有些风险小,有些没有风险。(　　)

项目二　识别环境风险

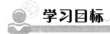

学习目标

知识目标

1. 掌握环境风险辨识相关术语的定义。

2. 熟悉涉气与涉水环境风险物质的分类依据和方法。

3. 深入理解危险化学品重大风险源的辨识依据和方法。

4. 掌握最大可信事件的内涵及其设定方法。

能力目标

1. 能够辨识环境风险物质和风险源项。

2. 能够判定危险化学品及重大危险源。

3. 能够根据辨识结果设定突发环境事件情景，并确定突发环境事件。

素养目标

1. 通过环境风险物质和风险源项辨识的实践，培养学生严谨、细致的工作作风。

2. 通过设定环境风险情景，培养实事求是、严谨求实的工作态度和职业素养。

项目导入

在我们生活的环境中，存在着各种各样的风险源，这些风险源可能对人类的健康和生态环境造成潜在的威胁。有些风险是显而易见的，如山体滑坡、洪水灾害等，而有些风险是隐性的，不易被察觉，如煤气(CO)无色无味，但有毒。为了更好地保护我们的身心健康和生态环境，我们需要识别环境风险，主要目的是更好地理解和评估环境风险，从而采取有效的措施来预防和控制这些风险。

通过识别环境风险，我们可以了解风险的性质和可能的影响范围及程度，从而制定相应的风险管理策略，以最大程度减少环境风险对人类健康和生态环境的负面影响。同时，准确识别环境风险源也有助于优化资源配置，将有限的资源用于最需要的地方，提高环境风险管理的效率和效果。此外，公开环境风险的识别结果也有助于增强企业员工及公众的风险意识，促进公众参与环境保护和风险管理，共同维护我们的生存环境。因此，识别环境风险是环境风险管理的重要基础，对于保护环境和人类健康具有重要意义。

在本项目中，我们将学习如何识别环境风险物质，确定风险源项，识别重大风险源，设定环境风险情景。通过学习，我们可以明确企业或特定场所及设施潜在的风险，预测其一旦发生风险，带来的不利影响，制定针对性的风险应对策略。让我们一起开启这场探索之旅！

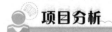 **项目分析**

　　本项目将介绍识别环境风险，内容包括物质危险性识别、生产系统危险性识别和危险物质向环境转移途径识别。具体包括环境风险物质辨识、环境风险源项确定、重大危险源辨识，以及环境风险情景设定等核心内容进行阐述。课程的目标是使学生掌握如何准确识别和设定各类环境风险，确保突发环境发生时有效应对。

　　首先，我们将聚焦于环境风险物质的辨识，探讨如何识别具有潜在环境风险的物质，分析其特性及危害程度，为后续的风险评估提供科学依据。其次，我们将进一步讨论环境风险源的确定。通过深入研究可能引发环境风险的源头，分析其产生风险的机理，为制定有效的风险防范措施和突发环境事件应对措施提供指导。此外，本项目还将涵盖重大危险源的辨识。学生将学习如何辨识可能引发重大环境事件的危险源，了解其潜在风险及影响范围，以确保及时采取应对措施，降低风险。最后，我们将深入探讨环境风险情景的设定，通过模拟不同情景，学生将学习如何预测环境风险的可能影响，并制定针对性的防范措施，以提升企业的风险管理能力。

　　通过本项目的学习，学生将能够全面掌握识别环境风险的关键技能和方法，为保障生态环境安全提供有力支持。

知识结构

　　本项目从四个方面识别环境风险，知识网络框图如下：

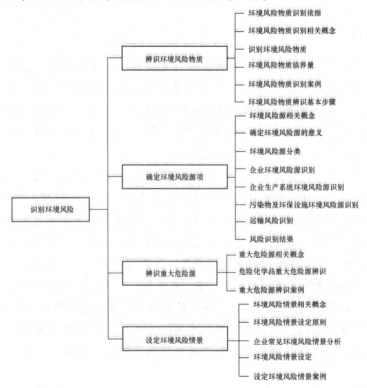

任务一 辨识环境风险物质

🧰 任务引入

你刚入职燃煤火力发电公司的安全环保管理岗位，负责辨识企业环境风险以进行有效管理。如何快速熟悉业务并进入工作状态呢？

首先从风险物质和风险源两个方面入手。调查梳理原料、辅料、产品等全工序，识别环境风险物质，记录环境风险物质的最大存在量和存放地点，同时现场勘查了解生产工艺、设备（设施）及"工业三废"风险源。为了能够迅速熟悉业务，展现你的专业能力，请带着以下任务，完成学习。

1. 辨识企业环境风险物质，区分涉水和涉气环境风险物质。
2. 记录企业环境风险物质最大存在量及存放地点，查表获得风险物质临界量。
3. 查询各风险物质的 MSDS，重点关注各风险物质理化性质、危险性、急救措施、泄漏应急处理、个体防护等。

⌨ 知识学习

一、环境风险物质识别依据

目前环境风险物质识别依据主要有《企业突发环境事件风险分级方法》（HJ 941—2018）、《建设项目环境风险评价技术导则》（HJ 169—2018）、《国家危险废物名录》（2025 版）、《危险化学品目录》（2022 调整版）等。需要说明的是，环境风险物质与临界量清单是动态的，随着研究和认识的深入，环境风险物质与临界量清单会不断补充、完善和更新。如果标准数据更新，应使用有效版本。

1.《企业突发环境事件风险分级方法》（HJ 941—2018）

《企业突发环境事件风险分级方法》按物质危险性及性状特征，分为有毒气态物质、易燃易爆气态物质、有毒液态物质、易燃液态物质、其他有毒物质、遇水生成有毒气体的物质、重金属及其化合物、其他类物质及污染物 8 个部分，总计 392 种环境风险物质及临界量。其中环境风险物质按其曾经发生过突发环境事件的情况，分为 a、b、c、d、e 共 5 种，便于企业进行安全管理和识别。其中，a 代表该种物质曾由于生产安全事故引发了突发环境事件；b 代表该种物质曾由于交通事故引发了突发环境事件；c 代表该种物质曾由于非法排污引发了突发环境事件；d 代表该种物质曾由于其他原因引发了突发环境事件；e 代表该物质发生过生产安全事故。

第一、第二、第三、第四、第五、第六部分风险物质临界量均以纯物质质量计，第七部分风险物质临界量按标注物质的质量计。健康危害急性毒性物质分类见《化学品分类和标签规范 第 18 部分：急性毒性》（GB 30000.18—2013），危害水环境物质分类见《化学品分类和标签规范　第 28 部分：对水生环境的危害》(GB 30000.28—2013)。

2.《建设项目环境风险评价技术导则》(HJ 169—2018)

根据《建设项目环境风险评价技术导则》(HJ 169—2018)的规定，环境风险物质的识别应基于详尽的调查和分析。首先，需要系统调查建设项目中涉及的危险物质的数量、空间分布情况及生产工艺的特有性，并广泛收集如化学品安全技术说明书(MSDS)等基础性技术资料。

在物质危险性识别方面，应全面考虑项目涉及的主要原辅材料、燃料，生产过程中的中间产品、副产品、最终产品，以及可能产生的污染物，甚至包括火灾和爆炸等可能产生的伴生或次生物质。

对于生产系统危险性的识别，则须深入剖析主要生产装置、储运设施、公用工程设施、辅助生产设施及环境保护设施等各个环节的潜在风险。

在进行具体识别时，可参考《建设项目环境风险评价技术导则》(HJ 169—2018)附录 B 中的详细列表。附录 B 不仅包含了表 B.1 中列出的 385 种常见危险物质，还在表 B.2 中补充了其他危险物质的相关信息，为识别过程提供了宝贵的参考依据。通过严谨的调查、细致的分析和充分的考虑，可以确保环境风险物质识别的准确性和全面性。

3.《国家危险废物名录》(2025 版)

危险废物是指对生态环境和人体健康具有有害影响的毒性、腐蚀性、易燃性、反应性和感染性的固体废物(包括液态废物)，以及经鉴别具有危险特性，属于危险废物的固体废物。《国家危险废物名录》中危险废物共分为 HW01～HW50 类，如来自卫生行业的 5 种医疗废物，包含废物代码和危险特性，来自环境治理业的 4 种焚烧处置残渣等。同时，划定了危险废物豁免管理清单，包含豁免的废物代码、废物名称、豁免环节、豁免条件、豁免内容，如生活垃圾中的废药品、废油漆、废荧光灯等危险废物，未集中收集的家庭日常生活中产生的危险废物，全过程全部环节不按危险废物管理。

4.《危险化学品目录》(2022 调整版)

危险化学品是指具有毒害、腐蚀、爆炸、燃烧、助燃等性质，对人体、设施、环境具有危害的剧毒化学品和其他化学品。危险化学品可分为三类：第一类是物质危险，包括爆炸、易燃气体、气溶胶、氧化性气体、加压气体、易燃液体、易燃固体、自反应物质和混合物、自燃液体、自燃固体、自燃物质和混合物、遇水放出易燃气体的物质和混合物、氧化性液体、氧化性固体、有机过氧化物、金属腐蚀物，共 16 种危险；第二类是健康危害，包括急性毒性、皮肤腐蚀/刺激、严重眼损伤/眼刺激、呼吸道或皮肤致敏、生殖细胞致突变性、致癌性、生殖毒性、特异性靶器官毒性——次接触、特异性靶器官毒性-反复接触、吸入危害，共 10 种健康危害；第三类是环境危害，包括危害水生环境-急性危害、危害水生环境-长期危害和危害臭氧层 3 种环境危害。《危险化学品目录》中共有 2 828 种条目。

5. MSDS

化学品安全技术说明书(Material Safety Data Sheet，MSDS)，国际上称作化学品安全信息卡，是化学品生产商和经销商按法律要求必须提供的化学品理化特性（如 pH 值、闪点、易燃度、反应活性等）、毒性、环境危害，以及对使用者健康（如致癌、致畸等）可能产生危害的一份综合性文件。对于化学品的安全管理技术人员，应重点关注化学品的物理化学性质、危害辨识、急救措施、防护措施、处置方法等详细信息，以确保用户和工作者在使用、储存、运输和处置化学品时能够采取适当的安全措施。

二、环境风险物质识别相关概念

1. 危险化学品

危险化学品是指具有毒害、腐蚀、爆炸、燃烧、助燃等性质，对人体、设施、环境具有危害的剧毒化学品和其他化学品。

2. 危险废物

危险废物是指列入《国家危险废物名录》或根据危险废物鉴别标准和《危险废物鉴别技术规范》（HJ 298—2019）认定的具有危险特性的固体废物。

3. 突发环境事件风险物质

突发环境事件风险物质是指具有有毒、有害、易燃易爆、易扩散等特性，在意外释放条件下可能对企业外部人群和环境造成伤害、污染的化学物质，简称风险物质。

4. 环境事件

环境事件是指由于违反环境保护法律法规的经济、社会活动与行为，以及由于意外因素的影响或不可抗拒的自然灾害等致使环境受到污染，生态系统受到干扰，人体健康受到危害，社会财富受到损失，造成不良社会影响的事件。

5. 突发环境事件

突发环境事件是指由于污染物排放或自然灾害、生产安全事故等因素，导致污染物或放射性物质等有毒有害物质进入大气、水体、土壤等环境介质，突然造成或可能造成环境质量下降，危及公众身体健康和财产安全，或造成生态环境破坏，或造成重大社会影响，需要采取紧急措施予以应对的事件。

6. 次生衍生事件

次生衍生事件是指某一突发环境事件所派生或因处置不当而引发的环境事件。

7. 突发环境事件风险

突发环境事件风险是指企业发生突发环境事件的可能性及可能造成的危害程度。

8. 风险物质的临界量

风险物质的临界量是指根据物性、环境危害性及易扩散特性，对某种或某类突发环境事件风险物质规定的数量。

三、识别环境风险物质

企业环境风险物质识别以《企业突发环境事件风险分级方法》（HJ 941—2018）为主要依据，同时上述介绍的其他识别依据为辅助和补充。企业环境风险物质分为两类，包括涉气环境风险物质和涉水环境风险物质。有些风险物质，既是涉气环境风险物质，又是涉水环境风险物质，需分别统计。

1. 企业环境风险物质识别范围

对于待评估的环境风险企业，首先进行企业风险源识别，识别企业的各单元，如企业生产单元、存储单元、辅助单元、公共单元、环境保护设施等，调查各单元使用的化学品种类及数量。

根据《企业突发环境事件风险分级方法》(HJ 941—2018)的规定，环境风险物质调查的范围是生产原料、产品、中间产品、副产品、催化剂、辅助生产物料、燃料、"三废"污染物。调查的内容是企业生产、存储或使用的化学品种类及数量，其中混合或稀释的风险物质的数量，按其组分比例折算成纯物质进行登记，重金属及其化合物按标注物质的质量计。

2. 环境风险物质与临界量清单

(1)涉气环境风险物质与临界量清单。涉气环境风险物质包括《企业突发环境事件风险分级方法》(HJ 941—2018)附录 A 中的第一、第二、第三、第四、第六部分全部风险物质，以及第八部分中除 NH_3-N 浓度≥2 000 mg/L 的废液、COD_{cr} 浓度≥10 000 mg/L 的有机废液之外的气态和可挥发造成突发大气环境事件的固态、液态风险物质。

涉气环境风险物质具体包括有毒气态物质，易燃易爆气态物质，有毒液态物质，易燃液态物质，遇水生成有毒气体的物质，《化学品分类和标签规范 第 18 部分：急性毒性》(GB 30000.18—2013)健康危险急性毒性物质中类别 1、类别 2、类别 3，《化学品分类和标签规范 第 28 部分：对水生环境的危害》(GB 30000.28—2013)危害水环境物质中急性 1、慢性 1、慢性 2 的气态风险物质，以及《化学品分类和标签规范 第 18 部分：急性毒性》(GB 30000.18—2013)和《化学品分类和标签规范 第 28 部分：对水生环境的危害》(GB 30000.28—2013)中可挥发造成突发大气环境事件的固态、液态风险物质。

环境风险物质的临界量是指该种物质在储存量达到这个量，在事故条件下释放具有重大的危险性。环境风险物质临界量的确定遵循"危害等值"的原则。《企业突发环境事件风险分级方法》(HJ 941—2018)附录 A 中共 313 种涉气环境风险物质。本任务重点引用曾经发生过突发环境事件的涉气环境风险物质，见表 2-1-1，共有 156 种，同时标注了该风险物质在历史事故案例中出现的情况。

附表 2-1-1 涉气环境风险物质与临界量

表 2-1-1 涉气环境风险物质与临界量(部分节选，完整扫二维码获取)

序号	物质名称	CAS 号	突发事件案例及遇水反应生成的物质	临界量/t
1	光气	75-44-5	a	0.25
2	乙烯酮	463-51-4	a	0.25
3	硒化氢	7783-07-5	b	0.25
4	砷化氢	7784-42-1	a	0.25

序号	物质名称	CAS号	突发事件案例及遇水反应生成的物质	临界量/t
5	甲醛	50-00-0	a, c, d	0.5
6	氟	7782-41-4	e	0.5
7	二氧化氯	10049-04-4	e	0.5
8	一氧化氮	10102-43-9	e	0.5
9	氯气	7782-50-5	a, b, c, d	1
10	磷化氢	7803-51-2	e	1
11	石油醚	8032-32-4	a	10
12	乙醇	64-17-5	a	500 *
13	五硫化二磷	1314-80-3	d/硫化氢	2.5
14	甲基二氯硅烷	75-54-7	b/氯化氢	5
15	健康危险急性毒性物质(类别1)	—	a, b	5 * *
16	健康危险急性毒性物质(类别2、类别3)	—	a, b, c	50 * *

注：1. 上述涉气风险物质临界量均以纯物质质量计；
　　2. 健康危害急性毒性物质分类见《化学品分类和标签规范　第18部分：急性毒性》(GB 30000.18—2013)；
　　3. * 该物质临界量参考《危险化学品重大危险源辨识》(GB 18218—2018)，* * 该物质临界量参考欧盟《塞维索指令Ⅲ》(2012/18/EU)

（2）涉水环境风险物质与临界量清单。涉水环境风险物质包括《企业突发环境事件风险分级方法》(HJ 941—2018)附录 A 中的第三、第四、第五、第六、第七和第八部分全部风险物质，以及第一、第二部分中溶于水和遇水发生反应的风险物质，具体包括溶于水的硒化氢、甲醛、乙二腈、二氧化氯、氯化氢、氨、环氧乙烷、甲胺、丁烷、二甲胺、一氧化二氯、砷化氢、二氧化氮、三甲胺、二氧化硫、三氟化硼、硅烷、溴化氢、氯化氰、乙胺、二甲醚，以及遇水发生反应的乙烯酮、氟、四氟化硫、三氟溴乙烯等。

涉水环境风险物质具体包括溶于水和遇水发生反应的风险物质、有毒液态物质、易燃液态物质、其他有毒物质、遇水生成有毒气体的物质、重金属及其化合物、溶于水和遇水发生反应的风险物质。

同涉气环境风险物质一样，涉水环境风险物质的临界量，也是指该种物质在储存量达到这个量，在事故条件下释放具有重大的危险性。《企业突发环境事件风险分级方法》(HJ 941—2018)附录 A 中共 344 种涉水环境风险物质。本任务重点引用曾经发生过突发环境事件的涉水环境风险物质，见表 2-1-2，共有 180 种，同时标注了该风险物质在历史事故案例出现的情况。

附表 2-1-2　涉水环境
风险物质与临界量

表 2-1-2 涉水环境风险物质与临界量(部分节选,完整扫二维码获取)

序号	物质名称	CAS 号	突发事件案例及遇水反应生成的物质	临界量/t
1	乙烯酮	463-51-4	a	0.25
2	硒化氢	7783-07-5	b	0.25
3	砷化氢	7784-42-1	a	0.25
4	甲醛	50-00-0	a, c, d	0.5
5	氟	7782-41-4	e	0.5
6	二氧化氯	10049-04-4	e	0.5
7	二氧化氮	10102-44-0	e	1
8	三甲胺	75-50-3	a	2.5
9	二氧化硫	7446-09-5	a, b, d	2.5
10	三氟化硼	7637-07-2	e	2.5
11	铜及其化合物(以铜离子计)	—	b, d	0.25
12	锑及其化合物(以锑计)	—	a	0.25
13	铊及其化合物(以铊计)	—	b	0.25
14	钼及其化合物(以钼计)	—	a	0.25
15	钒及其化合物(以钒计)	—	a	0.25
16	镍及其化合物(以镍计)	—	d	0.25
17	锰及其化合物(以锰计)	—	a, d	0.25
18	健康危险急性毒性物质(类别1)	—	a, b	5 * *
19	NH_3-N 浓度≥2 000 mg/L 的废液		c	5
20	CODcr 浓度≥10 000 mg/L 的有机废液		a, b	10
21	健康危险急性毒性物质(类别2、类别3)		a, b, c	50 * *
22	油类物质(矿物油类,如石油、汽油、柴油等;生物柴油等)		a, b	2 500 * *

注：1. 上述涉水环境风险物质的临界量,除重金属及其化合物(表中序号11~17)按标注物质的质量计以外,其他均以纯物质质量计;

2. 健康危害急性毒性物质分类见《化学品分类和标签规范 第18部分:急性毒性》(GB 30000.18—2013);

3. * 该物质临界量参考《危险化学品重大危险源辨识》(GB 18218—2018), * * 该物质临界量参考欧盟《塞维索指令Ⅲ》(2012/18/EU)

(3)关于涉气/涉水共有环境风险物质的说明。涉气/涉水共有风险物质包括《企业突发环境事件风险分级方法》(HJ 941—2018)附录 A 中的第三、第四、第六全部环境风险物质，第一、第二部分中溶于水和遇水发生反应的风险物质，以及第八部分中除 NH_3-N 浓度≥2 000 mg/L 的废液、COD_{cr} 浓度≥10 000 mg/L 的有机废液之外的气态和可挥发造成突发大气环境事件的固态、液态风险物质。

涉气/涉水共有环境风险物质既是涉气环境风险物质，又是涉水环境风险物质，具体包括有毒液态物质，易燃液态物质，遇水生成有毒气体的物质，溶于水的硒化氢、甲醛、乙二腈、二氧化氯、氯化氢、氨、环氧乙烷、甲胺、丁烷、二甲胺、一氧化二氯、砷化氢、二氧化氮、三甲胺、二氧化硫、三氟化硼、硅烷、溴化氢、氯化氰、乙胺、二甲醚，以及遇水发生反应的乙烯酮、氟、四氟化硫、三氟溴乙烯等。

附表 2-1-3 涉气/涉水共有环境风险物质

《企业突发环境事件风险分级方法》(HJ 941—2018)中涉气/涉水共有环境风险物质共计 263 种，见表 2-1-3。

表 2-1-3 涉气/涉水共有环境风险物质(部分节选，完整扫二维码获取)

序号	物质名称	序号	物质名称	序号	物质名称
1	乙烯酮	16	氯乙酸甲酯	31	甲缩醛
2	硒化氢	17	1,2-二氯乙烷	32	乙烯基乙醚
3	砷化氢	18	2-丙烯-1-醇	33	亚硝酸乙酯
4	甲醛	19	醋酸乙烯	34	正己烷
5	乙二腈	20	异丙基氯甲酸酯	35	2,2-二羟基二乙胺
6	氟	21	哌啶	36	正辛醇
7	二氧化氯	22	肼	37	邻苯二甲酸二辛酯
8	四氟化硫	23	三氟化硼-二甲醚络合物	38	2,6-二氯甲苯
9	二氧化氮	24	盐酸(浓度37%或更高)	39	丙烯酸丁酯
10	三甲胺	25	硝酸	40	乙酸乙酯
11	二氧化硫	26	三氯化磷	41	1,3-戊二烯
12	三氟化硼	27	三氯化砷	42	3-甲基-1-丁烯
13	氯化氢	28	乙酸	43	2-甲基-1-丁烯
14	硅烷	29	丙酮	44	顺式-2-戊烯
15	溴化氢	30	三氯甲烷	45	反式-2-戊烯

四、环境风险物质临界量

1. 影响临界量的因素

环境风险物质的临界量是指在某一特定环境中，物质的浓度或剂量达到或超过该临界值时，可能对环境和生态系统造成不可逆转的危害。这个概念涉及物质的毒性、环境敏感度，以及物质在环境中的传播、转化和积累等因素。临界量的确定是一个复杂的过程，需要综合考虑许多因素，包括以下几个方面。

（1）毒性和生态影响。物质的毒性、生态影响和生物累积特性是确定临界量的关键因素。一些物质即使在很低浓度下，也可能对某些生物产生严重的毒性影响，因此其临界量可能很低。

（2）环境敏感度。不同环境的敏感度不同。一些环境可能对特定物质更敏感，因此在这些环境中，物质的临界量可能会更低。

（3）暴露途径。物质进入环境的途径也影响了其临界量。如果某个物质通过饮用水进入人体，其临界量可能与通过空气进入人体的临界量不同。

（4）生态平衡影响。物质对生态平衡的影响也需要考虑。一些物质可能在低浓度下不会对单一生物产生影响，但可能会破坏整个生态系统的平衡。

（5）可逆性。物质造成的影响是可逆的还是不可逆的也是一个重要因素。一些物质可能在超过临界量后会对环境产生不可逆的影响，而另一些物质可能在临界量以下不会引发永久性问题。

（6）法律法规和标准。不同国家和地区可能制定了与特定环境风险物质相关的法律法规和标准，这些标准可以作为确定临界量的参考。

环境风险物质的临界量是一个复杂的概念，涉及多个因素的综合考量。确定临界量需要综合考虑物质的毒性、环境敏感度、生态影响、暴露途径等信息，以确保环境和生态系统的健康和可持续发展。

2. 环境风险物质临界量确定

通常情况下，不需要计算获得环境风险物质的临界量，可直接参考《企业突发环境事件风险分级方法》（HJ 941—2018）附录 A 或《建设项目环境风险评价技术导则》（HJ 169—2018）附录 B，查表获得环境风险物质临界量。

五、环境风险物质识别案例

例 2-1-1 根据材料给出的某煤电企业各工段的化学品和存量，辨识涉水环境风险物质和涉气环境风险物质，并找出其相应的风险物质临界量。

某煤电企业为燃煤凝汽式火力发电厂，燃煤由公路或铁路运至煤场（采用卸煤机自动卸煤，有效减少卸煤扬尘），再经输煤系统、制粉系统后送入锅炉燃烧（喷柴油助燃），锅炉将经过除盐、除氧预热的水加热成高温高压蒸汽送入汽轮机做功，并带动发电机发电。电能经升压站升压后由线路送至用户。调查结果见表 2-1-4。

表 2-1-4　某燃煤凝汽式火力发电厂主要工段涉及的化学物质及存量调查

工段	序号	区域	化学品名称	使用设备	储存设备/场所	最大存在数量/t
用水处理段	1	净水站	聚氯化铝	凝聚剂溶药池、储药池	固体物料塑料袋包装，物料堆放	5
			日晒盐			1
	2	精处理再生药品区域	30%盐酸	精处理再生设备	盐酸溶液酸罐（30%，20 m³）	4.8
			30%氢氧化钠		氢氧化钠溶液罐（30%，20 m³），固体物料塑料袋包装，物料间堆放	8
	3	水汽加药间	液氨	水汽加药设备	氨瓶（99.99%，0.2 kg/瓶，一般储存 3 瓶）	0.000 6
	4	补给水处理加药间	阻垢剂（MTSA3090）	填充床电渗析、离子交换设备	阻垢剂溶液箱（4 ppm，0.8 m³），固体物料塑料袋包装，物料间堆放	2
			10%次氯酸钠		次氯酸钠溶液箱（10%，0.8 m³）	0.08
			10%亚硫酸氢钠		亚硫酸氢钠溶液箱（10%，0.8 m³）	0.08
			5%盐酸		盐酸溶液计量箱（5%，10 m³）	1.35
			5%氢氧化钠		氢氧化钠溶液计量箱（5%，10 m³）	0.5
	5	启动炉加药间	20%磷酸三钠	启动炉	磷酸三钠溶液箱（20%，10 m³），固体物料塑料袋包装，物料间堆放	0.5
			10%亚硫酸钠		亚硫酸钠溶液箱（10%，10 m³）	0.5
			液氨		从水汽加药间来	—
	6	二氧化氯发生器间	二氧化氯	水射器	现用现制，无存量	现用现制，无存量
			氯气			
			30%盐酸	二氧化氯发生器	盐酸溶液计量箱（30%，10 m³）	1.35
			氯酸钠			0.8
	7	循环水药品存放区	30%盐酸	二氧化氯发生器	盐酸溶液罐（30%，10 m³）	2.4
			30%氯酸钠		氯酸钠溶液储罐（30%，10 m³），固体物料塑料袋包装，物料间堆放	6
	8	阻垢剂溶药间	循环水阻垢剂（WT－304K）	循环水处理设施	阻垢剂溶液箱（4 ppm，10 m³），固体物料塑料袋包装，物料间堆放	5

工段	序号	区域	化学品名称	使用设备	储存设备/场所	最大存在数量/t
废水处理段	9	化学废水处理区、药品存放区	30%盐酸	序号11中的计量箱	盐酸溶液罐（30%，10 m³）	1.5
			30%氢氧化钠		氢氧化钠溶液罐（30%，10 m³）	1.5
	10	化学废水加药间	阳离子聚丙烯酰胺	沉淀池	助凝剂溶液箱（2%，2 m³）	1
			20%次氯酸钠	出水消毒池	次氯酸钠溶液箱（20%，2 m³），由市售次氯酸钠（25 kg/桶，一般储存4桶）稀释而来	0.025
			5%盐酸	pH调节池	盐酸溶液计量箱（5%，2 m³）	0.27
			5%氢氧化钠		氢氧化钠溶液计量箱（5%，2 m³）	0.1
			5%聚氯化铝	沉淀池	凝聚剂溶液计量箱（5%，2 m³）	0.1
脱硝段	11	液氨区	液氨	脱硝段	液氨罐（99.9%，2×127 m³）	91
	12	脱硝反应区	催化剂 V_2O_5	脱硝段	脱硝装置，仓库无存量	9.5
		氮氧化物	氮氧化物	—	经过脱硝后直接排放，无存量，排放量达2 057 t/年	
脱硫段	13	脱硫塔	石灰石	脱硫设施	脱硫设施堆场	10
			石膏	脱硫设施	脱硫设施堆场，先生产再运走，无存量	—
			二氧化硫	—	经过脱硫后直接排放，无存量，排放量达1 450 t/年	—
灰渣处理段	14	渣水药品存放区	阻垢剂（氨基三亚甲基膦酸）	渣池	阻垢剂溶液箱（5%，1 m³）	3
制氢段	15	制氢站	氢气	机组	汽轮机机组、氢气罐	0.14
燃油段	16	油罐区	0 号柴油	锅炉	250 m³×2，一般储存200 t	200
燃煤段	17	煤场	煤	锅炉	锅炉、煤棚	480 000
升压段	18	升压站	主变压器油、高压变压器油、脱硫变压器油、后备变压器油	变压器	2台主变压器、1台高厂变、1台高公变	210
汽轮机段	19	汽轮机	32 号汽轮机油	汽轮机	汽轮机机组	50
废油仓库	20	废油仓库	废机油		废油仓库，170 kg/桶，一般存放12桶	2
仓库	21	仓库	绝缘油	汽轮机	170 kg/桶，一般存放30桶	5
灰场	22	灰场	灰渣	外运处理	灰场（一期工程）	230 万 m³

解： 第一步：环境风险物质识别并分类。

将上述化学物质，按涉气环境风险物质及涉水环境风险物质进行分类。经分析、归纳、总结、分类，环境风险物质识别见表 2-1-5。识别出涉气环境风险物质共 5 种，分别是盐酸、液氨、氮氧化物、二氧化硫、氢气；涉水环境风险物质共 9 种，分别是盐酸、氢氧化钠、液氨、次氯酸钠、氯酸钠、催化剂 V_2O_5、二氧化氮、二氧化硫、油类（包括柴油、变压器油、机油、废机油、绝缘油）。

第二步：了解环境风险物质特性，找出上述第一步环境风险物质的 MSDS，做好风险防范。

已经确定为环境风险物质，查找其 MSDS，了解其危险性、急救措施、消防措施、泄漏应急处理、操作处置与储存、接触控制/个体防护、理化特性、稳定性和反应活性、废弃处置、运输信息等，根据环境风险物质特性，制定安全操作规程，定期检查、预警和预防等措施，防范环境风险的发生，并登记风险物质特性。

第三步：查标准，记录环境风险物质的临界量。

查找本任务环境风险物质识别依据，找出已经确定的涉气环境风险物质和涉水环境风险物质，见表 2-1-5，其中，盐酸、液氨环境风险物质既是涉气环境风险物质，又是涉水环境风险物质。

表 2-1-5　某燃煤凝汽式火力发电厂环境风险物质识别表

环境风险物质类别	车间/工段名称	风险物质名称	风险物质特性				最大量 q/t	临界量 Q/t
			毒性	腐蚀性	可燃性	可爆性		
涉气环境	净水站	无	—	—	—	—	—	—
	精处理再生药品区域	30%盐酸	有	有	无	无	4.8	7.5
	水汽加药间	液氨	有	有	无	有	0.000 6	5
	补给水处理加药间	5%盐酸	有	有	无	无	1.35	7.5
	启动炉加药间	无	—	—	—	—	—	—
	二氧化氯发生器间	5%盐酸	有	有	无	无	1.35	7.5
	循环水药品存放区	30%盐酸	有	有	无	无	2.4	7.5
	阻垢剂溶药间	无	—	—	—	—	—	—
	化学废水处理区、药品存放区	30%盐酸	有	有	无	无	1.5	7.5
	化学废水加药间	5%盐酸	有	有	无	无	0.27	7.5
	液氨区	液氨	有	有	无	有	91	5
	渣水药品存放区	无	—	—	—	—	—	—
	制氢站	氢气	无	无	有	有	0.14	10
	油罐区	无	—	—	—	—	—	—
	煤场	无	—	—	—	—	—	—
	升压站	无	—	—	—	—	—	—
	汽轮机	无	—	—	—	—	—	—
	废油仓库	无	—	—	—	—	—	—
	仓库	无	—	—	—	—	—	—
	储灰区	无	—	—	—	—	—	—

| 环境风险物质类别 | 车间/工段名称 | 风险物质名称 | 风险物质特性 | | | | 最大量 q/t | 临界量 Q/t |
			毒性	腐蚀性	可燃性	可爆性		
涉水环境	净水站	无	—	—	—	—	—	—
	精处理再生药品区域	30%盐酸	有	有	无	无	4.8	7.5
		30%氢氧化钠溶液	有	有	无	无	8	200
	水汽加药间	液氨	有	有	无	有	0.000 6	5
	补给水处理加药间	10%次氯酸钠	有	有	无	无	0.08	5
		5%盐酸	有	有	无	无	1.35	7.5
		5%氢氧化钠	有	有	无	无	0.5	200
	启动炉加药间	无	—	—	—	—	—	—
	二氧化氯发生器间	5%浓盐酸	有	有	无	无	1.35	7.5
		氯酸钠	有	有	无	无	0.8	100
	循环水药品存放区	30%盐酸	有	有	无	无	2.4	7.5
		30%氯酸钠	有	有	无	无	6	100
	阻垢剂溶药间	无	—	—	—	—	—	—
	化学废水处理区、药品存放区	30%盐酸	有	有	无	无	1.5	7.5
		30%氢氧化钠	有	有	无	无	1.5	200
	化学废水加药间	20%次氯酸钠	有	有	无	无	0.025	5
		5%盐酸	有	有	无	无	0.27	7.5
		5%氢氧化钠	有	有	无	无	0.1	200
	液氨区	液氨	有	有	无	有	91	5
	脱硝反应区	催化剂 V_2O_5	有	无	无	无	9.5	0.25
	渣水药品存放区	无	—	—	—	—	—	—
	制氢站	无	—	—	—	—	—	—
	油罐区	0 号柴油	有	无	有	有	200	2 500
	煤场	无	—	—	—	—	—	—
	升压站	主变、高变、后备等变压器油	有	无	有	有	210.0	2 500
	汽轮机	32 号汽轮机油	有	无	有	有	50	2 500
	废油仓库	废机油	有	无	有	有	2	2 500
	仓库	绝缘油	有	无	有	有	5	2 500
	储灰区	灰渣	—	—	—	—	230 万 m^3	—

六、环境风险物质辨识基本步骤

（1）根据企业建设内容或生产工艺特点合理划分生产单元，如可以按生产线、生产工段或生产装置等要素进行划分，具体详见表 2-1-4。

（2）分单元列表给出各生产单元涉及的主要物料，具体详见表 2-1-6。

表 2-1-6　企业各生产单元物料一览表

序号	生产单元	辨识范围						
		原料	产品	中间品	副产品	催化剂	辅料	三废污染物
1	仓储设施							
2	生产设施							
3	环保设施							
4	危废暂存							
5	……							

（3）依据《企业突发环境事件风险分级方法》（HJ 941—2018），即表 2-1-1～表 2-1-3 辨识出各生产单元涉及的涉水/涉气环境风险物质，并将辨识结果列入表 2-1-7 中。

表 2-1-7　企业各生产单元涉气/涉水环境风险物质辨识结果一览表

序号	生产单元	风险物质类别	辨识范围						
			原料	产品	中间品	副产品	催化剂	辅料	三废污染物
1	仓储设施	涉水风险物质							
		涉气风险物质							
2	生产设施	涉水风险物质							
		涉气风险物质							
3	环保设施	涉水风险物质							
		涉气风险物质							

（4）查找表 2-1-7 中各环境风险物质的 MSDS，了解环境风险物质的特性，做好风险防范。

（5）查《企业突发环境事件风险分级方法》（HJ 941—2018），记录环境风险物质的危险特性和临界量，具体详见表 2-1-8。

表 2-1-8　环境风险物质识别结果汇总表（范例）

环境风险物质类别	车间/工段名称	风险物质名称	风险物质特性				最大量 q/t	临界量 Q/t	q/Q
			毒性	腐蚀性	可燃性	可爆性			
涉气环境	精处理再生药品区域	无	—	—	—	—	—	—	—
	水汽加药间	液氨	有	有	无	有	0.000 6	5	0.000 12
	液氨区	液氨	有	有	无	有	91	5	18.2
	脱硫反应区	二氧化硫	有	有	无	无	0.93	2.5	0.37
	脱硝反应区	氮氧化物	有	有	无	无	7.3	1	7.3
	制氢站	氢气	无	无	有	有	0.14	10	0.014
	小计								25.89

环境风险物质类别	车间/工段名称	风险物质名称	风险物质特性				最大量 q/t	临界量 Q/t	q/Q
			毒性	腐蚀性	可燃性	可爆性			
涉水环境	精处理再生药品区域	30%盐酸	有	有	无	无	3.7	7.5	0.49
		30%氢氧化钠溶液	有	有	无	无	8	200	0.04
	水汽加药间	液氨	有	有	无	有	0.000 6	5	0.000 12
小计									0.53

任务二　确定环境风险源项

🧰 任务引入

基于环境风险物质识别，不难发现，生产、储存、使用和运输环境风险物质的设备（设施）或场所可以被定义为环境风险源或环境风险单元。这些物质可能储存于设备（设施）中，如储罐、输送管道等，也可能以固态或液态的形式存放于库房或生产设施中。这些储存场所及存储环境风险物质的设备（设施），构成了环境风险源。

环境风险源存在泄漏、火灾和爆炸等环境风险，那么对于企业而言，这些环境风险源具体存在于哪些地方呢？除了环境风险物质存放的设备（设施）和库房，还有哪些环境风险源呢？本次任务的目标就是完成对企业环境风险源项的辨识。

请认真观看"危废间环境风险源项辨识"视频，初步了解如何确定环境风险源，完成课前思考：

1. 危废间是环境风险源吗？危废间的风险类型有哪些？

2. 以危废间为例，如何识别和确定企业其他环境风险源？

待学习本任务后，完成以下任务：

1. 完成企业生产工艺和设施环境风险源识别。

2. 完成企业工业"三废"治理设施环境风险源识别。

3. 完成企业运输装卸设施环境风险源识别。

视频：危废间风险识别

⌨ 知识学习

一、环境风险源相关概念

1. 风险源

风险源是指存在物质或能量意外释放，并可能产生危害的根源或状态。

2. 环境风险源（单元）

环境风险源（单元）是指可能发生突发环境事故，存在物质或能量意外释放，并可能产生环境危害的源。一般具体指长期地或临时地生产、加工、使用或储存风险物质的一个（套）装置、设施或场所，或者同属一个企业的且边缘距离小于 500 m 的几个（套）装置、设施或场所。

3. 危险单元

危险单元是由一个或多个风险源构成的具有相对独立功能的单元，事故状况下可实现与其他功能单元的分割。

4. 非正常排放

非正常排放是指生产过程中开停车（工、炉）、设备检修、工艺设备运转异常等非正常情况下的污染物排放，以及污染物排放控制措施达不到应有效率等情况下的排放。

5. 事故排放

事故排放是指事故状态（泄漏、火灾或爆炸）下，短时间内大量有毒有害物质排入外环境（主要是大气环境和地表水环境）的现象。

二、确定环境风险源的意义

环境风险源识别技术是用于检测、识别和定位可能对环境造成危害的潜在风险源的方法和工具。这些技术可以帮助政府、企业和研究机构及时了解环境风险，采取相应的措施来减轻可能的影响。企业环境风险源识别技术是由企业环境风险评估发展而来的，是对污染事故发生的风险和随后对生态环境及经济社会等因素的影响进行综合分析，以确定其危险程度。环境风险源识别并不仅仅局限于对事故发生场所进行危险性评价，而是建立在安全评价、环境风险评估等风险评估基础上的一种综合性评价方法。

环境风险源识别是环境风险管理的前提和基础，只有建立科学合理、技术可行的环境风险源识别技术才能够为环境风险源管理提供准确对象，进而建立与实际风险相匹配的环境风险管理体制和机制。与已有的危险源辨识不同，环境风险源的识别不仅仅要考虑环境风险源对人的危害，还要考量环境风险源对环境的综合影响，包括生态、人口、社会、经济等多方面。

三、环境风险源分类

1. 按环境风险受体分类

环境受体主要包括水环境、大气环境和土壤环境，这些受体在环境污染事故中受到的影响途径、过程和危害范围均存在显著差异。水环境易受到河流、湖泊等水体的污染扩散影响，进而威胁到水生生态；大气环境则通过风向和气流的传播，使污染扩散至更广泛的区域；而土壤环境一旦受到污染，将导致土壤质量下降，对农作物生长和食品安全构成威胁。因此，针对不同的环境受体，所需的污染处理与处置技术也各具特色。

基于上述差异，从环境受体的角度出发，我们将环境风险源分为水环境风险源、大气环境风险源和土壤环境风险源。这一分类框架如图 2-2-1 所示，它为我们提供了一个清晰且系统的视角以审视和评估环境风险。

在这一分类框架下，第一级分类主要关注不同环境受体的环境风险源类型，旨在明确各类风险源对环境受体可能造成的潜在影响；第二级分类则进一步细化，基于不同环境风险引发的常发事故类型，帮助我们更好地识别和预测可能发生的污染事故；而第三级分类则聚焦于危害物质类型，为我们制定具有针对性的应对措施和防范策略提供了重要依据。在制定第三级危害物质的分类时，我们可以部分参考《危险化学品重大危险源辨识》（GB 18218—2018）这一标准，以确保分类的科学性和准确性。

通过这一分类方法，我们能够更精准地识别和控制环境风险源，从而更有效地保障环境安全。同时，该分类框架还有助于生态环境保护主管部门从环境质量要求出发，进行有针对性的监控管理和应急处理，确保在环境污染事件发生时能够迅速响应并采取有效的处理处置措施。

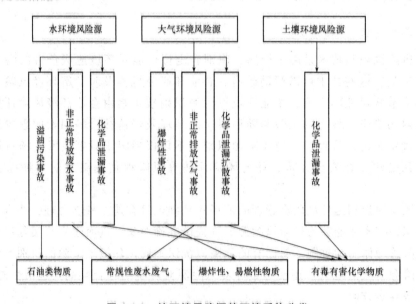

图 2-2-1　按环境风险源的环境受体分类

2. 按风险源物质状态分类

从环境风险源的危害物质状态角度审视，我们可将其划分为气态、液态和固态环境风险源。在一个复杂系统中，物质和能量的存在与交互通常是事故发生的根源，它们不仅构成系统危险和事故的内在因素，更是决定环境系统危险程度的核心要素。目前，从物质层面对危险源进行分类的研究已相当丰富，《化学品分类和危险性公示通则》（GB 13690—2009）就详细地将危险源划分为爆炸品、压缩气体和液化气体、易燃液体、易燃固体和自燃物品及遇湿易燃物品、氧化剂和有机过氧化物、毒害品和感染性物品、放射性物品及腐蚀品八大类。然而，这些分类方法主要侧重于危险物质对人身安全和财产安全的潜在威胁，而较少关注其对环境可能造成的短期或长期影响。

为了更全面地评估环境风险，我们根据环境风险源的物质状态进行了分类，具体分为气态、液态和固态环境风险源。这一分类框架如图 2-2-2 所示，它清晰地展示了三级分类体系：第一级关注风险源在不同物质状态下的类型；第二级则深入探究不同环境风险类型下的主要物质类别，特别关注这些物质对环境可能产生的潜在影响；第三级则聚焦于具体的环境污染事故类型，如危害物质的泄漏、扩散，以及可能引发的爆炸性环境污染事故。

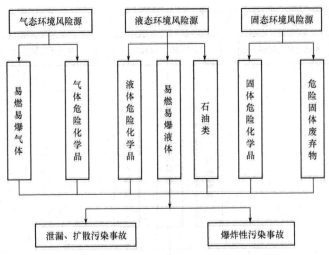

图 2-2-2　按环境风险源的物质状态分类

通过这种基于物质状态的分类方法，我们能够更直观地了解环境风险源的基本特征。进一步结合物质的状态、危害特性及环境状况，可以深入分析重大环境风险源可能引发的事故类型、风险程度及潜在后果，从而有针对性地制定识别、监控和管理策略。然而，由于可能导致环境污染的物质种类繁多，而且同种状态的环境风险源通常包含多种不同的物质类别，因此在识别环境风险源时，我们需要针对每种物质类别建立相应的识别方法，这无疑增加了工作的复杂性和精细度。但正是这样的细致工作，才能确保我们对环境风险源的全面掌控和有效管理。

3. 按风险源的移动性分类

近年来，随着城市化进程的迅猛推进，原本较为宽敞的空间，如企业、仓库、公路、河道等，逐渐转变为了居民密集的居住区。这种转变导致固定或流动的风险源与人口密集区之间的安全距离被大幅压缩，从而形成了新的安全隐患。特别是在危险品运输过程中，突发环境事件频发，这些突发事故带来了严重的环境危害和影响。例如：运输易燃易爆物质的车辆若发生碰撞，极易引发爆炸；装载有毒有害物质的船只一旦发生泄漏，将直接污染水体，对生态环境和居民健康构成严重威胁。

因此，从危险物质运输的角度出发，对移动风险源进行细分显得尤为重要。我们可以将移动风险源划分为车辆运输风险源、船只运输风险源和管道运输风险源，这一分类框架如图 2-2-3 所示。通过这种分类，我们能够更加系统地了解和分析不同运输方式下可能产生的环境风险。

这种分类方法不仅有助于加强相关管理部门对交通运输状况的监控，还能够清晰掌握风险源头的分布和特性。从车辆、船只和管道这三个角度出发，我们可以深入分析各种运输方式下可能对环境造成重大污染的风险源，鉴别出那些对环境构成严重威胁的危险物质。在此基础上，管理部门可以更有针对性地加强对这些风险源的监控和管理，从而有效预防和应对潜在的环境污染事件。

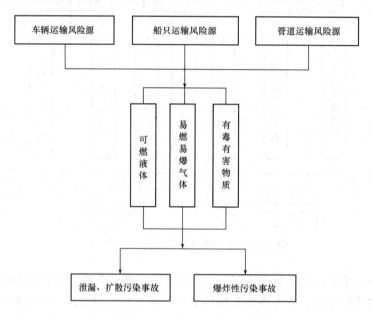

图 2-2-3   按环境风险源的移动性分类

4. 按风险源所处的场所分类

按环境风险源所处的场所可以将其分为生产场所风险源、储存场所风险源、运输途径风险源及废弃物处置场所风险源，如图 2-2-4 所示。其中，储存场所风险源包括库区风险源和储罐区风险源；运输途径风险源包括车辆运输风险源、船只运输风险源和管道运输风险源；废弃物处置场所风险源包括废水、废气、固体废物（包括危废暂存间）处理处置设施。

依据危险化学物质所处的场所，将环境风险源进行分类，便于系统地掌握风险源的基本状况。从生产、储存、运输及废弃的途径出发，具体分析企业中生产场所、库区、储罐区等储存场所，以及车辆、船只和管道运输过程中所涉及的危险物质种类，考虑这些危险物质可能导致的环境污染事件类型，进而识别企业环境风险源。这种分类方法便于对企业环境风险源进行识别，有利于加强对企业环境风险源的监控和管理。

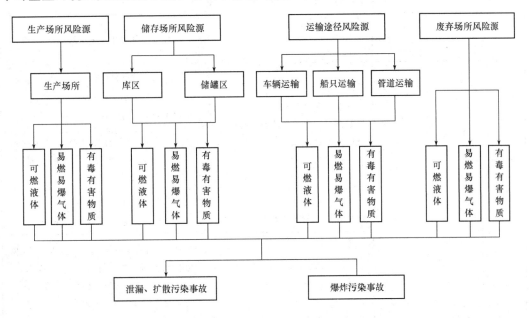

图 2-2-4　按环境风险源所处的场所分类

四、企业环境风险源识别

环境风险是指突发性事故对环境造成的危害程度及可能性。风险源是指存在物质或能量意外释放，并可能产生环境危害的源。环境风险源是指可能对自然环境造成潜在危害或污染的各种因素、活动、物质或事件。由一个或多个风险源构成的具有相对独立功能的单元，事故状况下可实现与其他功能单元分割的风险源称为危险单元，亦称为环境风险单元，单元内长期或临时生产、加工使用和储存风险物质的一个（套）装置、设施或场所，如生产单元、存储单元、废水处理单元、废气处理单元、储罐区等均可构成危险单元。

1. 企业环境风险源识别依据

依据《建设项目环境风险评价技术导则》（HJ 169—2018）、《企业突发环境事件风险分级方法》（HJ 941—2018）、《危险化学品重大危险源辨识》（GB 18218—2018）等国家法律法规、技术规范的要求，对企业环境风险源进行识别，具体识别内容和识别依据见表 2-2-1，表中各依据，如有更新，则以最新的规范标准为依据。

表 2-2-1　企业环境风险源基本情况辨识一览表

序号	辨识对象		辨识内容	辨识依据
1	风险物质	危险化学品	主要针对生产过程中使用的各类化学品原辅材料、涉重金属的各类风险物质的名称及使用量、储存量进行统计分析	《企业突发环境事件风险分级方法》（HJ 941—2018）、《危险化学品目录》（2022调整版）、《危险化学品重大危险源辨识》（GB 18218—2018）等
		其他化学品		《化学品分类和标签规范》等
2	生产工艺和设施	生产工艺	重点对生产工艺流程的各阶段进行研究，分析哪些设备（设施）可能成为环境风险源	《企业突发环境事件风险分级方法》（HJ 941—2018）、《建设项目环境风险评价技术导则》（HJ 169—2018）
		生产设施		《产业结构调整指导目录（2024年本）》、《危险化学品重大危险源辨识》（GB 18218—2018）等
3	污染物及环保设施	废水	对企业排放污染物的种类、产生量及治理工艺进行分析	企业排污许可证执行的排放标准
		废气		企业排污许可证执行的排放标准
		固废	重点为危废生产、收集、暂存及处理处置	《国家危险废物名录》（2025版）、《危险废物贮存污染控制标准》（GB 18597—2023）和《危险废物收集、贮存、运输技术规范》（HJ 2025—2012）等
4	风险物质运输		对运输、装卸情况进行调查	《危险化学品安全管理条例》（中华人民共和国国务院令第645号）、《危险废物收集、贮存、运输技术规范》（HJ 2025—2012）等

除以上标准外，依据各行业、企业特点，识别依据不局限于以上内容，还包括生态环境部、应急管理部等发布的各项法规标准，如《尾矿库环境风险评估技术导则（试行）》（HJ 740—2015）、《生态环境健康风险评估技术指南　总纲》（HJ 1111—2020）、《生产安全事故应急条例》（中华人民共和国国务院令第708号）等，如标准和法规有更新和增补，应及时关注，并使用最新版本。

2. 风险识别方法

（1）资料收集和准备。根据危险物质泄漏、火灾、爆炸等突发性事故可能造成的环境风险类型，收集拟评估企业工程资料，周边环境资料，国内外同行业、同类型事故统计分析及典型事故案例资料。对拟评估企业应收集环境管理制度、操作和维护手册、突发环境事件应急预案、应急培训、演练记录、历史突发环境事件及生产安全事故调查资料、设备失效统计数据等。

（2）物质危险性识别。依据《建设项目环境风险评价技术导则》（HJ 169—2018）、

《企业突发环境事件风险分级方法》（HJ 941—2018）识别危险物质，以图表的方式统计其易燃易爆、有毒有害危险特性，明确危险物质的分布。

（3）生产系统危险性识别。按工艺流程和平面布置功能区分，结合物质危险性识别，以图表的方式统计危险单元划分结果及单元内危险物质的最大存在量。按生产工艺流程分析危险单元内潜在的风险源；按危险单元分析风险源的危险性、存在条件和转化为事故的触发因素；采用定性或定量分析方法筛选确定重点风险源。

（4）环境风险类型及危害分析。环境风险类型包括危险物质泄漏，以及火灾、爆炸等引发的伴生/次生污染物排放，根据物质及生产系统危险性识别结果，分析环境风险类型、危险物质向环境转移的可能途径和影响方式。

五、企业生产系统环境风险源识别

生产系统危险性识别包括主要生产装置、储运设施、公用工程和辅助生产设施及环境保护设施（简称环保设施）等。具体来说，这些环境风险包括设备故障、操作失误或管理不当等引起的生产事故，火灾、爆炸等事故对生产设备和环境的破坏，以及生产过程中产生的废气、废水、固体废弃物等对环境的影响。

1. 生产设施风险源识别

（1）生产工艺风险源。生产工艺风险源辨识依据见表 2-2-2，表中所列的工艺的设备或场所，均为环境风险源。为了降低这些风险，许多国家和组织采取了一系列法规和措施来监管和管理这些工艺，以最小化其对环境的不良影响。

表 2-2-2　常见危险生产工艺

行业	生产工艺
石化、化工、医药、轻工、化纤、有色冶炼	光气及光气化工艺、电解工艺（氯碱）、氯化工艺、硝化工艺、合成氨工艺、裂解（裂化）工艺、氟化工艺、加氢工艺、重氮化工艺、氧化工艺、过氧化工艺、胺基化工艺、磺化工艺、聚合工艺、烷基化工艺、新型煤化工工艺、电石生产工艺、偶氮化工艺
	无机酸制酸工艺、焦化工艺
	工艺温度≥300 ℃的高温工艺，或容器设计压力（P）≥10.0 MPa的高压工艺，且涉及危险物质的工艺过程、危险物质的储存罐区
管道、港口/码头等	涉及危险物质管道运输项目、港口/码头等
石油、天然气	石油、天然气、页岩气开采（含净化）、气库（不含加气站的气库）、油库、油气管线（不含城镇燃气管线）
危险物质使用、储存的项目	涉及危险物质使用、储存的项目
淘汰落后工艺	生产工艺中，如有国家规定限期淘汰或规定禁用的工艺/设备，如《产业结构调整指导目录（2024 年本）》中淘汰类落后生产工艺装备

（2）生产工艺风险源识别步骤。辨识生产工艺中的风险源是确保工业生产安全的关键步骤之一，也是环境风险源识别的重要环节。以下是辨识生产工艺风险源的一般步骤。

①收集信息。收集有关生产工艺、设备和物质的详细信息。这包括工艺图、设备清单、化学品清单、操作程序和安全数据表等。

②组建团队。组建跨职能的团队，包括工程师、操作员、安全专家、环境专家和健康专家等。不同领域的专业知识有助于全面辨识风险源。

③流程分析。仔细分析生产工艺流程，包括化学反应、设备运行和原材料使用。了解工艺中的每个步骤及可能存在的风险。

④辨识潜在危险因素。确定潜在的危险因素，包括化学品的性质（毒性、易燃性、腐蚀性等）、高温、高压、压力容器、电气设备、设备故障、人为错误等。

⑤使用风险辨识工具。使用各种风险辨识工具，如 HAZOP（危险与操作性分析）、PHA（危险性分析）、FMEA（故障模式和效应分析）等。这些工具有助于系统性地分析每个步骤和组件的潜在风险。

⑥考虑外部因素。考虑外部因素，如天气条件、自然灾害、供应链问题等，这些因素也可能对生产工艺带来风险。

⑦历史数据分析。分析过去的事故和意外事件，以了解相似工艺或行业的常见风险。

⑧评估风险严重性。对辨识的风险源进行定性和定量的评估，确定其潜在的严重性和可能性。

⑨风险排序。对风险源进行排序，确定哪些是重大风险源，需要特别关注和管理。

⑩制定改进措施。基于辨识的重大风险源，制定并实施相应的改进措施，包括改进工艺、设备升级、培训、紧急响应计划等。

⑪监测和审查。建立监测机制，定期审查和更新风险源识别，确保其持续有效性。

⑫文档记录。对风险源的辨识、评估和管理措施进行详细记录，以便于未来参考和审查。

风险源辨识是一个持续的过程，需要不断更新以适应生产工艺的变化和新的风险。同时，将员工培训纳入计划，提高他们对潜在风险的敏感性和安全意识。

2. 生产设施环境风险源

生产设施环境风险源主要包括压力管道、压力容器、锅炉、阀门、泵、煤矿、金属和非金属地下矿山、尾矿库、仓库、储罐、库区、货场、生产场所、风险物质运输和装卸等设备（设施），可能因为腐蚀、老化、磨损等原因而发生故障；可能因为设施不符合标准或管理不善，导致泄漏、爆炸、火灾等事故，从而对环境造成危害。此外，如果企业缺乏有效的安全生产管理制度和操作规程，或者对员工的安全培训和教育不到位，可能会导致各种生产事故的发生。

例 2-2-1 根据材料提供的信息，识别某煤电企业生产工艺及设施环境风险源。

某煤电企业为燃煤凝汽式火力发电厂，燃煤由公路或铁路运至煤场（采用卸煤机自动卸煤，有效减少卸煤扬尘），再经输煤系统、制粉系统后送入锅炉燃烧（喷柴油助燃），锅炉将经过除盐、除氧预热的水加热成高温高压蒸汽送汽轮机做功，并带动发电机发电。电能经升压站升压后由线路送至用户。企业物料存储情况见表 2-2-3，企业主要设备（设施）见表 2-2-4。

表 2-2-3 企业物料存储情况

厂区位置	设施	主要参数
液氨区	液氨储罐	液氨储罐（99.9%，2×127 m³），可储存约 120 t，一般储存≤95 t
油罐区	柴油储罐	250 m³×2，一般储存 200 t
制氢站	储氢罐	13.9 m³×4，可储存 0.14 t
精处理车间酸碱棚	盐酸储罐	盐酸储罐（30%，20 m³）1 个
	碱储罐	氢氧化钠储罐（30%，20 m³）1 个
补给水处理加药间	次氯酸钠溶液箱	次氯酸钠溶液箱（10%，0.8 m³）1 个
	亚硫酸氢钠溶液箱	亚硫酸氢钠溶液箱（10%，0.8 m³）1 个
	盐酸溶液计量箱	盐酸溶液计量箱（5%，10 m³）1 个
	氢氧化钠溶液计量箱	氢氧化钠溶液计量箱（5%，10 m³）1 个
循环水药品存放区	盐酸储罐	盐酸储罐（30%，10 m³）1 个
	氯酸钠储罐	氯酸钠储罐（30%，10 m³）1 个
化学废水处理区、药品存放区	盐酸储罐	盐酸储罐（30%，10 m³）1 个
	碱储罐	氯酸钠储罐（30%，10 m³）1 个
化学废水加药间	阳离子聚丙烯酰胺溶液箱	助凝剂溶液箱（2%，2 m³）
	次氯酸钠溶液箱	次氯酸钠溶液箱（20%，2 m³），由市售次氯酸钠（25 kg/桶，一般储存 4 桶）稀释而来
	盐酸储罐	盐酸储罐（5%，2 m³）
	氢氧化钠储罐	氢氧化钠储罐（5%，2 m³）
	聚氯化铝溶液计量箱	凝聚剂溶液计量箱（5%，2 m³）
阻垢剂溶液间	阻垢剂储罐	氨基三亚甲基膦酸
灰场	灰渣	含多种化学物质，一期库容为 230×10⁴ m³

表 2-2-4 企业主要设备（设施）

序号	项目	设备基本情况
1	蒸汽锅炉	两台蒸发量为 2×2 070 t/h，超临界、前后墙对冲、一次中间再热、固态排渣蒸汽锅炉
2	启动锅炉	一台额定蒸汽压力为 1.3 MPa、额定蒸发量为 3.5 t/h 的启动锅炉
3	升压站	2 台主变压器、1 台高厂变、1 台高公变，共含主变压器油、高厂变压器油、脱硫变压器油、启备变压器油 210 t

序号	项目	设备基本情况
4	汽轮机	2台出力为2×660 MW、超临界、单轴三缸四排汽、一次中间再热、凝汽式汽轮机，内含约50 t透平油
5	发电机	2台出力为2×733 MW的水氢氢汽轮发电机
6	冷却水系统	二次循环供水

解：企业生产设施和生产工艺环境风险源识别。

根据该煤电企业环境风险物质所在的区域逐一识别，识别出液氨区（包括有液氨储罐、氨缓冲罐）、柴油储罐等14个生产设备（设施）环境风险源，以及蒸汽锅炉、变压油箱、透平油箱、冷却氢气、催化剂储箱5个生产工艺环境风险源，共识别出氨站（液氨区）、柴油罐区、制氢站等14个区域为环境风险单元，识别结果见表2-2-5。

表2-2-5 公司生产设施及生产工艺环境风险源识别

类型	环境风险单元	环境风险源	环境风险物质	突发环境事件类型
生产设施	氨站	液氨储罐	氨	泄漏事故；火灾及爆炸事件；运输事故；储存设施老化、维护不当、操作失误等事故
	柴油罐区	柴油储罐	柴油	泄漏事件；火灾或爆炸事件；运输事故
	制氢站	储氢罐	氢气	泄漏事故；火灾或爆炸事故；窒息事故
	精处理车间酸碱棚	盐酸储罐	盐酸（30%）	盐酸与其他化学物质发生化学反应，产生大量热能和气体，引发爆炸；氢氧化钠与酸、有机物接触时产生剧烈反应，引起火灾、爆炸；氯酸钠与某些物质（如赤砂糖）发生化学反应，产生爆炸
		碱储罐	氢氧化钠溶液（30%）	
	补给水处理加药间	盐酸溶液计量箱	盐酸（5%）	
		氢氧化钠溶液计量箱	氢氧化钠溶液（5%）	
	循环水药品存放区	盐酸储罐	盐酸（30%）	
		氯酸钠储罐	氯酸钠（30%）	
	化学废水处理区、药品存放区	盐酸储罐	盐酸（30%）	
		碱储罐	氢氧化钠溶液（30%）	
	化学废水加药间	盐酸储罐	盐酸（5%）	
		氢氧化钠储罐	氢氧化钠（5%）	
	灰场	灰渣	含重金属、硫化物等	坍塌事故；水体、空气、土壤等环境污染及生态破坏

类型	环境风险单元	环境风险源	环境风险物质	突发环境事件类型
生产工艺	蒸汽锅炉	蒸汽锅炉	蒸汽、爆炸冲击波	泄漏、火灾、爆炸事故
	升压站	变压油箱	变压器油	泄漏、火灾、爆炸事故
	汽轮机	透平油箱	透平油	泄漏、火灾、爆炸事故
	发电机	冷却氢气	氢气	泄漏、火灾、爆炸事故
	脱硝装置	催化剂储箱	五氧化二钒	脱硝催化剂储箱老化等原因导致泄漏事故；催化剂储箱遇高温、高压明火发生火灾、爆炸

六、污染物及环保设施环境风险源识别

环保设施通常旨在减少污染和风险，但它们本身也可能成为风险源，特别是当它们未能正常运行或不受控制时。因此，企业需要不断监测和管理这些设施，以确保它们达到预期的生态环境效果。同时，遵守适用的环境法规和标准，制订和实施良好的生态环境管理计划，也是降低风险的关键。

1. 污染物及环保设施环境风险源识别步骤

识别污染物及环保设施环境风险源是环境管理和保护的关键步骤。以下是针对污染物及环保设施环境风险源识别的一般步骤。

（1）收集信息。收集与污染物及环保设施相关的详细信息，包括工艺流程、污染物类型、排放源、环保设施的性能和运行数据等。

（2）组建团队。组建一个跨职能的团队，包括工程师、环境专家、安全专家、操作员和监管机构代表等，以确保全面性。

（3）流程分析。详细分析生产流程和环保设施的运行方式。了解污染物的产生、传输和排放途径，以及环保设施的功能。

（4）污染物辨识。确定可能产生的污染物种类和数量，考虑它们的性质（毒性、生物降解性等）及对环境和人体健康的潜在影响。

（5）环保设施评估。评估环保设施（如废水处理厂、烟气处理设施等）的性能和效率，确保它们能够持续、稳定达标排放。

（6）风险辨识工具。使用风险辨识工具，如 HAZOP（危险与操作性分析）、PHA（危险性分析）或 FMEA（故障模式和效应分析），对可能的风险进行定性和定量的评估。

（7）监测数据分析。分析历史监测数据，包括污染物排放数据和环保设施性能数据，以了解过去发生的问题和趋势。

（8）考虑外部因素。考虑外部因素，如气象条件、地理位置、邻近社区等，这些因素可能影响污染物扩散和环境影响。

（9）法规和合规性。确保企业遵守适用的环境法规和标准，对于不合规的情况，识别可能的风险和处罚。

（10）评估风险严重性。对辨识的风险源进行定性和定量的评估，确定其潜在的严重

性和可能性。

（11）风险排序。根据评估结果，对风险源进行排序，确定哪些是重大风险源，需要特别关注和管理。

（12）制定改进措施。基于辨识的重大风险源，制定并实施相应的改进措施，包括提高环保设施效率、减少污染物排放、更新工艺等。

（13）监测和审查。建立监测机制，定期审查和更新风险源识别，确保其持续有效性。

2. 常见环保设施环境风险源类别及情景

环保（环境保护）设施及其污染物的环境风险源，因企业的性质、工艺和运营方式而异。常见的污染物及环保设施环境风险源见表 2-2-6，环保设施风险类别及其风险情景见表 2-2-7。

表 2-2-6　常见的污染物及环保设施环境风险源

序号	环保设施	风险类别	突发环境事件情景
1	废气治理设施	非正常或事故排放	工业排放源在非正常或事故排放情景下，可能会释放大量大气污染物，如氮氧化物（NO_x）、二氧化硫（SO_2）、挥发性有机化合物（VOCs）和颗粒物，对空气质量产生不利影响
2	废水治理设施	非正常或事故排放	污水排放中的有害化学物质、重金属和废水可能导致水体污染，危及水生生物和饮用水质量
3	固废暂存及处理设施	固体废物堆放，特别是危险废物存放不当	防风、防雨、防渗措施不当，以及尾矿库溃坝、渣库及垃圾渗滤液溢流、废物堆放或不当处理可能导致土壤污染，影响土壤质量和生态系统及附近水体污染

表 2-2-7　常见环保设施风险类别及其风险情景

序号	风险类别	环境风险情景
1	设备故障	环保设施，如废水处理厂或烟气净化装置，可能存在设备故障的风险，导致排放不受控制
2	性能不佳	环保设施可能由于不正确地维护或运行等问题而导致性能不佳，无法有效地去除污染物
3	废物处置问题	废物处理和处置设施可能存在问题，如废物堆积、泄漏或不当处置，导致污染
4	设备老化	老化的环保设施可能不再有效地满足污染控制要求，需要定期更新和维护
5	人为错误	操作员或工作人员的错误操作可能导致环保设施的问题和事故
6	应急响应不足	缺乏应急响应计划和装备可能导致意外事故时的不当应对

例 2-2-2　根据材料，识别企业污染物及环境保护设施环境风险源。

根据现场勘查，某煤电企业在生产过程中所产生的污水主要为工业废水、含煤废水、含油废水、脱硫废水、生活污水等，其主要污染因子为 pH、SS、COD、BOD_5、氟化物、石油类等。电厂排水系统采用分散处理、集中利用的方式，各废水去向如图 2-2-5 所示，企业废水主要污染物及处理设施情况见表 2-2-8。

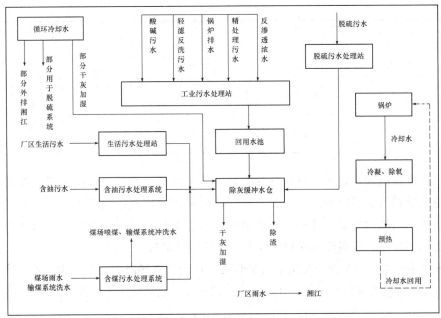

图 2-2-5　废水去向示意

表 2-2-8　企业废水主要污染物及处理设施情况

环保系统名称	环保设施名称	环境风险部位	主要污染因子	处理方法	污染物去向	是否为环境风险源
废水处理系统	废水处理设施	废水收集管道、废水收集池	COD、pH	收集回用	灰场	
	液氨储罐区、污水收集池	废水收集管道、废水收集池	NH_3-N	收集	灰场	
	煤场污水处理站	收集渠、污水处理池	SS、COD	收集回用	煤场	
	化学污水处理站	收集管线、污水处理池	pH	中和冲灰	灰场	
	脱硫污水处理站	收集管线、污水处理池	pH、SS	中和冲灰	灰场	
	含油污水处理站	收集管线、污水处理池	石油类	隔油冲灰	灰场	
	生活污水处理站	收集管线、污水处理池	SS、COD、石油类	氧化池＋冲灰	灰场	
	渗滤液收集设施	渗滤液收集池、沉淀池	SS、COD、氟化物	沉淀	湘江	
废气处理系统	除尘系统	烟气输送管道、电除尘器	SS、SO_2、氮氧化物	电除尘、布袋除尘	大气环境	
	石灰石-石膏湿法脱硫系统	烟气输送管道、吸收塔	SO_2	湿法脱硫、生产石膏	大气环境	
	脱硝系统	烟气输送管道、脱硝塔	SO_2、氮氧化物	还原法脱硝	大气环境	
	烟囱系统	废气收集输送管道、排放系统	SS、SO_2、氮氧化物	净化后高空排放	大气环境	

环保系统名称	环保设施名称	环境风险部位	主要污染因子	处理方法	污染物去向	是否为环境风险源
固废环保系统	干灰罐	灰罐	扬灰	洒水、管理	大气环境	
	灰场	灰场、采灰场	溃坝、扬灰	洒水、覆绿、监管	大气环境、水环境	
	废油仓库	废油桶	泄漏、火灾	防渗、巡查	大气环境、水环境	

解：环保设施的设计和运行目标并不是环境风险源。相反，它们是用于降低或消除现有环境风险源负面影响的重要工具。然而，如果环保设施运行不当或维护不善，它们可能无法达到预期的效果，甚至在某些情况下可能对环境造成新的风险。为防范环境风险，在实际工作中，应对环境保护设施潜在的环境风险进行识别。

本案例中的电厂污水处理站由于污水收集后还用于煤场降尘，可视为不产生废水。生活污水污染物浓度不高，产量与工业废水相比较量少，故风险小。识别结果见表 2-2-9。

表 2-2-9　企业废水主要污染物及处理设施情况

环保系统名称	环保设施名称	环境风险部位	主要污染因子	处理方法	污染物去向	是否为环境风险源
废水处理系统	废水处理设施	废水收集管道、废水收集池	COD、pH	收集回用	灰场	是
	液氨储罐区、污水收集池	废水收集管道、废水收集池	NH_3-N	收集	灰场	是
	煤场污水处理站	收集渠、污水处理池	SS、COD	收集回用	煤场	否
	化学污水处理站	收集管线、污水处理池	pH	中和冲灰	灰场	是
	脱硫污水处理站	收集管线、污水处理池	pH、SS	中和冲灰	灰场	是
	含油污水处理站	收集管线、污水处理池	石油类	隔油冲灰	灰场	是
	生活污水处理站	收集管线、污水处理池	SS、COD、石油类	氧化池+冲灰	灰场	否
	渗滤液收集设施	渗滤液收集池、沉淀池	SS、COD、氟化物	沉淀	湘江	是
废气处理系统	除尘系统	烟气输送管道、电除尘器	SS、SO_2、氮氧化物	电除尘、布袋除尘	大气环境	是
	石灰石-石膏湿法脱硫系统	烟气输送管道、吸收塔	SO_2	湿法脱硫、生产石膏	大气环境	是
	脱硝系统	烟气输送管道、脱硝塔	SO_2、氮氧化物	还原法脱硝	大气环境	是
	烟囱系统	废气收集输送管道、排放系统	SS、SO_2、氮氧化物	净化后高空排放	大气环境	是

环保系统名称	环保设施名称	环境风险部位	主要污染因子	处理方法	污染物去向	是否为环境风险源
固废环保系统	干灰罐	灰罐	扬灰	洒水、管理	大气环境	是
	灰场	灰场、采灰场	溃坝、扬灰	洒水、覆绿、监管	大气环境、水环境	是
	废油仓库	废油桶	泄漏、火灾	防渗、巡查	大气环境、水环境	是

七、运输风险识别

风险物质的运输是一个涉及多个环节和因素的复杂过程，需要对潜在的风险进行充分的识别和管理。以下是识别风险物质运输风险的一些建议步骤。

（1）确定风险物质。明确所涉及的风险物质，可以是化学品、危险废物、放射性物质或其他有害物质。每种类型的物质都可能有不同的风险。

（2）分析物质特性。了解风险物质的特性，包括毒性、易燃性、腐蚀性、挥发性等。这有助于确定物质可能引发的危险类型。

（3）识别运输途径。确定物质的运输途径，包括道路、铁路、水路或管道。不同的运输方式可能伴随不同的风险。

（4）评估包装和装载。检查物质的包装和装载条件，确保它们符合相关法规和标准。包装破损或不当装载可能导致泄漏和事故。

（5）考虑运输距离。距离是一个关键因素，长距离运输可能会增加风险，长时间运输也可能增加物质泄漏或事故的概率。

（6）考虑运输温度和压力。一些物质对温度和压力非常敏感，因此需要考虑运输过程中可能发生的温度和压力变化。

（7）了解法规和许可要求。熟悉国家和地区的法规、标准和许可要求，确保运输过程的合规性。不同地区可能有不同的规定。

（8）进行风险评估。使用风险评估工具或方法来量化潜在的风险。这可以包括事故发生的概率和可能的影响。

（9）考虑应急响应计划。制订和实施应急响应计划，以应对潜在的事故或泄漏。这包括培训人员、提供必要的设备和材料，以及与当地应急服务机构协调。

（10）监测和追踪。使用实时监测设备来追踪运输过程中的物质状态。这有助于及时检测潜在问题并采取措施。

（11）与专业人员合作。如果不确定如何识别和管理风险，建议咨询专业的化学工程师、运输专家或环境科学家，他们可以提供有价值的建议和支持。

请注意，不同类型的风险物质和运输情景可能需要不同的风险管理策略。综合考虑这些因素并采取适当的预防措施和控制措施是确保风险物质运输安全的关键。

在风险识别的基础上,图示危险单元分布,给出企事业单位环境风险识别汇总,包括危险单元、风险源、主要危险物质、环境风险类型、环境影响途径、可能受影响的环境风险受体等,说明风险源的主要参数。

任务三　辨识重大危险源

任务引入

在学习了环境风险源的识别后,你是否意识到重大危险源的存在?你是否想知道如何准确地识别并监管它们?重大危险源可能会引发严重事故,对人员、财产和环境造成重大损失。识别重大危险源对于预防事故和保障安全至关重要。了解危险物质的性质、数量、储存和运输方式,以及设施的设计、建设和运行状况,都是识别重大危险源的关键因素。让我们一起进入"辨识重大危险源"的学习旅程,为企业的安全环保保驾护航!

通过扫码观看"浦东联合开展重大危险源企业检查督察"视频,初步了解如何辨识重大危险源,完成课前思考:

1. 什么是重大危险源?

2. 如何确定重大危险源?

3. 重大危险源与一般危险源有何不同?

待学习本任务后,完成以下任务:

1. 识别企业危险化学品重大危险源。

2. 识别企业生产设施重大危险源。

视频:浦东联合开展重大
危险源企业检查督察

⌨ 知识学习

根据《危险化学品重大危险源辨识》（GB 18218—2018）标准，对企业重大危险源进行辨识，目的是便于企业安全管理，预防特、重大突发环境事件的发生，实现"抓大放小"的目的。

一、重大危险源相关概念

1. 危险化学品

危险化学品是指具有毒害、腐蚀、爆炸、燃烧、助燃等性质，对人体、设施、环境具有危害的剧毒化学品和其他化学品。是否是危险化学品可以查阅《危险化学品目录》（2022 调整版）确定。

2. 单元

单元是涉及危险化学品生产、储存的装置、设施或场所，分为生产单元和储存单元。

3. 临界量

临界量是指某种或某类危险化学品构成重大危险源所规定的最小数量。

4. 危险化学品重大危险源

危险化学品重大危险源是指长期或临时地生产、储存、使用和经营危险化学品，且危险化学品的数量等于或超过临界量的单元。

5. 生产单元

生产单元是指危险化学品的生产、加工及使用等的装置及设施，当装置及设施之间有切断阀时，以切断阀作为分隔界限划分为独立的单元。

6. 储存单元

储存单元是用于储存危险化学品的储罐或仓库组成的相对独立的区域，储罐区以罐区防火堤为独立的单元，仓库以独立库房（独立建筑物）为界限划分为独立的单元。

7. 混合物

混合物是由两种或多种物质组成的混合体或溶液。

二、危险化学品重大危险源辨识

1. 辨识流程

危险化学品重大危险源的辨识流程如图 2-3-1 所示。

2. 辨识方法

基于本项目任务一辨识环境风险物质，对企业危险化学品重大危险源进行辨识。生产单元、储存单元内存在的危险化学品的数量等于或超过表 2-3-1、表 2-3-2 规定的临界量，即被定为重大危险源。单元内存在的危险化学品的数量根据危险化学品种类的多少分为以下几种情况。

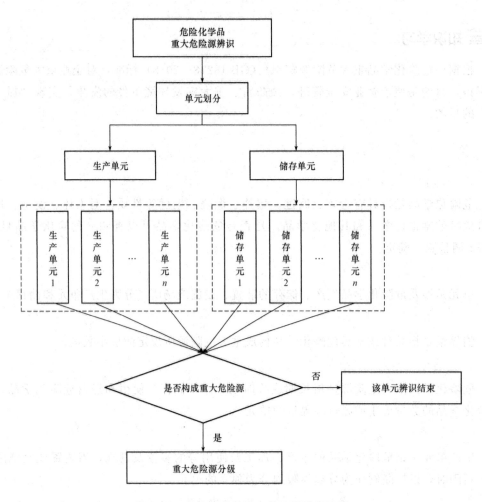

图 2-3-1 危险化学品重大危险源辨识流程

（1）生产单元、储存单元内存在的危险化学品为单一品种时，该危险化学品的数量即为单元内危险化学品的总量，若等于或超过相应的临界量，则定为重大危险源。

（2）生产单元、储存单元内存在的危险化学品为多品种时，按式（2-3-1）计算，若满足式（2-3-1），则定为重大危险源：

$$S = q_1/Q_1 + q_2/Q_2 + \cdots + q_n/Q_n \geqslant 1 \qquad (2\text{-}3\text{-}1)$$

式中　S——辨识指标；

q_1，q_2，$\cdots$，q_n——每种危险化学品实际存在量，t；

Q_1，Q_2，$\cdots$，Q_n——与各危险化学品相对应的临界量，t。

（3）危险化学品储罐及其他容器、设备或仓储区的危险化学品的实际存在量按设计最大量确定。

（4）对于危险化学品混合物，如果混合物与其纯物质属于相同危险类别，则视混合物为纯物质，按混合物整体进行计算；如果混合物与其纯物质不属于相同危险类别，则应按新危险类别考虑其临界量。

3. 临界量确定

危险化学品临界量的确定方法如下。

（1）在表 2-3-1 范围内的危险化学品，其临界量按表 2-3-1 确定。

（2）未在表 2-3-1 范围内的危险化学品，依据其危险性，按表 2-3-2 确定临界量；若一种危险化学品具有多种危险性，按其中最低的临界量确定。

（3）危险化学品的纯物质及其混合物的分类，应按 GB 30000.2～5、GB 30000.7～16、GB 30000.18 的规定进行，见表 2-3-2。例如，某企业现存氯化汞危险化学品，查找其 MSDS，属于健康危害类物质，根据《化学品分类和标签规范 第 18 部分：急性毒性》（GB 30000.18—2013）便可明确其危险性分类，最终确定该物质为急性毒性 J2、类别 1、固体。

表 2-3-1　危险化学品名称及其临界量

序号	危险化学品名称和说明	别名	CAS 号	临界量/t
1	氨	液氨、氨气	7664-41-7	10
2	二氟化氧	一氧化二氟	7783-41-7	1
3	二氧化氮	—	10102-44-0	1
4	二氧化硫	亚硫酸酐	7446-09-5	20
5	氟	—	7782-41-4	1
6	碳酰氯	光气	75-44-5	0.3
7	环氧乙烷	氧化乙烯	75-21-8	10
8	甲醛（含量＞90%）	蚁醛	50-00-0	5
9	磷化氢	磷化三氢、膦	7803-51-2	1
10	硫化氢	—	7783-06-4	5
11	氯化氢（无水）	—	7647-01-0	20
12	氯	液氯、氯气	7782-50-5	5
13	煤气（CO，CO 和 H$_2$、CH$_4$ 的混合物等）	—		20
14	砷化氢	砷化三氢、胂	7784-42-1	1
15	锑化氢	三氢化锑、锑化三氢	7803-52-3	1
16	硒化氢	—	7783-07-5	1
17	溴甲烷	甲基溴	74-83-9	10
18	丙酮氰醇	丙酮合氰化氢、2-羟基异丁腈、氰丙醇	75-86-5	20
19	丙烯醛	烯丙醛、败脂醛	107-02-8	20

序号	危险化学品名称和说明	别名	CAS号	临界量/t
20	氟化氢	—	7664-39-3	1
21	1-氯-2,3-环氧丙烷	环氧氯丙烷（3-氯-1,2-环氧丙烷）	106-89-8	20
22	3-溴-1,2-环氧丙烷	环氧溴丙烷、溴甲基环氧乙烷、表溴醇	3132-64-7	20
23	甲苯二异氰酸酯	二异氰酸钾苯酯、TDI	26471-62-5	100
24	一氯化硫	氯化氢	10025-67-9	1
25	氰化氢	无水氢氰酸	74-90-8	1
26	三氧化硫	硫酸酐	7446-11-9	75
27	3-氨基丙烯	烯丙胺	107-11-9	75
28	溴	溴素	7726-95-6	20
29	乙撑亚胺	吖丙啶、1-氮杂环丙烷、氮丙啶	151-56-4	20
30	异氰酸甲酯	甲基异氰酸酯	624-83-9	0.75
31	叠氮化钡	叠氮钡	18810-58-7	0.5
32	叠氮化铅	—	13424-46-9	0.5
33	雷汞	雷酸汞	628-86-4	0.5
34	三硝基苯甲醚	三硝基茴香醚	28653-16-9	5
35	2,4,6-三硝基甲苯	梯恩梯、TNT	118-96-7	5
36	硝化甘油	硝化丙三醇、甘油三硝酸酯	55-63-0	1
37	硝化纤维素［干的或含水（或乙醇）<25%]	硝化棉	9004-70-0	1
38	硝化纤维素（未改型的，或增塑的，含增塑剂<18%）			1
39	硝化纤维素（含乙醇≥25%）			10
40	硝化纤维素（含氮≤12.6%）			50
41	硝化纤维素（含水≥25%）			50
42	硝化纤维素溶液（含氮量≤12.6%，含硝化纤维素≤55%）	硝化棉溶液	9004-70-0	50
43	硝酸铵（含可燃物>0.2%，包括以碳计算的任何有机物，但不包括任何其他添加剂）	—	6484-52-2	5
44	硝酸铵（含可燃物≤0.2%）	—	6484-52-2	50
45	硝酸铵肥料（含可燃物≤0.4%）			200
46	硝酸钾	—	7757-79-1	1 000

序号	危险化学品名称和说明	别名	CAS 号	临界量/t
47	1,3-丁二烯	联乙烯	106-99-0	5
48	二甲醚	甲醚	115-10-6	50
49	甲烷、天然气	—	74-82-8（甲烷）8006-14-2（天然气）	50
50	氯乙烯	乙烯基氯	75-01-4	50
51	氢	氢气	1333-74-0	5
52	液化石油气（含丙烷、丁烷及其混合物）	石油气（液化的）	68476-85-7 74-98-6（丙烷）106-97-8（丁烷）	50
53	一甲胺	氨基甲烷、甲胺	74-89-5	5
54	乙炔	电石气	74-86-2	1
55	乙烯	—	74-85-1	50
56	氧（压缩的或液化的）	液氧、氧气	7782-44-7	200
57	苯	纯苯	71-43-2	50
58	苯乙烯	乙烯苯	100-42-5	500
59	丙酮	二甲基酮	67-64-1	500
60	2-丙烯腈	丙烯腈、乙烯基氰、氰基乙烯	107-13-1	50
61	二硫化碳	—	75-15-0	50
62	环己烷	六氢化苯	110-82-7	500
63	1,2-环氧丙烷	氧化丙烯、甲基环氧乙烷	75-56-9	10
64	甲苯	甲基苯、苯基甲烷	108-88-3	500
65	甲醇	木醇、木精	67-56-1	500
66	汽油（乙醇汽油、甲醇汽油）	—	86290-81-5（汽油）	200
67	乙醇	酒精	64-17-5	500
68	乙醚	二乙基醚	60-29-7	10
69	乙酸乙酯	醋酸乙酯	141-78-6	500
70	正己烷	己烷	110-54-3	500
71	过乙酸	过醋酸、过氧乙酸、乙酰过氧化氢	79-21-0	10

序号	危险化学品名称和说明	别名	CAS 号	临界量/t
72	过氧化甲基乙基酮（10％＜有效含氧量≤10.7％，含 A 型稀释剂≥48％）	—	1338-23-4	10
73	白磷	黄磷	12185-10-3	50
74	烷基铝	三烷基铝		1
75	戊硼烷	五硼烷	19624-22-7	1
76	过氧化钾	—	17014-71-0	20
77	过氧化钠	双氧化钠、二氧化钠	1313-60-6	20
78	氯酸钾	—	3811-04-9	100
79	氯酸钠	—	7775-09-9	100
80	发烟硝酸		52583-42-3	20
81	硝酸（发红烟的除外，含硝酸＞70％）		7697-37-2	100
82	硝酸胍	硝酸亚氨脲	506-93-4	50
83	碳化钙	电石	75-20-7	100
84	钾	金属钾	7440-09-7	1
85	钠	金属钠	7440-23-5	10

表 2-3-2 未在表 2-3-1 中列举的危险化学品类别及其临界量

类别	符号	危险性分类及说明	临界量/t
健康危害	J（健康危险性符号）		—
急性毒性	J1	类别1，所有暴露途径，气体	5
	J2	类别1，所有暴露途径，固体、液体	50
	J3	类别2、类别3，所有暴露途径，气体	50
	J4	类别2、类别3，吸入途径，液体（沸点≤35℃）	50
	J5	类别2，所有暴露途径，液体（J4外）、固体	500
物理危险	W（物理危险性符号）		—
爆炸物	W1.1	不稳定爆炸物 1.1项爆炸物	1
	W1.2	1.2、1.3、1.5、1.6项爆炸物	10
	W1.3	1.4项爆炸物	50
易燃气体	W2	类别1和类别2	10
气溶胶	W3	类别1和类别2	150（净重）
氧化性气体	W4	类别1	50

类别	符号	危险性分类及说明	临界量/t
易燃液体	W5.1	类别1； 类别2和3，工作温度高于沸点	10
	W5.2	类别2和3，具有引发重大事故的特殊工艺条件； 包括危险化工工艺、爆炸极限范围或附近操作、 操作压力大于1.6 MPa等	50
	W5.3	不属于W5.1或W5.2的其他类别2	1 000
	W5.4	不属于W5.1或W5.2的其他类别3	5 000
自反应物质和混合物	W6.1	A型和B型自反应物质和混合物	10
	W6.2	C型、D型和E型自反应物质和混合物	50
有机过氧化物	W7.1	A型和B型有机过氧化物	10
	W7.2	C型、D型、E型、F型有机过氧化物	50
自燃液体和自燃固体	W8	类别1自燃液体； 类别1自燃固体	50
氧化性固体和液体	W9.1	类别1	50
	W9.2	类别2、类别3	200
易燃固体	W10	类别1易燃固体	200
遇水放出易燃气体的物质和混合物	W11	类别1和类别2	200

4. 重大危险源的分级

（1）重大危险源的分级指标。采用单元内各种危险化学品实际存在量与其相对应的临界量比值，经校正系数校正后的比值之和 R 作为分级指标。

（2）重大危险源分级指标的计算方法。重大危险源的分级指标按式（2-3-2）计算。

$$R = \alpha(\beta_1 q_1/Q_1 + \beta_2 q_2/Q_2 + \cdots + \beta_n q_n/Q_n) \tag{2-3-2}$$

式中 R——重大危险源分级指标；

α——该危险化学品重大危险源厂区外暴露人员的校正系数；

β_1，β_2，$\cdots$，β_n——与每种危险化学品相对应的校正系数；

q_1，q_2，$\cdots$，q_n——每种危险化学品实际存在量，t；

Q_1，Q_2，$\cdots$，Q_n——与每种危险化学品相对应的临界量，t。

根据危险化学品重大危险源的厂区边界向外扩展500 m范围内常住人口数量，按照表2-3-3设定暴露人员校正系数 α 值。

表2-3-3　暴露人员校正系数 α 取值表

厂外可能暴露人员数量	校正系数 α
100人以上	2.0
50～99人	1.5

厂外可能暴露人员数量	校正系数 α
30～49 人	1.2
1～29 人	1.0
0 人	0.5

根据单元内危险化学品的类别不同，设定校正系数 β 值。在表 2-3-4 范围内的危险化学品，其 β 值按表 2-3-4 确定；未在表 2-3-4 范围内的危险化学品，其 β 值按表 2-3-5 确定。

表 2-3-4 毒性气体校正系数 β 取值表

名称	校正系数 β
一氧化碳	2
二氧化硫	2
氨	2
环氧乙烷	2
氯化氢	3
溴甲烷	3
氯	4
硫化氢	5
氟化氢	5
二氧化氮	10
氰化氢	10
碳酰氯	20
磷化氢	20
异氰酸甲酯	20

表 2-3-5 未在表 2-3-4 中列举的危险化学品校正系数 β 取值表

类别	符号	校正系数 β
急性毒性	J1	4
	J2	1
	J3	2
	J4	2
	J5	1
爆炸物	W1.1	2
	W1.2	2
	W1.3	2

类别	符号	校正系数 β
易燃气体	W2	1.5
气溶胶	W3	1
氧化性气体	W4	1
易燃液体	W5.1	1.5
	W5.2	1
	W5.3	1
	W5.4	1
自反应物质和混合物	W6.1	1.5
	W6.2	1
有机过氧化物	W7.1	1.5
	W7.2	1
自燃液体和自燃固体	W8	1
氧化性固体和液体	W9.1	1
	W9.2	1
易燃固体	W10	1
遇水放出易燃气体的物质和混合物	W11	1

（3）重大危险源分级标准。根据计算出来的 R 值，按表 2-3-6 确定危险化学品重大危险源的级别。

表 2-3-6　重大危险源级别和 R 值的对应关系

重大危险源级别	R 值
一级	$R \geq 100$
二级	$100 > R \geq 50$
三级	$50 > R \geq 10$
四级	$R < 10$

三、重大危险源辨识案例

例 2-3-1　某煤电公司危险化学品识别情况见表 2-3-7，请根据危险化学品重大危险源辨识方法，完成以下三项任务：

（1）找出危险化学品临界量；

（2）判断该企业哪些危险源为重大危险源；

（3）将已经确定为重大危险源的评价单元进行分级。

附：企业厂界 500 m 范围内人口大于 30 人、小于 49 人。

表 2-3-7　煤电公司危险化学品重大危险源识别

序号	评价单元	物质名称	最大存在量或在线量 q_n/t	《危险化学品重大危险源辨识》(GB 18218—2018)		
				临界量 Q_n/t	S	是否构成重大危险源
1	液氨站（液氨储罐）	氨	91			
2	油储罐区（柴油储罐）	柴油	200			
3	精处理再生药品区域及补给水处理加药间	30％盐酸溶液	5.3			
		30％氢氧化钠溶液	8.5			
4	循环水药品存放区	30％浓盐酸	2.4			
		氯酸钠	6.0			
5	化学废水处理区药品存放区	30％浓盐酸	1.6			
		30％NaOH 溶液	1.6			
6	升压站	变压器油	210			
7	汽轮机油箱	32 号汽轮机油	50			
8	脱硝装置	五氧化二钒	9.5			
9	制氢站	氢气	0.14			

注：假定本表中液氨储罐、柴油储罐、汽轮机油箱等储罐、容器、设备或仓库的最大存在量均为其设计的最大量

解：（1）查找危险化学品临界量。查表 2-3-1 和表 2-3-2 获得相应物质临界量。

（2）企业危险化学品重大危险源辨识。长期或临时地生产、加工、搬运、使用或储存风险物质，而且风险物质的数量等于或超过临界量的单元为重大危险源，该煤电公司各评价单元危险化学品的临界量及最大存在量详见表 2-3-8。

根据《危险化学品重大危险源辨识》的规定，若单元内存在的危险化学品为多品种，则按下式计算，若满足 $S \geqslant 1$，则为重大危险源。

按下式计算 S 值，计算结果见表 2-3-8。

$$S = q_1/Q_1 + q_2/Q_2 + \cdots + q_n/Q_n \geqslant 1$$

表 2-3-8　煤电公司危险化品重大危险源识别

序号	评价单元	物质名称	最大存在量或在线量 q_n/t	《危险化学品重大危险源辨识》(GB 18218—2018)		
				临界量 Q_n/t	S	是否构成重大危险源
1	液氨站（液氨储罐）	氨	91	10	9.1	是
2	油储罐区（柴油储罐）	柴油	200	5 000	0.04	否
3	精处理再生药品区域及补给水处理加药间	30％盐酸溶液	5.3	—	—	否
		30％氢氧化钠溶液	8.5	—		

序号	评价单元	物质名称	最大存在量或在线量 q_n/t	《危险化学品重大危险源辨识》(GB 18218—2018)		
				临界量 Q_n/t	S	是否构成重大危险源
4	循环水药品存放区	30%浓盐酸	2.4	—	—	否
		氯酸钠	6.0	—		
5	化学废水处理区、药品存放区	30%浓盐酸	1.6	—	—	否
		30%NaOH 溶液	1.6			
6	升压站	变压器油	210	5 000	0.04	否
7	汽轮机油箱	32 号汽轮机油	50	5 000	0.01	否
8	脱硝装置	五氧化二钒	9.5	—	—	否
9	制氢站	氢气	0.14	5	0.03	否

注："—"表示《危险化学品重大危险源辨识》(GB 18218—2018) 未给出该危险化学品的临界量

由表 2-3-8 可知，该煤电公司液氨站作为独立评价单元，属于危险化学品重大危险源，其余诸如柴油储罐、制氢站等作为独立评价单元均不属于危险化学品重大危险源。

（3）危险化学品重大危险源分级。采用单元内各种危险化学品实际存在量与其相对应的临界量比值，经校正系数校正后的比值之和 R 作为分级指标，计算公式如下：

$$R = \alpha \left(\beta_1 \times q_1/Q_1 + \beta_2 \times q_2/Q_2 + \cdots + \beta_n \times q_n/Q_n \right)$$

经现场勘查，该煤电公司 R 值计算参数见表 2-3-9。

表 2-3-9　危化品重大危险源分级计算

风险单元及物质		β 值情况		α 值情况		R 值
		类别	β 校正系数	实际情况	α 校正系数	
液氨站	氨气	2.3 类有毒气体	2	液氨站厂界 500 m 范围内人口大于 30 人，小于 49 人	1.2	21.84

根据表 2-3-6，液氨 $R = 21.84$，属于 $50 > R \geqslant 10$ 三级区间，可知该煤电公司液氨站为三级危险化学品重大危险源。

任务四　设定环境风险情景

🧰 任务引入

在环境风险管理中，突发环境事件发生与特定的情景紧密相联。为了更好地评估和管理环境风险，我们应当深入了解这些情景，从中筛选企业可能发生的风险事故情景。本任务将引领大家学习如何设定环境风险情景，为今后的实际工作提供坚实的基础。

通过扫码观看"中央环保督察：湖北孝感积存大量'垃圾汤'环境风险隐患突出"视频，初步了解环境风险事件情景，完成课前思考：

1. 突发环境事件的情景有哪些？如何预防各类突发环境事件的发生？

2. 环境风险情景的设定原则是什么？

待学习本任务后，完成以下任务：

1. 针对某煤电企业环境风险源识别结果，尝试设定环境风险情景。

2. 根据"最大可信或最不利原则"从设定的环境风险情景中筛选和确定企业可能发生的突发环境事件。

视频：中央环保督察：湖北孝感积存
大量"垃圾汤"环境风险隐患突出

📖 知识学习

依据《建设项目环境风险评价技术导则》（HJ 169—2018），突发环境事件主要为泄漏、火灾及爆炸三种事故类型。在风险识别的基础上，选择对环境影响较大并具有代表性的事故类型，设定环境风险情景。环境风险情景设定一般包括危险单元、风险源、危险物质、环境风险类型和影响途径等内容，可采用"环境风险源项＋环境风险物质＋环境风险类型"的方式给出。环境风险情景设定依据主要有《建设项目环境风险评价技术导则》（HJ 169—2018）、《化工企业定量风险评价导则》（AQ/T 3046—2013）等技术规范和标准。

一、环境风险情景相关概念

（1）危险。可能造成人员伤害、职业病、财产损失、环境破坏的根源或状态。

（2）失效。系统、结构或元件失去其原有包容流体或能量的能力（如泄漏）。

（3）失效频率。失效事件所发生的频率，单位为次/年。

（4）失效后果。失效事件的结果，一个事件有一个或多个结果。

（5）风险。发生特定危害事件的可能性与后果的乘积。

（6）定量风险评估。对某一设施或作业活动中发生事故的频率和后果进行定量分析，并采用与风险可接受标准比较的系统方法。

（7）单元。具有清晰边界和特定功能的一组设备（设施）或场所，在泄漏时能与其他单元及时切断。

（8）存量。设备或单元可能释放流体量的上限。

（9）常压储罐。设计压力小于或等于6.9 kPa（罐顶表压）的储罐。

（10）压力储罐。设计压力大于或等于0.1 MPa（罐顶表压）的储罐。

（11）单防罐。带隔热层的单壁储罐或由内罐和外罐组成的储罐。其内罐能满足储存低温冷冻液体的要求，外罐主要起到支撑和保护隔热层的作用，并能承受气体吹扫的压力，但不能储存内罐泄漏出的低温冷冻液体。

（12）双防罐。由内罐和外罐组成的储罐。其内罐和外罐都能满足储存低温冷冻液体的要求。在正常操作条件下，内罐储存低温冷冻液体，外罐能够储存内罐泄漏出来的冷冻液体，但不能限制内罐泄漏的冷冻液体所产生的气体排放。

（13）全防罐。由内罐和外罐组成的储罐。其内罐和外罐都能满足储存低温冷冻液体的要求，内外罐之间的距离为1~2 m，罐顶由外罐支撑。在正常操作条件下，内罐储存低温冷冻液体，外罐既能储存冷冻液体，又能限制内罐泄漏液体所产生的气体排放。

（14）源项。可能引起急性伤害的触发事件，如危险物质泄漏、火灾、爆炸等。

（15）尽可能合理降低原则。在当前的技术条件和合理的费用下，对风险的控制要做到在合理可行的原则下"尽可能低"。

（16）最大可信事故。最大可信事故是基于经验统计分析，在一定可能性区间内发生的事故中，造成环境危害最严重的事故。

二、环境风险情景设定原则

在风险识别的基础上，选择对环境影响较大并具有代表性的事故类型，设定风险事故情景。风险事故情景设定内容应包括环境风险类型、风险源、危险单元、危险物质和影响途径等。

（1）同一种危险物质可能有多种环境风险类型。环境风险情景应包括危险物质泄漏，以及火灾、爆炸等引发的伴生/次生污染物排放情形。对不同环境要素产生影响的环境风险情景，应分别进行设定。

（2）对于火灾、爆炸事故，需将事故中未完全燃烧的危险物质在高温下迅速挥发释放至大气，以及燃烧过程中产生的伴生/次生污染物对环境的影响作为环境风险情景设定的内容。

（3）设定的环境风险情景发生的可能性应处于合理的区间，并与经济技术发展水平相适应。一般而言，发生频率小于10^{-6}次/年的事件是极小的概率事件，可作为代表性环境风险情景中最大可信事故设定的参考。

（4）环境风险情景设定的不确定性与筛选。由于事故触发因素具有不确定性，因此环境风险情景的设定并不能包含全部可能的环境风险，但通过具有代表性的环境风险情景分析，可为风险管理提供科学依据。环境风险情景的设定应在环境风险识别的基础上筛选，设定的环境风险情景应具有危险物质、环境危害、影响途径等方面的代表性。

三、常见环境风险情景分析

1. 生产车间环境风险情景

车间生产过程中的化学品原料容易出现"跑冒滴漏"等泄漏现象，生产过程中使用的具有易燃性、刺激性、易挥发性等性质的化学品如果处理不当，容易发生泄漏、火灾、爆炸等事故，事故过程中会产生泄漏液或大量有毒有害烟气，以及灭火时外泄的大量消防污水。因此，生产车间存在的环境安全隐患主要是废水、废气、化学品的泄漏，以及火灾、爆炸事故产生的有毒有害烟气与消防污水外泄。

（1）泄漏事故隐患。设备（设施）设计不合理，未配置必要的防漏防渗措施，长时间使用导致设备老化带故障运行，主要表现是阀门、管件等的接头损坏，使生产中出现"跑冒滴漏"现象；输送管道、阀门、法兰、泵等设备选型不当、密封不良、材质低劣或产品质量不符合设计要求而出现泄漏；储罐、输送管道焊接质量差，存在气孔或未焊透；输送管道系统因腐蚀、磨损、老旧而造成管壁减薄穿孔或破裂；储罐等装置的液位检测装置与高液位报警、联锁装置等失灵或不工作等导致泄漏；生产设备槽体、废水输送管道破损等导致废水泄漏；生产废水、废气集中收集效果不好导致泄漏；车间临时储存化学品的包装桶发生人为碰撞或老化造成化学品泄漏；员工在投料、搬运、生产过程中因操作不当或不尽心导致化学品泄漏。

应急物资保障不足，事故救援不及时，造成突发环境事件。例如：环境应急物资（设备）配备不全、损坏或已过保质期，如风向袋损坏、擅自拆除淋眼器、防毒面具等应急物资失效等；未配备环境应急物资（设备），如液氨使用场所无氨气泄漏报警及应急喷淋装置，应急喷淋装置无法完全覆盖液氨使用场所等；环境应急物资（设备）不方便拿取，如应急物资箱上锁、应急物资取用不便、应急黄沙箱未配备铲子等。

以上车间泄漏事故造成的环境污染危害如下：化学品泄漏至生产车间外，通过地下管道流出厂区，进入纳污水体，导致水体环境发生波动、水生动植物由于不适应水体环境变化出现大面积死亡，从而造成水质恶化；灭火时，危险化学品随消防污水进入雨水管网，污染水环境；蒸气冷凝、设备清洗等工序产生的高浓度有机废水发生泄漏或未有效集中收集处理，造成溢流、污染附近流域水体和土壤，从而对地面树木，花草的生长造成不良影响，或者下渗至地下水系统，污染地下水，进而危害人体健康；周围区域人员不慎吸入高浓度有毒废气，引起呕吐、头晕甚至窒息；易挥发性化学品发生泄漏后，挥发产生的高浓度有机气体四处扩散，污染周边大气环境，甚至对周围区域人员造成急性、慢性中毒现象；处理事故时使用过的废抹布、消防沙、吸附棉等危险废物未妥善处理而影响环境。

（2）火灾、爆炸事故。企业生产过程中使用的易燃易爆化学品的蒸气与空气可形成爆炸性混合物，遇明火、高热或与氧化剂接触有燃烧、爆炸的危险性。因此，导致火灾、爆炸的原因有将火种带入生产车间、管道破裂、天然气泄漏、与强氧化剂接触、电线短路、雷电天气下防雷设施失效等。此外，聚合反应釜等生产设备因压力过大，可导致设备发生爆裂，从而引发火灾、爆炸事故。火灾、爆炸不可控时，可能导致相邻的企业发生连带火灾和爆炸。

进行灭火时，大量含化学品的消防污水产生，四处流溢，污水进入受纳水体后，会使水质恶化，对水生生物的生长繁殖造成影响；在火灾、爆炸过程中，大量有毒有害烟气产生，污染大气环境，有毒有害烟气主要成分可能为 CO、CO_2 等，甚至还有一些化学品氧化分解的中间产物。

2. 化学品仓库环境风险情景

企业化学品仓库储存的化学品主要为桶装或袋装，部分化学品遇明火、高热或与氧化剂接触可发生燃烧、爆炸，或者遇水发生化学反应生成有毒气体，因此化学品仓库主要存在泄漏和火灾、爆炸的环境风险。

（1）泄漏事故。在化学品储存过程中，可能由于包装桶自身材质缺陷、桶内气压升高、包装桶长期使用老化造成化学品泄漏。泄漏事故发生后可能引发火灾、爆炸事故；挥发性化学品会导致人员中毒或灼伤，以及造成化学品仓库周围大气污染；泄漏的化学品或冲洗废水具有腐蚀性、毒性、刺激性，通过雨水管道外排进入受纳水体后，会对水体造成严重污染，影响人们的正常生产、生活，并对水生动植物造成毒害作用；泄漏的化学品进入周边土壤，将影响植物的生长，造成土壤污染；出现下渗现象，将对地下水系统造成污染，进而影响居民的饮用水安全；事故处置过程中使用过的废抹布、消防沙等固体危险废物未得到妥善处理，会影响环境。

在化学品储存过程中，仓库管理人员违章作业（如野蛮装卸撞击、摩擦）可能导致包装破损；在运输搬运过程中因叉车故障、交通事故可能造成包装容器损坏；未按要求操作可能导致化学品倾倒、泄漏而排入周围环境。

（2）火灾、爆炸事故。仓库管理人员未按要求使化学品保持合理间距，未分类储存化学品，未按时进行日常检查，可能导致化学品发生反应，进而导致火灾、爆炸事故；电气设备未采用防爆型或设备防爆性能下降，设备运转时可能产生电气火花，成为引火源，引发火灾、爆炸事故；企业进行灭火时产生大量含化学品的消防污水，在流溢过程中所含的化学品可能渗入土壤或通过雨水管网进入地表水，进而污染地下水、地表水及土壤环境；在火灾过程中有大量有毒有害气体产生，污染大气环境，有毒有害气体的主要成分可能为 CO、$VOCs$、SO_2、NO_x 等，甚至还有一些化学品氧化分解的中间产物；火灾、爆炸事故应急处置过程中产生的各种危险废物未得到妥善处理，会危害环境。

3. 储罐区环境风险情景

（1）化学品泄漏和溢出。储罐一般分为立罐和卧罐两种。导致储罐区化学品泄漏的原因主要有以下几个方面：储罐区各类储罐、机泵等设备（设施），以及各类管道、阀门、法兰、焊口、密封等出现"跑冒滴漏"现象；储罐装卸接口破损，连接装卸的软管松脱；罐体顶盖不严、不密封；储罐区基础沉降不够导致罐体撕裂、因物料腐蚀性导致罐体腐蚀破坏、罐体焊缝开裂等原因将造成罐体的整体性破裂、物料的突然大量泄漏；储罐区物料装车操作较为频繁，因仪表控制系统故障或人为操作失误造成的满料、溢料、储罐进错物料、抽空等引起物料泄漏事故；储罐有围堰，但存在围堰有孔洞、围堰容积小、排水阀常开并锈蚀严重、围堰排水阀在围堰内、围堰内有雨水下水井等问题。

罐体破裂、瘪罐或表面锈蚀严重有孔洞。例如，我国储油罐的使用年限为 50 年，但根据研究，油罐的泄漏平均年限仅为 17 年，因此这些油罐已进入泄漏危险期。当储油罐运行 10～15 年时，孔蚀次数不断增加，平均穿孔率达 14%。

若化学品发生泄漏后不及时处理，会溢流到厂区，当渗漏化学品穿过土壤时，土壤层会吸附，可能造成植物的死亡；泄漏或渗漏化学品可能对地下水带来严重污染，导致地下水产生严重异味；如果化学品出厂区后进入河道，将可能影响到地表水水质。

如果化学品蒸气浓度过高，现场未配备防中毒设施，人员吸入会导致中毒事故；夏季大量化学品蒸气从呼吸阀口飘出，增加了中毒的可能性；在储罐清洗维修时，进罐作业前没有对罐内气体进行检验或检验不合格就冒然进罐，或者进罐作业时进料管未加盲板，阀门泄漏等原因造成中毒、窒息事故。

（2）火灾、爆炸事故。储罐内的易燃化学品火灾危险性高，操作失误或操作控制失灵导致泄漏，遇到明火（含电气）或高热产生燃烧，在无法控制时产生爆炸；设备不严密，化学品蒸气挥发，或泄漏在地面，随风散逸，达到一定浓度后遇到明火或高热引起爆炸；抢修、检修时违章动火、焊接；空气进入含有可燃气体的设备、管道内都可能形成爆炸混合物；储罐防雷、防静电设施失效，在雷雨天气储罐遭受雷击或产生电火花，引燃物料，发生火灾、爆炸事故；在高温季节，储罐若无充足的喷淋冷却，因所储物料温度升高、加快挥发、罐内气相压力升高可导致火灾、爆炸事故；若储罐区任一储罐发生火灾、爆炸事故，可因爆炸冲击波、抛射物、辐射热或应急救援及扑救不当、消防设施故障等，造成其他储罐或储运设施的火焰蔓延、爆炸的事故。储罐可能的火灾、爆炸模式主要有以下几种。

1）先爆炸后燃烧。储罐发生火灾后，大多数情况是先爆炸后燃烧，这种情况一般是罐内气体浓度处在爆炸极限范围内，遇到火源，罐内先爆炸，罐顶炸飞，或罐顶部分塌落罐内，随后引起化学品在液面迅速稳定燃烧。

2）先燃烧后爆炸。储罐发生火灾后，在燃烧过程中发生的爆炸一般有三种情况：储罐在火焰或高温作用下，罐内的蒸气压力急剧增加，当超过储罐所能承受的耐压强度时，就会发生物理性爆炸；燃烧罐的邻近罐在受到热辐射作用时，罐内的蒸气增加，并通过呼吸阀等部位向外扩散，与周围空气混合达到爆炸极限，遇燃烧罐的火焰即发生爆炸；储罐发生火灾，罐盖未被破坏，当采取由罐底部倒流排出物料时，如果排速过快，使罐内产生负压，发生回火现象，将导致储罐爆炸。

3）爆炸后不再燃烧。储罐内物料的温度高于闪点，其蒸气浓度处于爆炸浓度极限范围内；储罐内虽无物料，但存在物料蒸气和空气的混合气体，一旦遇到明火，就会发生爆炸，把罐顶或整个储罐破坏。但爆炸后不再继续燃烧。在储罐清洗、通风和动火补焊时容易发生这种情况。

4）稳定燃烧。当罐内液面以上气体空间的蒸气与空气混合浓度达不到爆炸极限时，遇明火或其他火源，燃烧仅在液面稳定进行。如果外界条件不能使罐内混合浓度达到爆炸极限范围，将会在物料烧完时停止。

发生火灾、爆炸时，可能产生有毒有害烟气，污染周边大气环境；在火灾扑救过程中将产生大量含油的消防污水，如果不控制排放，极有可能对厂区周围环境敏感点河流、厂区土壤及地下水环境带来严重的影响。

4. 装卸区环境风险情景

装卸区一般在储罐旁边，主要的功能是通过泵和管道将罐区储存的化学品通过罐车外运，或将化学品装进储罐。

（1）泄漏事故。装卸区导致泄漏事故的主要原因包括如下：装卸过程中设备（设施）、管道破裂损坏；化学品罐车底部阀门故障；由于计量失误或操作失误，罐装化学品量超过槽罐容量，化学品溢出槽罐；操作人员操作失误、违章操作等。

化学品罐车罐口打开时向外部空间散发化学品蒸气，人员长时间停留在附近会有中毒危险；若装卸过程中发生泄漏事故，会挥发扩散出大量化学品蒸气，如果通风不良，就会引起局部化学品蒸气积聚，作业人员长时间停留在此区域会引发中毒、窒息事故；泄漏物没有得到及时收集和处理，进入企业周边水系，将会污染地表水和地下水及土壤。

（2）火灾、爆炸事故。装卸区导致火灾、爆炸事故的主要原因包括如下：装卸设备、管道设置的静电接地失效，在装卸危险品的过程中会发生静电集聚放电；鹤管未做静电接地或接地电阻不符合防静电标准要求，进料、出料时流速过快等原因造成静电积累；操作人员未穿防静电工作服或未做静电消除；装卸的物料多属于易燃易爆液体，装卸时装卸工具摩擦产生的火花引燃装卸物或产品引起燃爆；在装卸作业过程中化学品罐车罐口处向外部空间散发化学品蒸气，遇明火可能发生火灾、爆炸事故。

火灾、爆炸过程中可能产生有毒有害烟气，污染周边大气环境，导致员工和企业周边的居民发生中毒、窒息事故；在抢险救灾过程中产生大量的消防污水，一旦流出厂界范围，将会污染地表水、地下水及土壤。

5. 油气管道环境风险情景

企业能源及原辅料消耗中的油，通过油气管道输送，多数为汽油、柴油、原油、石脑油等油类和天然气。由于油气管道运行连续性强、输送量大、输送压力高，一旦发生腐蚀破坏、人为破坏或自然灾害破坏，将会引发油品泄漏事故。由于油品属于易燃易爆品，当管道发生油品泄漏事故后，现场控制不当时，易引发火灾、爆炸等次生灾害。

（1）泄漏事故。油气管道产生泄漏的原因是多方面的，主要可分为三大类：腐蚀穿孔、疲劳破裂和外力破坏。

尽管采取腐蚀控制措施可以大幅度减缓腐蚀，但并不能绝对防止腐蚀。阴极保护不足时，管道腐蚀过程虽然会由于阴极保护而变缓，但不会停止；阴极保护被屏蔽时，对管道腐蚀起不到抑制作用。阴极保护不足是指阴极保护系统所提供的保护电流不能满足管道保护要求；阴极保护被屏蔽是指阴极保护电流在流动中受阻，不能到达预定位置。涂层上出现大面积破损、连续漏点或整体绝缘性能下降时，容易导致阴极保护不足。涂层与管体金属剥离时，对阴极保护系统产生屏蔽作用，特别是采用绝缘性能较高的有机合成材料制作的涂层，因此容易产生腐蚀穿孔泄漏。

油气管道长期在高压条件下运行，管道金属的力学性能会逐渐衰变，管道焊缝本身存在的及由于应力腐蚀产生的微小裂纹就会扩展，裂纹发展到一定程度，会酿成突发性的管道破裂事故。此外，设备、管道和泵密封条件不良、管道挤压变形也会导致泄漏。

外力破坏主要包括天灾和人祸两方面。洪水、山体滑坡、泥石流及地震等都有可能毁坏管道；人祸主要是指第三方破坏，包括各类建设项目的施工（如筑路、开挖等）所造成的无意破坏，以及打孔盗油、盗气等不法分子造成的蓄意破坏。

一旦油气管道发生泄漏，油品会顺着地势自然流淌，其可能聚集在低凹的地面，形成泄漏液池；当穿越或跨越河流时，泄漏油品会进入溪流、湖泊、水库和江河中，扩散到更大的区域，进而导致更加严重的后果；由于管道沿线地形复杂，沿线河流、公路相伴相交，油气管道发生泄漏时，易引起水系、山林、农田、公路、附近电气设施等的污染；大多数管道沿线地域远离公路，交通不便，处理事故的难度大，一旦发生泄漏事故，环境污染面积较大，地貌恢复有一定的难度；油气回收装置事故导致油气挥发，造成周围的操作人员和群众中毒；泄漏油品还可能污染土壤，甚至渗透到地下水，造成地下水污染。

（2）火灾、爆炸事故。油气管道可能发生的火灾、爆炸事故类型如下：腐蚀穿孔泄漏火灾；泄漏的油品遇火花等引起火灾、爆炸；第三方施工破坏泄漏火灾；打孔盗油泄漏火灾；管道开裂泄漏火灾；自然灾害（如雷电、地震、塌方、山体滑坡等）造成泄漏火灾；其他意外原因造成泄漏火灾。

发生火灾、爆炸事故时，可能会造成大量的油蒸气、一氧化碳、二氧化氮等气体产生，对周边的居民群众造成影响，并对事故区域的大气造成污染；在火灾处置过程中，还会产生大量消防污水，消防污水可能泄漏到外环境，对水体和土壤造成污染；在暴雨等异常天气下，消防污水和被污染的雨水等导致产生更多的事故水，可能泄漏到外环境，对水体和土壤造成污染。

6. 输送管线环境风险情景

企业输送管线主要包括：运输车辆和储罐之间、储罐和生产车间之间、生产车间之间输送生产原料、中间产品及成品的管线；生产车间废水和事故应急池污水至污水处理设施的管线；生产车间废气至废气处理设施的管线等。

（1）泄漏事故。输送管线可能发生泄漏的原因包括：管道、阀门、法兰、泵等连接处由于运行时间太长导致密封不严；其他原因使密封圈损坏；防腐不良导致输送管线锈蚀穿孔；输送管线缺少防护栏，失控车辆容易撞击管道，导致管道破裂；未设有标识，人为因素造成泄漏。

气态化学品或废气输送管线泄漏，产生大量刺激性气体，污染周边大气环境，并造成周围区域人员的急性、慢性中毒。

液态化学品或污水输送管线泄漏，若泄漏液随雨水进入纳污水体，则导致水体环境失衡，水生动植物由于不适应水体环境的变化而出现大面积死亡，从而造成水质恶化；泄漏物不慎进入土壤环境，造成土壤污染，从而对地面树木、花草的生长造成不良影响；地下输送管线发生泄漏将污染土壤及地下水，而地下污染较难及时发现及查找泄漏源，土壤及地下水修复处置也较难；泄漏处理时产生的冲洗废水、消防沙、擦拭处理的抹布、吸附棉等危险废物若未得到妥善处理，会危害环境。

（2）火灾、爆炸事故。输送管线可能发生火灾、爆炸事故的原因包括：输送管线设计不合理，液态化学品灌注储罐或反应釜时直接高速向下喷溅，易导致产生和积累静电；

输送管线没有防静电跨接、接地；管线泄漏煤气等易燃易爆气体遇火花等引起火灾、爆炸；泄漏的物料易挥发，并且能与空气形成爆炸性混合物；下方长有杂草树木，不仅易造成管道被高大乔木损坏的危险，也存在火灾危及管道的隐患；其他意外原因。

火灾、爆炸事故产生大量有毒有害烟气及消防污水，污染周围大气及水体环境。

7. 污水收集及处理设施环境风险情景

（1）泄漏事故。

1）污水收集管网风险。污水收集管网风险包括：管网质量较差导致污水泄漏；没有抽水设施与污水收集管网连接，未将所收集污水送至厂区内污水处理设施处理；管沟低点没有设置收集池，泄漏的污水不能及时收集、输送至污水处理设施；污水收集管道没有预留应急支管和阀门，且设有下游截止阀门（按水流方向）等。

污水收集管网泄漏将会导致污水无法顺利进入污水处理设施，并有可能通过雨排水系统直接进入外环境，造成突发环境事件。

2）事故应急池环境安全隐患。事故排水收集设施包括事故应急池、事故存液池或清净下水排放缓冲池等。其中，事故应急池又称为事故缓冲池或应急事故池，是指为了在发生事故时，能有效地接纳装置排水、消防水等污染水，以免事故污染水进入外环境而造成污染的污水收集设施。在实际事故处置过程中，通过事故应急池收集事故污水，可以最大限度地降低事故次生突发水环境事件的发生概率，保障环境安全。

企业厂区一旦发生火灾，消防过程中同样会产生二次环境风险，主要体现在消防污水如果没有进入事故应急池，直接经过雨水或污水管网进入纳污水体，含高浓度污染物的消防污水势必对地面水体造成极为不利的影响；直接进入污水处理设施则可能因冲击负荷过大，造成污水处理设施的故障。

企业事故应急池常见环境安全隐患包括：无事故应急池或容量小；事故应急池水位高；未与相关场所连通，如事故应急池仅与污水管网或储罐区连通，企业其他应急场所未连通事故应急池；事故应急池兼作其他功能池，如兼作养鱼池等；无观察井，无法及时了解水位状况，如事故应急池位于地下，无法观察液位情况；事故应急池观察口由石板盖住，不便于观察池内情况。

3）故障导致事故性排放。污水处理设施故障导致的事故性排放包括：污水处理设施如遇设备故障，长时间停水、停电，进水量突然增大或污染物浓度突然变化等突发情况，可能致使污水处理效果下降，未经处理达标的废水通过雨水管网流至厂外；雨水、污水分流不清，生产废水流出车间，进入雨水管网；污水处理设施收集输送管线破裂造成生产废水泄漏；污水收集系统的废水收集池存在裂缝，污水井外溢，鼓风机或提升泵等处理设施出现故障，导致无法正常处理污水，致使污水超标排放；污水处理设施活性污泥"中毒"后短期内无法恢复处理功能；事故状态下，泄漏的化学品或火灾、爆炸等产生的消防污水进入污水管网，对污水处理设施造成冲击；暴雨、高温、低寒、雷击等自然灾害对设备（设施）、构筑物造成破坏，导致污水超标排放或直接经雨水管道流入外环境。

企业污水处理设施外排的尾水中污染物浓度虽然满足污水排放标准，但是由于浓度仍然较高，需要进入市政管网，然后进入城市污水处理厂进行深度处理，外排进入水环境。尾水输送管线破裂会造成尾水泄漏，对纳污水体造成污染。

4）设施不正常运行。污水处理设施不正常运行包括：在污水处理设施未建成之前开工生产，导致污水排放进入外环境；设施建成后，为节省经费，长期闲置，企业污水直排；工作人员未按操作规程操作或操作失误，导致污水处理效果差或失效，未经处理达标的污水外排至外环境中。

未经处理达标的高浓度污水进入纳污水体，导致水体中有机物的含量增加，进而使水中的溶解氧减少，破坏水体平衡，对鱼类等水生生物造成直接中毒；未经处理达标的高浓度污水进入土壤环境，造成土壤污染，从而对地面树木、花草的生长造成不良影响。

5）有毒有害气体泄漏。在污水处理设施运营过程中，污水调节池及相关污水反应工序产生部分酸性废气，其主要成分为挥发性有机物、硫化氢及其他含硫气体等。该废气成分复杂多变，具有毒害性，可能对人体呼吸系统、消化系统、心血管系统、内分泌系统及神经系统造成不同程度的危害。

污水处理设施产生臭气的池体密封盖出现破损或臭气处理装置发生故障，导致臭气排放事故；吸附污水处理设施恶臭的活性炭经过一定时间后会达到饱和，如果得不到及时更换，恶臭气体将直接外排。

废气和恶臭气体泄漏影响周围工厂和居民的正常生产生活与身体健康。若周边敏感点居民不慎吸入有毒废气，可能会出现呕吐、中毒等现象。

6）有限空间作业事故。一切通风不良、封闭或半封闭、容易造成有毒有害气体积聚和缺氧的设备（设施）和场所都是有限空间，在有限空间内作业称为有限空间作业。有限空间作业环境复杂、恶劣，如污水处理设施中的硫化氢和甲烷气体因日常积聚和搅动而从污水中飘逸出来；员工个人防护意识不强，未规范穿戴防护装备，违规进行污水处理设施的淤泥清理等有限空间作业，将导致吸入硫化氢等有毒有害气体，造成人员急性中毒、缺氧窒息等严重后果；有限空间内含有大量易燃易爆气体，违规作业时遇明火发生火灾、爆炸事故；作业人员遇险时施救难度大，盲目施救或救援方法不当容易造成伤亡扩大。

发生中毒事件的危害范围主要涉及在有限空间作业环境中的作业人员、监护人员、救援人员，主要是一氧化碳、硫化氢等造成急性中毒。中毒者一般会出现昏迷、惊厥、呼吸困难、休克等，从而引起全身各系统与组织的损害，甚至造成中毒者的死亡；发生缺氧窒息事件，其危害后果主要是中毒人员昏迷、死亡。根据有限空间氧气含量及消耗量不同，其后果有轻有重。

（2）火灾、爆炸事故。企业污水中常常存在可溶性与可燃气体。在一定的环境下，这些气体与液体很容易形成爆炸性混合物。设备系统出现密闭性损坏或由于违反操作出现溢料，易燃易爆气体很容易进入污水中；在高温蒸气与污水进入到下水道之后，会导致污水温度上升，蒸发出的可燃性气体可能引起爆炸；排入下水道的各类物质会发生反应，很可能产生易燃易爆甚至自燃性物质；污水管道是遍布企业区的，出现的爆炸或火灾常常会沿污水处理系统进行传播，如未及时阻止，就很可能发生联锁性破坏。

8. 废气处理设施环境风险情景

企业废气包括有机废气、硫酸雾、盐酸雾、硝酸雾、氨气、粉尘、发电机尾气、储罐呼吸废气、污水处理设施恶臭等，企业将废气分别收集并处理达标后再外排。

（1）泄漏事故。

1）设施不正常运行。废气处理设施的不正常运行包括无处理设施、未运行、现场无法勘查。例如，喷淋塔等废气处理设施无收容措施，酸雾喷淋塔未进行防腐处理，废气喷淋、降膜吸收装置无截流措施等；废气排放口无标识或标识不规范，生产工序废气无组织排放；现场在生产，但废气处理设施未运行或损坏；运行或处理效果不佳等。

2）故障导致事故性排放。一旦废气处理设施出现故障（高效过滤器故障、风机异常、集气管道破裂发生泄漏、除尘设施异常、喷淋装置异常、一氧化碳处理系统异常、氮封系统异常、生物塔异常、活性炭吸附饱和等），或者停电造成废气处理设施停止工作、操作不当或违反操作规程等，极易导致生产废气得不到及时处理，直接外排，污染大气环境，进而引发环境问题。例如，尾气收集系统发生故障，会造成废气得不到有效处理，造成事故性排放；生产车间内通风抽风机发生故障，会造成车间的大气污染物无法被及时抽出车间，进而影响车间操作人员的健康；废气处理装置活性炭饱和，导致无吸附效果，废气出现超标排放；废气管道发生破裂等情况会导致有机废气、烟粉尘、VOCs等泄漏，对大气环境造成污染。

此外，企业废气中的含硫化合物、含氮化合物等大气污染物除造成一次大气污染外，还会通过化学反应或光化学反应生成二次污染物，造成酸雨、光化学烟雾等环境危害。

（2）火灾、爆炸事故。

1）企业主体责任不落实导致火灾、爆炸事故。废气处理设施等环保设施非主工艺生产设施，对生产的影响不是很大，而且只看得见投入，看不见收益，导致企业对环保设施安全的重视度不够，火灾、爆炸等事故频发。企业引入第三方运行模式，对废气处理设施等环保设施全托管运营，认为这样可以不用承担责任。

2）废气处理设施检维修中发生火灾、爆炸事故。废气处理设施检维修包含大量有限空间、动火等危险作业，存在火灾、爆炸、中毒、窒息等多重危险；环保设施数量的增长速度远超专业队伍的增长速度，设施检维修操作人员岗位和技能不匹配；定检定修能够有效保障设备的稳定效果，但实际工作中很难切实做到，基本还是哪里坏了修哪里，缺少定期的检修，加大了发生火灾、爆炸事故的概率。

3）通风设施故障导致生产车间粉尘爆炸事故。粉尘的粒径小，会飘浮在空气中；表面积大，从而其表面能也大。粉尘与空气混合能形成可燃的混合气体，若遇明火或高温物体，极易着火，顷刻间完成燃烧过程，释放大量热能，使燃烧气体温度骤然升高，体积猛烈膨胀，形成粉尘爆炸。粉尘爆炸后，由于冲击波的作用，将地面、设备、管道等表面沉积的粉尘扬起，更多的粉尘参与燃烧、爆炸，引发二次或多次爆炸，其破坏性更大。

如果通风设施发生故障，将导致车间内粉尘浓度升高，有可能造成粉尘爆炸事故。

粉尘爆炸的其他条件包括：粉尘本身具有爆炸性（可燃性），如塑料粉尘等；有氧化剂或助燃剂，一般为空气中的氧气；有足以引起粉尘爆炸的热能源，如明火、高温物体、电气火花、撞击与摩擦、光线照射与聚焦、静电放电等。

9. 危险废物环境风险情景

危险废物是指列入《国家危险废物名录》（2025 版）或根据国家规定的危险废物鉴别标准和鉴别方法认定的具有危险特性的废物，其特征包括具有腐蚀性、毒性、易燃性、反应性、感染性等一种或几种危险特性；不排除具有危险特性，可能对环境或人体健康造成有害影响，需要按照危险废物进行管理。

尽管从数量上看，危险废物产生量仅占固体废物的 3% 左右，但危险废物的种类繁多、成分复杂，并且具有毒害性、爆炸性、易燃性、腐蚀性、化学反应性、传染性、放射性等一种或几种以上的危害特性，且这些危害具有长期性、潜伏性和滞后性。如果对危险废物的处理不当，会因为其在自然界不能被降解或具有很高的稳定性，能被生物富集、能致命或因累积引起有害的影响等，对人体和环境构成很大威胁。

危险废物可通过人体摄入、吸入或皮肤吸收引起急性中毒；在阴雨天气，危险废物若不慎被雨淋湿，有害物质会随着雨水管网外排到厂区周边水体，造成环境污染，也可能对地下水造成一定污染，对人畜产生毒害作用；危险废物中的有害物质渗入土壤，从而对地面树木、花草的生长造成不良影响；危险废物本身蒸发、升华及有机废物被微生物分解而释放出的有毒有害气体污染大气；危险废物中的细颗粒、粉末随风飘逸，扩散到空气中，造成大气环境污染；某些危险废物存在腐蚀性、易燃性、反应性等危险特性。

（1）产生储存环节事故。

1）产生环节事故。2020 年 11 月发布的《国家危险废物名录》（2025 版）中的危险废物有 50 大类，共 467 种。该名录中的危险废物涵盖了国民经济的绝大多数行业；其中，化学原料及化学制品制造业、有色金属冶炼及压延加工业、有色金属矿采选业、造纸及纸制品业和电气机械及器材制造业 5 个行业所产生的危险废物量占到总量的一半以上，是产生危险废物的重点行业。

企业日常运行过程中产生的危险废物包括滤渣、废包装、废原料桶、絮凝沉淀污泥、废活性炭、废实验药剂、取样瓶及样品、废吸收剂、废催化剂、废机油、润滑油、沾染化工品的抹布、生物塔废填料等。这些危险废物如果不能被完全收集，将流失于环境中，存在环境安全隐患。

危险化学品泄漏或火灾、爆炸事故产生的危险废物包括：散落、废弃的危险化学品；沾染危险化学品的包装容器、焚烧残留物；沾染危险化学品的金属废弃物、沾染危险化学品的建筑垃圾、事故区域被污染土壤；应急污水处理产生的固体废物。事故形成的各类危险废物种类繁多、成分复杂、清理量大，如不及时清理，易进入水体造成污染，部分危险废物还能发生爆炸，产生废气污染，甚至威胁现场工作人员的生命安全。

2）储存环节事故。危险废物暂存间或堆场建设不符合要求，防腐防渗措施已损坏，未及时维修；危险废物暂存间或堆场内其他固废未及时清理，危险废物暂存空间不足；操作人员素质欠佳，如危险废物入库时台账管理不规范，没有识别包装是否完好、封口是否严密、是否沾有其他异物等；未按危险废物分类标准分类回收，不相容的危险废物堆放在一起，堆垛误操作、碰撞等原因可能导致泄漏；回收区及储存区标识不清晰，导致混入其他废弃物中；危险废物暂存间或堆场管理员未按照制度定期进行检查，导致存放危险废物的瓶（罐）身倾倒等问题未及时得到处理；泄漏的危险废物可能进入危险废物暂存间导流渠，通过污水管网进入污水处理设施，若原水污染物浓度过高，将导致污水处理设施正常工艺无法处理，发生事故性排放；废溶剂、含苯废液等属于可燃液体，若暂存间或堆场发生设备、油桶、工具等之间的碰撞和摩擦，或发生漏电、接触不良、短路等问题，极易引发火灾、爆炸事故。

（2）运输转移环节事故。

1）运输环节事故。企业将各类危险废物进行预处理后，分类收集，由专用运输工具运至危险废物处理厂进行安全处置。企业产生的危险废物在厂区内转移、搬运、卸车及灌装的过程中，驾驶员、押运员、装卸工未经相关培训、考核，不具备上岗资格，可能导致操作失误或未按操作规程进行等，造成危险废物散落、泄漏事故；装卸作业时有可能发生坠落、碰撞、敲击等，导致危险废物泄漏；运输车辆装载危险废物量超过规定要求；运输危险废物的槽罐、桶、瓶、袋、箱等包装破损，发生危险废物泄漏；车厢内危险废物码放不符合规定，不符合装载配伍禁忌，因碰撞导致包装破裂，最终导致事故。

2）转移环节违法倾倒事故。危险废物产生企业为规避高昂的危险废物处置费用，将危险废物非法倾倒，或将危险废物卖给没有处置资质的单位甚至个人，由其进行非法倾倒。非法倾倒危险废物违法成本低、守法成本高、随机性及隐蔽性强、监管难度大，近几年频繁发生。

危险废物是企业面临的专业性、复杂性、技术性最强的领域，也是环境追责最多的领域。自 2017 年 1 月 1 日起施行的《最高人民法院、最高人民检察院关于办理环境污染刑事案件适用法律若干问题的解释》中，增加了"非法排放、倾倒、处置危险废物三吨以上的认定为构成环境犯罪"，目前我国涉及危险废物的环境污染刑事案件逐年增加，而且成为环境污染刑事案件中数量最多的一种。

（3）利用处置环节事故。危险废物要由有危险废物处置资质的单位、公司进行处置和回收利用。目前一般采用综合利用、集中焚烧等方法处置危险废物。综合利用法是采取催化氧化、置换等化学方法，实现危险废物减量化、资源化和无害化；集中焚烧法一般用于处置高浓度有机废物及医疗废物。

1）危险化学品事故。危险废物综合利用过程中使用的危险化学品主要为盐酸、氢氧化钠、氨水、天然气、乙炔、次氯酸钠等。危险化学品事故的原因主要包括：未按操作规程操作、装卸、搬运、分装危险化学品；未按要求进行设备、管道巡回检查和维护保养工作，储罐和包装物密封不良或腐蚀穿孔，引起危险化学品泄漏；易燃气体管道受损破裂、阀门故障引起泄漏，造成火灾、爆炸事故；储存、使用危险化学品的过程中因丢失、泄漏、燃烧、爆炸、事故救援不当等，造成危险化学品以废水、废气和废渣等形式排放进入环境，致使大气、水体和土壤污染。

强酸、强碱等溶液泄漏将造成地面、设备等的腐蚀，灼伤人体；泄漏会造成土壤、地下水污染，进入水体则会对受纳水体造成污染；氨水、乙炔泄漏可能造成人员中毒、密闭空间内聚集爆炸、水体污染。

2）焚烧炉烟气事故。处置危险废物的焚烧炉烟气脱酸系统发生故障，不能有效去除酸性气体，导致二氧化硫和氯化氢事故性排放；脱氮系统发生故障，无法正常实施脱氮，导致氮氧化物事故性排放；活性炭喷射装置发生故障，不能有效喷射活性炭微粒以捕捉二噁英类、重金属颗粒及酸性气体的反应生成物，导致二噁英类、重金属颗粒及酸性气体等的事故性排放；布袋除尘器发生故障，部分布袋发生损坏，导致除尘效率下降，出现事故性排放；焚烧系统出现故障，导致炉内温度异常，氮氧化物、二噁英等污染物的产生源增大，最终导致氮氧化物、二噁英等污染物的事故性排放，或管道破裂引起烟气未经处理直接排放。

二噁英极具亲脂性及化学稳定性，在自然界中难以自然降解消除，可以通过食物链中的脂质发生转移和生物富集，毒性主要表现为对生殖系统、免疫系统、皮肤的毒性，并具有很强的致癌性。

二氧化硫、氯化氢和氮氧化物等酸性气体排放是酸雨形成的主要原因，酸雨对人体健康、生态系统和建筑设施都有直接的和潜在的危害。酸雨对人体健康造成一定影响；可导致土壤酸化；能使非金属建筑材料表面硬化水泥溶解，出现空洞和裂缝，导致强度降低，从而损坏建筑物。

3）医疗废物事故。医疗废物是指医院等医疗机构在治疗、预防疾病过程中产生的固体废物。根据医疗废物处理的特点，产生的环境污染事故类型主要包括：冷凝残液消毒罐出现故障，大量含有致病菌的废水进入储水池，导致含致病菌污水回喷垃圾堆体，造成二次污染与细菌传播；过滤器滤芯失效或活性炭失活及其他因素导致的尾气吸附装置非正常运行时，恶臭带菌气体未经处理直接排放到大气中，对废物处置厂区大气环境造成污染；焚烧系统出现故障，导致二噁英类污染物的事故性排放。

医疗废物的巨大危害表现在其所含的病菌是普通生活垃圾的几十倍甚至上千倍，最显而易见的危害性就是其传染性；医疗废物的随意堆放会污染大气环境；随意填埋的医疗废物要经过几百年才能降解，会污染地下水源，严重危害生态环境；随意焚烧会使致癌物质二噁英类大量外排。

其他典型企业环境风险源及环境风险情景

四、环境风险情景设定

1. 泄漏场景设定

（1）泄漏场景。根据泄漏孔径大小可分为完全破裂和孔泄漏两大类，有代表性的泄漏场景见表 2-4-1。当设备（设施）直径小于 150 mm 时，取小于设备（设施）直径的孔泄漏场景及完全破裂场景。

表 2-4-1　泄漏场景

泄漏场景	范围	代表值
小孔泄漏	0～5 mm	5 mm
中孔泄漏	5～50 mm	25 mm
大孔泄漏	50～150 mm	100 mm
完全破裂	>150 mm	(1) 设备（设施）完全破裂或泄漏孔径>150 mm； (2) 全部存量瞬时释放

（2）设备（设施）典型泄漏场景。设备（设施）典型泄漏场景的选择应考虑设备（设施）的工艺条件、历史事故和实际的运行环境，可采用表 2-4-2 定义的典型泄漏场景。

表 2-4-2　设备（设施）典型泄漏场景

序号	设备（设施）种类	泄漏场景
1	管线	见下述"（3）"
2	常压储罐	见下述"（4）"
3	压力储罐	见下述"（5）"
4	工艺容器和反应容器	见下述"（6）"
5	泵和压缩机	见下述"（7）"
6	换热器	见下述"（8）"
7	压力释放设施	见下述"（9）"
8	化学品仓库	见下述"（10）"
9	爆炸物品储存	见下述"（11）"
10	公路槽车或铁路槽车	见下述"（12）"
11	运输船舶	见下述"（13）"

（3）管线泄漏场景。管线泄漏场景见上述"（1）"，并满足以下要求。

1）对于完全破裂场景，如果泄漏位置严重影响泄漏量或泄漏后果，应至少分别考虑管线前端、管线中间、管线末端三个位置的完全破裂。

2）对于长管线，宜沿管线选择一系列泄漏点，泄漏点的初始间距可取 50 m，泄漏点数应确保当增加泄漏点数量时，风险曲线不会显著变化。

（4）常压储罐泄漏场景。常压储罐的泄漏场景见表 2-4-3。

表 2-4-3　常压储罐泄漏场景

储罐类型	泄漏到环境中				泄漏到外罐中			
	5 mm 孔径泄漏	25 mm 孔径泄漏	100 mm 孔径泄漏	完全破裂	5 mm 孔径泄漏	25 mm 孔径泄漏	100 mm 孔径泄漏	完全破裂
单防罐	√	√	√	√				
双防罐				√	√	√	√	√
全防罐				√				
地下储罐	见注 1							

注：1. 对地下储罐，如果设有限制液体蒸发到环境中的封闭设施，则泄漏场景考虑为地下储罐完全破裂及封闭设施失效引发的液池蒸发；反之，根据地下储罐类型，考虑为单防罐、双防罐或全防罐的泄漏场景。
　　2. 如果储罐的储存液位变化较大，且对风险计算结果产生重大影响，可考虑不同液位的概率。
　　3. 对于其他类型的储罐，可根据实际情况选择表 2-4-3 中的场景

（5）压力储罐泄漏场景。压力储罐泄漏场景见上述"（1）"。对于储存压缩液化气体的压力储罐，当储存液位变化较大，且对风险计算结果产生重大影响时，可考虑不同液位的概率。

（6）工艺容器和反应容器泄漏场景。工艺容器和反应容器的定义见表 2-4-4，其泄漏场景见上述"（1）"。对于蒸馏塔附属的再沸器、冷凝器、泵、回流罐、工艺管线等其他相关部件的泄漏场景，可按照各自的设备类型考虑。

表 2-4-4　工艺容器和反应容器定义

类型	定义	例子
工艺容器	容器内物质只发生物理性质（如温度或相态）变化的容器（不包括表 2-4-5 中的换热器）	蒸馏塔、过滤器等
反应容器	容器内物质发生化学变化的容器。如果在一个容器内发生了物质混合放热，则该容器也应作为一个反应容器	通用反应器、釜式反应器、床式反应器等

（7）泵和压缩机泄漏场景。泵和压缩机的泄漏场景取吸入管线的泄漏场景，见上述"（1）"；当泵或压缩机的吸入管线直径小于 150 mm 时，则最后一种泄漏场景的孔尺寸为吸入管线的直径。

（8）换热器泄漏场景。换热器泄漏场景见表 2-4-5。

表 2-4-5　换热器泄漏场景

换热器类型	具体分类	泄漏位置	场景			
			泄漏场景 1	泄漏场景 2	泄漏场景 3	泄漏场景 4
板式换热器	1. 危险物质在板间通道内	板间危险物质泄漏	5 mm 孔径泄漏	25 mm 孔径泄漏	100 mm 孔径泄漏	破裂

换热器类型	具体分类	泄漏位置	场景			
			泄漏场景1	泄漏场景2	泄漏场景3	泄漏场景4
管式换热器	2. 危险物质在壳程	壳程内危险物质泄漏	5 mm孔径泄漏	25 mm孔径泄漏	100 mm孔径泄漏	破裂
	3. 危险物质在管程，壳程设计压力>管程危险物质的最大压力	管程内危险物质泄漏				10条管道破裂
	4. 危险物质在管程，壳程设计压力≤管程危险物质的最大压力	管程内危险物质泄漏	一条管道5 mm孔径泄漏	一条管道25 mm孔径泄漏	一条管道破裂	10条管道破裂
	5. 管程和壳程内同时存在危险物质，壳程的设计压力>管程危险物质的最大压力	壳程内危险物质泄漏	5 mm孔径泄漏	25 mm孔径泄漏	100 mm孔径泄漏	破裂
		管程内危险物质泄漏				10条管道破裂
	6. 管程和壳程内同时存在危险物质，壳程的设计压力≤管程危险物质的最大压力	壳程内危险物质泄漏	5 mm孔径泄漏	25 mm孔径泄漏	100 mm孔径泄漏	破裂
		管程内危险物质泄漏	一条管道5 mm孔径泄漏	一条管道25 mm孔径泄漏	一条管道破裂	10条管道破裂

注：1. 假设泄漏物质直接泄漏到大气环境中。

2. 其他换热器可按此表的具体分类进行泄漏场景设置

（9）压力释放设施泄漏场景。当压力释放设施的排放气直接排入大气环境中，应考虑压力释放设施的风险，其场景可取压力释放设施以最大释放速率进行排放。

（10）化学品仓库泄漏场景。化学品仓库宜考虑物料在装卸和存储等处理活动中，由毒性固体的释放、毒性液体的释放或火灾造成的毒性风险。

（11）爆炸物品储存泄漏场景。爆炸物品储存应考虑储存单元发生爆炸和火灾两种场景。在储存单元内发生爆炸时，采用储存单元爆炸场景。如果爆炸不会发生，采用储存单元火灾场景。

（12）公路槽车或铁路槽车泄漏场景。企业内部公路槽车或铁路槽车的泄漏场景应考虑槽车自身失效引起的泄漏和装卸活动导致的泄漏。泄漏场景见表 2-4-6。

表 2-4-6　公路槽车或铁路槽车泄漏场景

设备（设施）	泄漏场景
公路槽车或铁路槽车	（1）孔泄漏，孔直径等于槽车最大接管直径；（2）槽车破裂
装卸软管	见上述"（1）"
装卸臂	见上述"（1）"

（13）运输船舶泄漏场景。企业内部码头运输船舶的泄漏事件应考虑装卸活动和外部影响（冲击），泄漏场景见表 2-4-7。

表 2-4-7　运输船舶泄漏场景

设备（设施）	泄漏场景	备注
装卸臂	见上述"（1）"	装卸活动
气体罐（运输船上的）	见上述"（1）"	外部影响（冲击）
半冷冻式罐	见上述"（1）"	外部影响（冲击）
单壁液体罐	见上述"（1）"	外部影响（冲击）
双壁液体罐	见上述"（1）"	外部影响（冲击）

注：1. 外部影响如船舶碰撞引起的泄漏由具体情况确定，可不考虑罐体完全破裂。如果船停泊在港口外，外部碰撞造成的泄漏可不考虑。

2. 如果装卸臂由多根管道组成，装卸臂的完全破裂相当于所有管道同时完全破裂

2. 泄漏频率

泄漏事故类型包括容器、管道、泵体、压缩机、装卸臂和装卸软管的泄漏和破裂等。泄漏频率详见表 2-4-8。

表 2-4-8　泄漏频率表

部件类型	泄漏模式	泄漏频率
反应器/工艺储罐/塔器	泄漏孔径为 10 mm 孔径	$1.00 \times 10^{-6}/a$
	10 min 内储罐泄漏完	$5.00 \times 10^{-6}/a$
	储罐全破裂	$5.00 \times 10^{-6}/a$
常压单包容储罐	泄漏孔径为 10 mm 孔径	$1.00 \times 10^{-6}/a$
	10 min 内储罐泄漏完	$5.00 \times 10^{-6}/a$
	储罐全破裂	$5.00 \times 10^{-6}/a$
常压双包容储罐	泄漏孔径为 10 mm 孔径	$1.00 \times 10^{-6}/a$
	10 min 内储罐泄漏完	$1.25 \times 10^{-8}/a$
	储罐全破裂	$1.25 \times 10^{-6}/a$
常压全包容储罐	储罐全破裂	$1.00 \times 10^{-6}/a$
内径≤75 mm 的管道	泄漏孔径为 10% 孔径	$5.00 \times 10^{-6}/(m \cdot a)$
	全管径泄漏	$1.00 \times 10^{-6}/(m \cdot a)$
75 mm<内径≤150 mm 的管道	泄漏孔径为 10% 孔径	$2.00 \times 10^{-6}/(m \cdot a)$
	全管径泄漏	$3.00 \times 10^{-7}/(m \cdot a)$
内径>150 mm 的管道	泄漏孔径为 10% 孔径（最大 50 mm）	$2.40 \times 10^{-6}/(m \cdot a)$
	全管径泄漏	$1.00 \times 10^{-7}/(m \cdot a)$
泵体和压缩机	泵体和压缩机最大连接管泄漏孔径为 10% 孔径（最大 50 mm）	$5.00 \times 10^{-4}/a$
	泵体和压缩机最大连接管全管径泄漏	$1.00 \times 10^{-4}/a$

部件类型	泄漏模式	泄漏频率
装卸臂	装卸臂连接管泄漏孔径为 10％孔径（最大 50 mm）	3.00×10^{-4}/a
	装卸臂全管径泄漏	3.00×10^{-6}/a
装卸软管	装卸软管连接管泄漏孔径为 10％孔径（最大 50 mm）	4.00×10^{-5}/a
	装卸软管全管径泄漏	4.00×10^{-6}/a

3. 泄漏时间

泄漏时间应结合建设项目探测和隔离系统的设计原则确定。一般情况下，设置紧急隔离系统的单元，泄漏时间可设定为 10 min；未设置紧急隔离系统的单元，泄漏时间可设定为 30 min。表 2-4-9 为探测和隔离系统分级指南，该表中给出的信息只在评价连续性泄漏时使用。

表 2-4-9　探测和隔离系统的分级指南

探测系统类型	探测系统分级
专门设计的仪器仪表，用来探测系统的运行工况变化所造成的物质损失（即压力损失或流量损失）	A
适当定位探测器，确定物质何时会出现在承压密闭体以外	B
外观检查照相机或带远距功能的探测器	C
隔离系统类型	**隔离系统等级**
直接在工艺仪表或探测器启动，而无须操作者干预的隔离或停机系统	A
操作者在控制室或远离泄放点的其他合适位置启动的隔离或停机系统	B
手动操作阀启动的隔离系统	C

通过对探测和隔离系统的分级，结合人因分析的结果，各孔径下的泄漏时间见表 2-4-10。

表 2-4-10　基于探测及隔离系统等级的泄漏时间

探测系统等级	隔离系统等级	泄放时间
A	A	5 mm 泄漏孔径，20 min
		25 mm 泄漏孔径，10 min
		100 mm 泄漏孔径，5 min
A	B	5 mm 泄漏孔径，30 min
		25 mm 泄漏孔径，20 min
		100 mm 泄漏孔径，10 min
A	C	5 mm 泄漏孔径，40 min
		25 mm 泄漏孔径，30 min
		100 mm 泄漏孔径，20 min

探测系统等级	隔离系统等级	泄放时间
B	A 或 B	5 mm 泄漏孔径，40 min
		25 mm 泄漏孔径，30 min
		100 mm 泄漏孔径，20 min
B	C	5 mm 泄漏孔径，60 min
		25 mm 泄漏孔径，30 min
		100 mm 泄漏孔径，20 min
C	A、B 或 C	5 mm 泄漏孔径，60 min
		25 mm 泄漏孔径，40 min
		100 mm 泄漏孔径，20 min

4. 火灾和爆炸场景设定

（1）火灾和爆炸场景。对于可燃气体或液体泄漏应考虑发生沸腾液体扩散蒸气云爆炸（BLEVE）或火球、喷射火、池火，蒸气云爆炸及闪火等火灾、爆炸场景。具体场景与物质特性、储存参数、泄漏类型、点火类型等有关，可采用事件树方法确定各种可燃物质释放后各种事件发生的类型及概率，可燃物质释放事件树如图 2-4-1～图 2-4-5 所示。

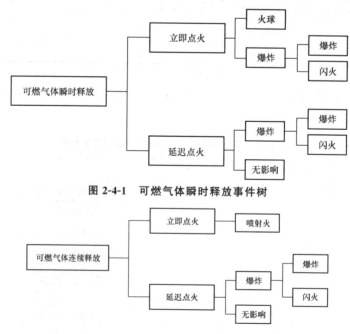

图 2-4-1　可燃气体瞬时释放事件树

图 2-4-2　可燃气体连续释放事件树

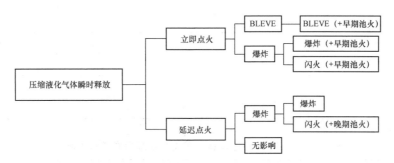

图 2-4-3　压缩液化气体瞬时释放事件树

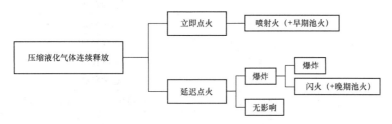

图 2-4-4　压缩液化气体连续释放事件树

对于可燃液体释放，在到达地面前可能发生物质的蒸发。如果蒸发气中液滴落下的比例小于 1，将立即点火形成喷射火（或 BLEVE）。喷射火（或 BLEVE）的物质量取决于蒸发气中的物质量。在延迟点火时，除了闪火或爆炸，也将发生池火。

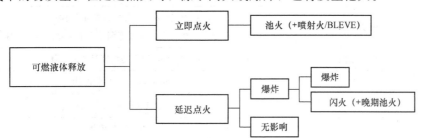

图 2-4-5　可燃液体释放事件树

（2）点火方式。点火方式分为立即点火和延迟点火。立即点火的点火概率应考虑设备类型、物质种类和泄漏等，可根据数据库统计或通过概率模型计算获得。可燃物质泄漏后立即点火的概率参见表 2-4-11～表 2-4-14。

表 2-4-11　固定装置可燃物质泄漏后立即点火概率

物质类别	连续释放/（kg·s⁻¹）	瞬时释放/kg	立即点火概率
类别 0（中/高活性）	＜10	＜1 000	0.2
	10～100	1 000～10 000	0.5
	＞100	＞10 000	0.7
类别 00（低活性）	＜10	＜1 000	0.02
	10～100	1 000～10 000	0.04
	＞100	＞10 000	0.09

物质类别	连续释放/（kg·s⁻¹）	瞬时释放/kg	立即点火概率
类别1	任意速率	任意量	0.065
类别2	任意速率	任意量	0.01
类别3、4	任意速率	任意量	0

表 2-4-12　企业内运输设备可燃物质泄漏后立即点火概率

物质类别	运输设备	泄漏场景	立即点火概率
类别0	公路槽车	连续释放	0.1
	公路槽车	瞬时释放	0.4
	铁路槽车	连续释放	0.1
	铁路槽车	瞬时释放	0.8
	运输船	连续释放	0.5～0.7
类别1	槽车、运输船	连续释放、瞬时释放	0.065
类别2	槽车、运输船	连续释放、瞬时释放	0.01
类别3、4	槽车、运输船	连续释放、瞬时释放	0

表 2-4-13　可燃物质分类

物质类别	燃烧性	条件
类别0	极度易燃	（1）闪点<0，沸点≤35℃的液体； （2）暴露于空气中，在正常温度和压力下可以点燃的气体
类别1	高可燃性	闪点<21℃，但不是极度易燃的液体
类别2	可燃	21℃≤闪点≤55℃的液体
类别3	可燃	55℃<闪点≤100℃的液体
类别4	可燃	闪点>100℃的液体

注：1. 对于类别2、3、4的物质，如果操作温度高于闪点，则立即点火概率按照类别1进行考虑。

2. 部分化品的活性分类见表2-4-14

表 2-4-14　部分化学品活性分类

化学品活性	化学品名
低	1-氯-2,3-环氧丙烷、1,3-二氯丙烷、3-氯-1-丙烯、氨、溴甲烷、一氧化碳、氯乙烷、氯甲烷、甲烷、四乙铅
中	1-丁烷、1,2-二氨基乙烷、乙醛、乙腈、丁烷、氯乙烯、二甲胺乙烷、乙基乙酰胺、甲酸、丙烷、丙烯
高	丁三醇*、乙炔、苯*、二硫化碳*、乙硫醇*、环氧乙烷、甲酸乙酯*、甲醛*、甲基丙烯酸酯*、甲酸甲酯*、甲基环氧乙烷*、石脑油溶剂*、四氢噻吩*、乙烯基乙酸盐*

注：*表示的物质，化学品活性信息非常少，可将此物质作为高活性物质

延迟点火的点火概率应考虑点火源特性、泄漏物特性，以及泄漏发生时点火源存在的概率，可按式（2-4-1）计算：

$$P(t) = P_{\text{present}}(1 - e^{-\omega t})\qquad(2\text{-}4\text{-}1)$$

式中　$P(t)$——0～t 时间内发生点火的概率；

　　　P_{present}——点火源存在的概率；

　　　ω——点火效率，s^{-1}，与点火源特性有关；

　　　t——时间，s。

点火效率可根据点火源在某一段时间内的点火概率计算得出，不同点火源在 1 min 内的点火概率见表 2-4-15。如果其他模型中采用不随时间变化的点火概率，则该点火概率等于 1 min 内的点火概率。

表 2-4-15　点火源在 1 min 内的点火概率

点火源	1 min 内的点火概率	点火源	1 min 内的点火概率	点火源	1 min 内的点火概率
点源					
机动车辆	0.4	室外锅炉	0.45	捕鱼船	0.3
火焰	1.0	室内锅炉	0.45	游艇	0.2
室外燃烧炉	0.9	船	0.23	内燃机车	0.1
室内燃烧炉	0.45	危化品船	0.5	电力机车	0.4
线源					
输电线路	0.2/100 m	公路	见注 1	铁路	见注 1
面源					
化工厂	0.9/座	炼油厂	0.9/座	重工业区	0.7/座
轻工业区	按人口计算				
人口活动					
居民	0.01/人	工人	0.01/人		

注：1. 发生泄漏事故地点周边的公路或铁路的点火概率与平均交通密度 d 有关。平均交通密度 d 的计算公式：

$$d = NE/V$$

式中　N——每小时通过的汽车数量，h^{-1}；

　　　E——道路或铁路的长度，km；

　　　V——汽车平均速度，km·h^{-1}。

如果 $d \leqslant 1$，则 d 的数值就是蒸气云通过时点火源存在的概率：

$$P(t) = d(1 - e^{-\omega t})$$

式中　ω——单辆汽车的点火效率，s^{-1}。

如果 $d \geqslant 1$，则 d 表示当蒸气云经过时的平均点火源数目，在 0～t 时间内发生点火的概率：

$$P(t) = 1 - e^{-d\omega t}$$

式中　ω——单辆汽车的点火效率，s^{-1}。

2. 对某个居民区而言，0～t 时间内的点火概率：

$$P(t) = 1 - e^{-n\omega t}$$

式中　ω——每个人的点火效率，s^{-1}；

　　　n——居民区中存在的平均人数

（3）压缩液化气体或压缩气体瞬时释放时，应考虑 BLEVE 或火球的影响。BLEVE 或火球热辐射计算参见《化工企业定量风险评价导则》（AQ/T 3046—2013）附录 E.4.2。

（4）可燃有毒物质在点火前应考虑毒性影响，在点火后应考虑燃烧影响。可进行如下简化：

1）对低活性物质参见《化工企业定量风险评价导则》（AQ/T 3046—2013）附录 G.2，假设不发生点火过程，则仅考虑有毒物释放影响。

2）对中等活性及高活性物质，宜分成可燃物释放和有毒物释放两种独立事件进行考虑。

（5）对于喷射火，其方向为物质的实际泄漏方向；如果没有准确的信息，宜考虑垂直方向喷射火和水平方向喷射火，计算方法参见《化工企业定量风险评价导则》（AQ/T 3046—2013）附录 E.4.3。

（6）气云延迟点火发生闪火和爆炸时，可将闪火和爆炸考虑为两个独立的过程。

（7）气云爆炸产生的冲击波超压计算宜考虑气云的受约束或阻碍状况，计算方法参见《化工企业定量风险评价导则》（AQ/T 3046—2013）附录 E.4.4。

五、设定环境风险情景案例

风险情景设定是指基于企业现有的危险单元、风险源、危险物质、环境风险类型和影响途径等基本要素从理论上枚举归纳出企业可能发生的突发环境风险情景。突发环境事件是指可能发生且有可能造成重大影响的环境风险情形。所谓确定环境风险事件，就是从已设定的环境风险情景中筛选可能发生概率较大且可能造成重大影响的一个或几个情景。一般而言，某企业突发环境事件的数量应小于或等于该企业的环境风险情景的数量。

在现实中有些环境风险情景可能发生，但其可能造成的环境危害后果比较轻微，尚未能构成突发环境事件。例如，加油站油气回收装置发生故障或泄漏，造成油气非正常排放污染大气环境，其属于环境风险情景中的一个情景，但由于其造成的污染后果不严重，不能判定为突发环境事件。又如，某火电厂柴油罐区设置有围堰，围堰设置有切换阀，而且厂区雨污水排口均设置有关闭阀门和厂区末端事故应急池，一旦该企业柴油罐发生柴油泄漏事故，从理论上分析仍然存在泄漏后的柴油可以通过"围堰阀门——厂区雨污管网——厂区雨污水排口——外环境"的风险情景，但在实际中这种风险情景发生的概率是很小的，不能将这种风险情景确定为该火电厂的突发环境事件，否则企业无法开展环境风险管控工作了。

筛选环境风险情景确定为突发环境事件一般按照"最大可行或最不利"原则进行，具体需要满足以下条件：

（1）发生概率应不小于 10^{-6}/年，若某环境风险情景发生概率小于 10^{-6}/年，可判定为极小概率事件，则不能将此类极小概率事件确定为突发环境事件。

（2）事故后果必须严重，如造成人员伤亡、极大财产损失和严重的环境破坏或正常生产生活秩序破坏等。后果严重与否是定性描述而非定量表征，其与当前社会经济、技术发展水平及文化传统等众多因素有关，通常由判定者基于自身的经验进行判定，但此判定结果必须遵循一条基本要求，即不能违背"大众常识"。例如，硫酸生产企业的制酸烟气事故排放，其主要污染物就是二氧化硫，由于制酸烟气中二氧化硫浓度高且量大，一旦制酸烟气事故排放，则可能造成企业周边人群中毒或死亡，后果是很严重的，所以硫酸生产企业的制酸烟气事故排放情景可确定为突发环境事件。又如，一般企业燃煤锅炉烟气非正常排放时烟气中也含有二氧化硫，也可能对大气环境造成污染，但由于此烟气中二氧化硫浓度较低，不会造成企业周边人员中毒或死亡，也不会导致区域大气环境质量急剧下降，所以，一般企业燃煤锅炉烟气非正常排放情景不能确定为突发环境事件。

例 2-4-1 根据现场勘查，某火电厂酸碱储罐现场情况见表 2-4-16，试设定该火电厂酸碱泄漏事件情景。

表 2-4-16　某火电厂酸碱储罐现场情况一览表

风险单元名称	罐体类型	储罐数量/个	最大单罐容积/m³	总容量/m³	最大储存量/t	现有风控措施
精处理再生药品区域	盐酸罐	1	20	20	4.8	两罐体周围有围堰［净尺寸 12 m（L）× 10 m（W）×1.2 m（H）］，围堰内地面防腐，泄漏物均直接流入围堰内的暗渠，汇入化学废水储存池（地埋式，50 m³）
	碱液罐	1	20	20	8.0	
化学废水处理区	盐酸罐	1	10	10	1.5	两罐体周围有围堰［净尺寸 9 m（L）× 6.5 m（W）×0.4 m（H）］，围堰内地面防腐，围堰内泄漏物可自流汇入化学废水储存池（地埋式，30 m³）
	碱液罐	1	10	10	1.5	
循环水药品存放区	盐酸罐	1	10	10	2.4	设置有围堰［净尺寸 9 m（L）×6.5 m（W）× 0.4 m（H）＝23.4 m³］
	碱液罐	1	10	10	6.0	

解：（1）最大可信事故。

1）装卸过程：某火电厂酸碱溶液装卸过程中易在输送管与装卸口衔接处发生泄漏。由于装卸时周围有人值守，一旦泄漏，会立即停止装卸物料，切断泄漏来源，所以发生大量泄漏的可能性很低，总体环境风险不大。

2）储存过程：酸碱溶液均常压储存，精处理车间和化学处理车间酸碱罐区周围设有围堰，且围堰连通地埋式化学废水储存池。酸碱溶液在精处理车间和化学处理车间酸碱罐储存中发生泄漏，若被围堰拦挡并进入化学废水储存池（储存池状态完好），一般不会渗漏或满溢进入外界水体、土壤；由于液体进入地埋式化学废水储存池，不会在空气中挥发产生大量有毒有害气体，所以对空气质量、人群健康影响不大。

3）运输过程：精处理车间和化学处理车间酸碱罐中的盐酸和碱液均通过管道输送至相应的车间，如管道发生泄漏，特别是盐酸发生泄漏，容易蒸发形成氯化氢气体在空气中扩散，而氯化氢气体为毒性气体，在扩散过程中可能造成厂区内外人员伤亡或厂区周边空气中氯化氢超标。

综上所述，酸碱泄漏最大可信事故为循环水药品存放区盐酸罐或管道泄漏事件。

（2）情景设定。假设酸碱罐或输送管道、阀门和法兰存在 5 mm 泄漏孔径，由于靠人工巡检，频次是每 1 h 一次，但由于氯化氢为刺激性气体，一旦管道发生泄漏，泄漏点周边作业人员能嗅到浓重的氯化氢气味而及时发现，所以假设泄漏时间最长持续 10 min。

综上所述，场景设定为：盐酸管线或阀门发生 5 mm 孔径泄漏，泄漏时间为 10 min。

（3）设定环境风险事故。根据上述步骤，最终设定该企业环境事故情景为"盐酸罐或管道盐酸小孔泄漏事件"。

职场提示

精准识别环境风险源

风险物质要看清，有害无毒分得明。
易燃易爆需警惕，有毒有害更要防。

风险源头要找准，生产过程细端详。
设备工艺都重要，管理漏洞也别忘。

预防措施要做到，安全规章不可忘。
培训演练常进行，应急能力才增强。

人人有责保安全，环境风险才能降。
顺口溜儿记心间，平安幸福伴身旁。

知识拓展

环境风险物质与化学品
安全技术说明书

《国家危险废物
名录》（2025 版）

《化工企业定量
风险评价导则》

《建设项目环境风险评价
技术导则》（HJ 169—2018）

《企业突发环境事件风险
分级方法》（HJ 941—2018）

《危险化学品重大危险源
辨识》（GB 18218—2018）

📦 项目实施

一、工作计划

本项目是辨识企业环境风险，基于任职企业安全与环保管理技术工程师及第三方"突发环境事件应急预案"编制技术服务工程师两个岗位，依据国家法规和标准，同时按照工作的先后顺序，将项目划分为四个任务，分别是辨识环境风险物质、确定环境风险源项、辨识重大危险源、设定环境风险情景。工作计划是，根据项目实施工作任务，以某电厂案例为参照，完成项目实施内容，并填入表中，最后完成项目评价。

二、项目实施

任务描述	某化工有限责任公司，主要产品为氟化铝、无水氢氟酸、多种氟化盐及硫酸、萤石精矿，经调研，企业生产情况和原辅材料使用情况，以及生产工艺与设备、环境保护情况扫码查看，完成本项目中的各任务 （二维码图） **实施案例＋某化工厂基础资料**

工作任务	工作步骤	完成情况	完成人	复核人
任务一　辨识环境风险物质	（1）调研企业生产、加工、储存、运输、使用情况，中间产品、最终产品、工业"三废"产排污情况，以及厂区现存化学物质名称及存量； （2）依据环境风险物质识别方法，识别企业现存的化学物质中，哪些是环境风险物质，同时将其划分为涉水或涉气环境风险物质； （3）查找环境风险物质与化学品安全技术说明书（MSDS）； （4）环境风险物质存量调查及 Q 值计算			
任务二　确定环境风险源项	（1）了解环境风险源及其分类； （2）通读环境风险源识别依据，了解环境风险源识别方法； （3）识别企业生产工艺和设施环境风险源； （4）识别企业污染物及环保设施环境风险源； （5）运输风险识别			

工作任务	工作步骤	完成情况	完成人	复核人
任务三　辨识重大危险源	（1）辨识前准备，包括知识理论学习及企业危险化学品调查； （2）查找危险化学品临界量； （3）确定重大危险源并分级			
任务四　设定环境风险情景	（1）环境风险情景设定原则； （2）泄漏场景设定； （3）泄漏频率； （4）泄漏时间； （5）火灾和爆炸风险情景设定			

项目评价

序号	项目实施过程评价	自我评价	企业导师评价
1	相应法规和标准理解与应用能力		
2	任务完成质量		
3	关键内容完成情况		
4	完成速度		
5	参与讨论主动性		
6	沟通协作		
7	展示汇报		
8	项目收获		
9	素质考查		
10	综合能力		
	综合评价		

注：表中内容每项 10 分，共 100 分，学生根据任务学习的过程与完成情况，真实、诚信地完成自我评价，企业导师根据项目实施过程、成果和学生自我评价，客观、公正地对学生进行综合评价

一、知识测试

1.（单选题）环境风险源的初筛主要基于（　　　）。

A. 待排查物质的名称
B. 待排查物质的颜色
C. 待排查物质的理化性质、数量和环境风险性
D. 待排查物质的外包装

2.（单选题）泄漏事故中，易燃易爆化学品蒸气与空气形成（　　　），遇明火或高热能引起燃烧、爆炸。

A. 稳定性混合物
B. 不可燃性混合物
C. 爆炸性混合物
D. 同位素混合物

3.（单选题）事故性排放是由（　　　）引起的。

A. 计划排放
B. 意外情况或管理不善
C. 气象条件改变
D. 生产需求增加

4.（单选题）涉水环境风险物质的泄漏可能（　　　）。

A. 促进生态系统平衡
B. 增加土壤肥力
C. 导致土壤沉积
D. 破坏土壤和植被

5.（单选题）在化学品储存过程中，发生"跑冒滴漏"现象和有机气体或蒸气的挥发可能导致（　　　）。

A. 大气污染物排放
B. 地下水受污染
C. 土壤污染
D. 生态平衡改变

6.（单选题）对于涉水环境风险物质，临界量是指（　　　）。

A. 在储存量达到这个量，在事故条件下释放具有重大的危险性
B. 物质的密度与容器体积的比值
C. 物质的燃点
D. 物质的相对分子质量

7.（单选题）根据《企业突发环境事件风险分级方法》（HJ 941—2018）的规定，（　　　）属于涉气环境风险物质。

A. 氮气
B. 氧气
C. 沼气
D. 水蒸气

8.（判断题）如果某单元内存放某种风险物质的时间不超过 2 天，则不会被定义为环境风险源。（　　　）

二、技能测试

中石油湖南销售公司国辉加油站成立于 2013 年 3 月 6 日，是一家成品油销售公司，公司投资 360 万元。加油站主要经营汽油和柴油成品油，总占地面积为 2 000 m²，平面布置按生产功能主要分为加油区、储罐区、站房区；储罐区设 2 个地埋储罐，其中汽油罐 1 个，柴油罐 1 个，汽油罐容积为 15 m³（汽油罐有隔断，分装 92 号汽油和 95 号汽油），柴油罐容积为 30 m³，总罐容积为 45 m³。国辉加油站主要设施情况见表 1，主要化学品原辅

材料存储情况见表2；加油站主要污染工序如下所述。

(1) 大气污染物：主要为加油系统损失的油气（含卸油、储油、加油过程）。

(2) 水污染物：主要为站内生活污水、初期雨水、地面清洗水。

(3) 固体废物：主要为废弃含油抹布手套、废油渣及清罐残液、生活垃圾。

表1　加油站组成一览表

序号	建设工程	内容及规模
1	储罐区	设2个地埋储罐，其中汽油罐1个，柴油罐1个，汽油罐容积为15 m³（汽油罐有隔断，分装92号汽油和95号汽油），柴油罐容积为30 m³，总罐容积为45 m³
2	站房区	位于场地南部，占地面积为120 m²，二层砖混结构，设有办公室、营业厅、值班室、卫生间等
3	加油区	位于场地中部，顶部设置有罩棚，高度为5.3 m，占地面积为400 m²，设2台加油机及油气回收系统

表2　主要化学品原辅材料储存情况表

序号	化学物质名称	最大储存量	储存位置	储存方式
1	汽油	15 m³	汽油储罐	罐装（1个15 m³地埋卧式双层存储罐，油罐有隔断，分装92号汽油和95号汽油，设防渗池）
2	柴油	30 m³	柴油储罐	罐装（1个30 m³地埋卧式双层存储罐，设防渗池）

根据上述内容，完成以下问题。

(1) 国辉加油站环境风险物质主要有哪些？

(2) 国辉加油站环境风险源项主要有哪些？

三、素质测试

1. （单选题）下面（　　）情况最能强化员工的安全意识和职业素养。

A. 定期组织员工参加职业培训课程

B. 制定严格的惩罚政策以威慑员工不良行为

C. 分析和分享发生过的安全事件案例，以警示员工注意安全风险

D. 始终采用最低标准的个人防护装备以提高工作效率

2. （单选题）关于辨识环境风险物质的方法，以下正确的是（　　）。

A. 使用标签上的颜色来判断风险物质

B. 查阅相关标准文件及该物质化学品安全技术说明书（MSDS）

C. 让员工自行报告潜在的风险物质

D. 随机挑选化学品并进行试验以识别危险性

3. （判断题）在工作场合，有效的语言表达和沟通协调对于处理环境风险问题至关重要。（　　）

项目三　评估环境风险

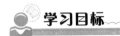

学习目标

知识目标

1. 掌握环境风险评估相关的基本概念。
2. 掌握常见突发环境事件情景评估依据、步骤及要求。
3. 掌握企事业单位环境风险等级评估依据、步骤及要求。

能力目标

1. 能够对常见突发环境风险事件情景的影响后果进行预测分析。
2. 能够运用相关技术规范或标准对企事业单位环境风险等级进行评估。

素养目标

1. 具备严谨的科学态度和求真务实的精神，追求准确可信的环境风险评估结果。
2. 具备团队协作意识和迎难而上、攻坚克难的精神。

项目导入

想象一下这个场景，一辆满载油品的槽罐车在高速公路上突然失控翻滚，油料随即泄漏，慢慢流入附近的水域。这不仅是对环境的直接破坏，更是对生态系统的潜在威胁，甚至可能影响到人类的健康和生活。如液氨、氨水等看似普通的化学品，一旦泄漏，不仅会污染空气，还会对接触到的人造成严重伤害。更令人震惊的是，尾矿库溃坝、危险化学品火灾爆炸等事件，都可能给周边社区带来巨大的灾难。

那么，如何评估这些情景的环境风险大小和可能造成的后果？更重要的是，如何评估不同企事业单位的环境风险等级？显然，大型化工企业和小型造纸厂的环境风险等级是不同的，企业的类型、规模、生产工艺及所处区域环境敏感程度，都是决定企业环境风险等级的重要因素。

评估突发环境事件风险不仅是为了知晓环境风险发生时的可能影响范围和程度，更是为了制定有针对性的预防和控制措施。通过科学评估，可以确保每一个生产经营单位都能采取必要的措施，确实实现生态环境安全和生产安全。

项目分析

评估环境风险，可以及时发现环境风险源潜在的环境问题，并采取措施解决，减少对环境的影响；促进企事业单位可持续发展，帮助企业合理利用资源并减少对环境的负面影响；有助于提升企业环境风险应急管理能力，增强社会信任与合作，促进科技进步，提升国际形象与竞争力，增强企业责任感与品牌价值。

在评估环境风险时，主要关注两个方面：环境风险后果的评估和风险等级的评估。对于环境风险后果的评估，我们需要考虑各种可能的泄漏事件和火灾、爆炸事件及其可能的影响，如油品、液氨和氨水的泄漏可能会对水环境造成污染，而尾矿库的溃坝则可能对下游地区造成严重的环境问题。此外，火灾、爆炸事件也可能发生次生污染而对空气和水环境造成严重影响。

在进行风险等级评估时，我们需要根据生产经营单位的特点和风险因素来确定其环境风险等级。对于特定的企业类型，如硫黄企业、粗铅冶炼企业和氯碱企业等，我们需要考虑其特定的工艺和原料，以便准确评估其环境风险等级。此外，对于其他场景，如尾矿库和饮用水源地，我们也需要进行环境风险等级评估，以确保这些地方的环境安全。

知识结构

本项目从两个方面介绍环境风险评估的内容，知识网络框图如下。

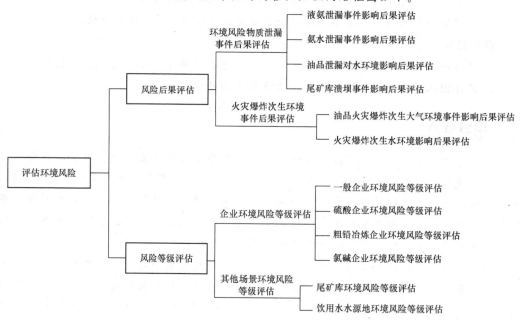

任务一　环境风险物质泄漏事件后果评估

任务引入

企事业单位在生产、教学、科研过程中，会大量暂存、使用或生产浓硫酸、浓硝酸、浓盐酸或润滑油、柴油、汽油、绝缘油、透平油或氨气、硫化氢、氯化氢等有毒有害物料，有毒有害物料泄漏后，均会对人体健康造成损害或对地表水环境、大气环境造成污染。一旦有毒有害物质发生泄漏而引发突发环境事件，如何预测分析其对人体健康和外环境造成的影响呢？

通过扫码观看"液氨泄漏事故警示片"视频，初步了解"液氨"泄漏的后果及影响，完成课前思考：

1. "液氨"泄漏量如何确定？

2. "液氨"毒性气体泄漏对大气环境造成的污染后果和对人体健康造成的危害后果？

待学习本任务后，完成以下任务：

1. 如何预测分析有毒气体泄漏对大气环境造成的污染后果和对人体健康造成的危害后果？

2. 如何预测分析如油品、氢氧化钠溶液等有害物质泄漏后对地表水环境的影响？

3. 如何预测分析如浓盐酸、浓硫酸、20％氨水等有害物质泄漏后对地表水环境的影响？

液氨泄漏事故警示片

知识学习

一、液氨泄漏事件影响后果评估

在火电、冶炼、冷链、铝型材等行业生产过程中，可能涉及氨气、氯气、硫化氢、氯化氢等有毒有害气体，一旦这些有毒有害气体发生泄漏或事故排放，将对周边人员的身体健康和生态环境造成严重损害。毒性气体泄漏或事故排放事件后果评估主要包括泄漏场景确定、泄漏速率估算、影响后果预测分析、影响后果表征等。

精品微课：毒性气体泄漏环境风险后果评估

1. 泄漏场景确定

根据《化工企业定量风险评价导则》（AQ/T 3046—2013）的规定，泄漏场景根据泄漏孔径大小可分为完全破裂和孔泄漏两大类，代表性的泄漏场景见表 3-1-1。当设备（设施）直径小于 150 mm 时，取小于设备（设施）直径的孔泄漏场景及完全破裂场景。

表 3-1-1　泄漏场景　　　　　　　　　　　　　　　　　　　　　mm

泄漏场景	范围	代表值	泄漏概率
小孔泄漏	0～5	5	$2.40 \times 10^{-6}/a$
中孔泄漏	5～50	25	$1.00 \times 10^{-4}/a$
大孔泄漏	50～150	100	$2.00 \times 10^{-6}/a$
完全破裂	≥150	设备（设施）完全破裂或泄漏孔径≥150；全部存量瞬间释放	$1.00 \times 10^{-8}/a$

最大可信事件是指基于经验统计分析，在一定可能性区间内发生的事故中，造成环境危害最严重的事故。鉴于最大可信事件的确定，一般罐体或管线泄漏场景均设定为中孔泄漏，且泄漏直径为 10 mm。

2. 泄漏速率估算

(1) 气体流动模型判定。

当式 (3-1-1) 成立时，气体流动属于音速流动（临界流）。

$$\frac{P_0}{P} \leqslant \left(\frac{2}{\gamma+1}\right)^{\frac{\gamma}{\gamma-1}} \tag{3-1-1}$$

当式 (3-1-2) 成立时，气体流动属于亚音速流动（次临界流）。

$$\frac{P_0}{P} > \left(\frac{2}{\gamma+1}\right)^{\frac{\gamma}{\gamma-1}} \tag{3-1-2}$$

式中　P——管道内介质压力，Pa；

　　　P_0——环境压力，Pa；

　　　γ——气体的绝热指数（热容比），即定压热容 C_p 与定容热容 C_v 之比。

(2) 泄漏速率估算公式。假定气体特性为理想气体，气体泄漏速率 Q_G 按照式 (3-1-3) 计算：

$$Q_G = YC_d AP \sqrt{\frac{M\gamma}{RT_G}\left(\frac{2}{\gamma+1}\right)^{\frac{\gamma+1}{\gamma-1}}} \tag{3-1-3}$$

式中　Q_G——气体泄漏速度，kg/s；

　　　C_d——气体泄漏系数，当裂口形状为圆形时取 1.00，为三角形时取 0.95，为长方形时取 0.90；

　　　A——裂口面积，m^2；

　　　P——容器内介质压力，Pa；

　　　M——分子量；

　　　R——气体常数，J/（mol·K）；

　　　T_G——气体温度，K；

　　　Y——流出系数，临界流取 1；对于次临界流 Y 值按照式 (3-1-4) 计算：

$$Y = \left(\frac{P_0}{P}\right)^{\frac{1}{\gamma}} \times \left[1 - \left(\frac{P_0}{P}\right)^{\frac{(\gamma-1)}{\gamma}}\right]^{\frac{1}{2}} \times \left[\left(\frac{2}{\gamma-1}\right) \times \left(\frac{\gamma+1}{2}\right)^{\frac{\gamma+1}{\gamma-1}}\right]^{\frac{1}{2}} \tag{3-1-4}$$

例 3-1-1　根据现场勘查及查阅以往涉氨企业氨气泄漏事件，最大可信事故的泄漏情景是输氨管道、法兰、阀门等处存在中孔泄漏。假设某火电厂液氨站输氨管道发生 10 mm 中孔泄漏，试求液氨泄漏的速率是多少。

解：由于管道中氨以气体形式存在，所以首先判断是临界流还是次临界流：

$$\frac{P_0}{P} = 0.333 \leqslant \left(\frac{2}{\gamma+1}\right)^{\frac{\gamma}{\gamma-1}} = 0.542$$

式中　P——管道内介质压力，0.3 MPa；

　　　P_0——环境压力，0.1 MPa；

　　　γ——气体的绝热指数（热容比），即定压热容 C_p 与定容热容 C_v 之比，为 1.32。

由计算可知为临界流。此时泄漏计算公式如下：

$$Q_G = YC_d AP \sqrt{\frac{M\gamma}{RT_G} \left(\frac{2}{\gamma+1}\right)^{\frac{\gamma+1}{\gamma-1}}}$$

式中　Q_G——液体泄漏速度，kg/s；

　　　C_d——液体泄漏系数，为 1；

　　　A——裂口面积，为 0.000 078 5 m²；

　　　P——容器内介质压力，为 0.3 MPa；

　　　M——分子量，为 0.017 kg/mol；

　　　R——气体常数，为 8.314 J/（mol·K）；

　　　T_G——气体温度，为 25 ℃；

　　　Y——流出系数，临界流取 1。

由上式估算液氨泄漏速度为 0.042 kg/s，由于输氨管道沿线没有氨气泄漏报警设施，靠人工巡检，频次是每 1 h 一次，但氨气为刺激性气体，一旦输氨管道发生泄漏，泄漏点周边作业人员能嗅到浓重的氨气气味而及时发现，所以假设泄漏时间最长持续 10 min，共泄漏了 2.52 kg 氨气。

3. 影响后果预测分析

（1）气体性质确定。

1）计算理查德森数。判定烟团/烟羽是否为重质气体，取决于它相对空气的"过剩密度"和环境条件等因素，通常用理查德森数（R_i）作为标准进行判断。R_i 的概念公式为

$$R_i = \frac{烟团的势能}{环境的湍流动能} \tag{3-1-5}$$

R_i 是个流体动力学参数。根据不同的排放性质，理查德森数的计算公式不同。依据排放类型，理查德森数的计算分为连续排放、瞬时排放两种形式，其计算公式分别如下：

连续排放：

$$R_i = \frac{\left[\dfrac{g\left(\dfrac{Q}{\rho_{rel}}\right)}{D_{rel}} \times \left(\dfrac{\rho_{rel}-\rho_a}{\rho_a}\right)\right]^{\frac{1}{3}}}{U_r} \tag{3-1-6}$$

瞬时排放：

$$R_i = \frac{g\left(\dfrac{Q_r}{\rho_{rel}}\right)^{\frac{1}{3}}}{U_r^2} \times \left(\dfrac{\rho_{rel}-\rho_a}{\rho_a}\right) \tag{3-1-7}$$

式中　ρ_{rel}——排放物质进入大气的初始密度，kg/m³；

　　　ρ_a——环境空气密度，kg/m³；

　　　Q——连续排放烟羽的排放速率，kg/s；

　　　Q_r——瞬时排放的物质质量，kg；

　　　D_{rel}——初始的烟团宽度，即源直径，m；

U_r——10 m 高处风速，m/s。

2）判定排放类型。判定连续排放还是瞬时排放，可以通过对比排放时间 T_d 和污染物到达最近的受体点（网格点或敏感点）的时间 T 确定，其计算公式如下：

$$T = 2X/U_r \qquad (3\text{-}1\text{-}8)$$

式中 X——事故发生地与计算点的距离，m；

U_r——10 m 高处风速，m/s；假设风速和风向在 T 时间内保持不变。

当 $T_d > T$ 时，可被认为是连续排放；当 $T_d \leqslant T$ 时，可被认为是瞬时排放。

3）判断标准。根据理查德森数判定气体类型的标准见表 3-1-2。

表 3-1-2 气体类型判断标准一览表

排放方式	判断标准	气体类型
连续排放	$R_i \geqslant 1/6$	重质气体
	$R_i < 1/6$	轻质气体
瞬时排放	$R_i \geqslant 0.04$	重质气体
	$R_i < 0.04$	轻质气体
注：当处于临界值附近时，说明烟团/烟羽不是典型的重质或轻质气体扩散，可以进行敏感性分析，分别采用重质气体模型和轻质气体模型进行模拟，选取影响范围最大的结果		

（2）风险预测模型。根据《建设项目环境风险评价技术导则》（HJ 169—2018）的规定，采用多烟团模式：

$$C(x, y, o) = \frac{2Q}{(2\pi)^{\frac{3}{2}} \sigma_x \sigma_y \sigma_z} \exp\left[-\frac{(x-x_o)^2}{2\sigma_x^2}\right] \exp\left[-\frac{(y-y_o)^2}{2\sigma_y^2}\right] \exp\left[-\frac{z_o^2}{2\sigma_z^2}\right]$$

$$(3\text{-}1\text{-}9)$$

式中 $C(x, y, o)$——下风向地面（x，y）坐标处空气中污染物浓度，mg/m^3；

x_o，y_o，z_o——烟团中心坐标；

Q——事故期间烟团的排放量；

σ_x，σ_y，σ_z——x，y，z 方向的扩散参数，m，常取 $\sigma_x = \sigma_y$。

（3）预测参数确定。事故发生后，如果当地风速较小，大气条件稳定时，产生的危害后果更为严重。因此，选取项目所在地静风（0.5 m/s）、大气稳定度 F 作为预测的天气，具体计算参数详见表 3-1-3。

表 3-1-3 预测参数一览表

事故源名称	风险物质名称	排放类型	排放速率 /（kg·s^{-1}）	排放持续时间 /min	面源有效高度/m	备注
输氨管线	NH_3	点源	0.042	10	1.2	以例 3-1-1 为例

（4）预测评价标准。通常用大气毒性终点浓度作为风险预测评价标准。对大气环境或人体健康影响预测时，通常用大气毒性终点浓度，是指人员短期暴露可能会导致出现

健康影响或死亡的大气污染物浓度，用于判断周边环境风险影响程度。其分为 2 个水平，即大气毒性终点浓度水平－1 和大气毒性终点浓度水平－2，其中大气毒性终点浓度水平－1 是指当大气中危险物质浓度低于该限值时，绝大多数人员暴露 1 h 不会对生命造成威胁，但当超过该限值时，有可能对人群造成生命威胁；大气毒性终点浓度水平－2 是指当大气中危险物质浓度低于该限值时，暴露 1 h 一般不会对人体造成不可逆的伤害，或出现的症状一般不会损伤该个体采取有效防护措施的能力。大气毒性终点浓度值按照《建设项目环境风险评价技术导则》（HJ 169—2018）中附录 H 确定，液氨大气毒性终点浓度值见表 3-1-4。

表 3-1-4　液氨大气毒性终点浓度值

参考标准	标准值/（mg·m^{-3}）
大气毒性终点浓度水平－1	770
大气毒性终点浓度水平－2	110

（5）影响后果预测。本次采用环境风险评估系统（Risk System）V1.2.0.4 单位版软件中多烟团模式对例 3-1-1 中输氨管线泄漏事件液氨浓度进行预测分析，具体预测结果详见表 3-1-5 和表 3-1-6。

表 3-1-5　输氨管线泄漏事件液氨浓度预测结果

下风向距离/m	高峰浓度/（mg·m^{-3}）		
	微风（$u=0.5$ m/s）	小风（$u=1.5$ m/s）	中风（$u=2$ m/s）
0	20 898	0.0	0.000 0
50	902.4	5 551.2	2 591.444 9
100	247.7	3 425.8	2 578.713 7
150	106.1	2 037.9	1 528.457 2
200	54.5	1 337.7	1 003.243 7
250	30.2	947.5	710.611 9
300	17.2	709.0	531.735 7
350	9.7	552.5	414.343 4
400	5.4	444.0	332.999 1
450	2.9	365.6	274.190 6
500	1.5	306.9	230.209 7
550	0.7	259.3	196.397 3
600	0.3	181.3	169.800 5
650	0.1	66.3	148.472 2
700	0.1	11.0	131.008 4
750	0.0	1.0	113.926 7
800	0.0	0.1	84.399 3

下风向距离/m	高峰浓度/（mg·m⁻³）		
	微风（$u=0.5$ m/s）	小风（$u=1.5$ m/s）	中风（$u=2$ m/s）
850	0.0	0.0	42.396 4
900	0.0	0.0	13.206 3

（6）影响后果表征。根据表 3-1-5 可知，氨气泄漏影响后果表征如下：

表 3-1-6　假设情景下液氨泄漏影响范围

泄漏孔径 /mm	最不利气象条件		泄漏点下风向距离/m	
			大气毒性终点浓度水平—1 （770 mg/m³）	大气毒性终点浓度水平—2 （110 mg/m³）
10	大气稳定度 F	微风（$u=0.5$ m/s）	45.6	26.7
		小风（$u=1.5$ m/s）	321.9	125.4
		中风（$u=2$ m/s）	368.3	97.6

根据表 3-1-6 及企业的平面布局情况可知：若发生 10 mm 小孔泄漏，考虑最不利情况，则在小风情况下氨气浓度超过大气毒性终点浓度水平—1 限值的距离为 321.9 m，但考虑实际情况与理论值的差距，同时借鉴液氨泄漏同类事故发生时氨气扩散影响范围（根据大量液氨泄漏实际监测结果，液氨泄漏扩散至 300 m 时，其浓度基本降到大气毒性终点浓度水平—1 限值以下），确定撤离疏散范围为泄漏发生地 300 m 内人员。该范围基本包括厂区内煤场输煤程控楼、物资仓库、水汽加药间、电除尘、锅炉房、汽轮机房等区域，厂外主要包括厂区北面及西北面的居民点，如图 3-1-1 所示。

图 3-1-1　输氨管线氨气泄漏厂外影响范围示意

二、氨水泄漏事件影响后果评估

在企业生产过程中，还涉及氨水、浓盐酸等有毒有害环境风险物质。一旦氨水、浓盐酸发生泄漏或事故排放时进入厂外地表水体，就会对地表水造成环境污染，即使氨水罐、浓盐酸罐设置了符合要求的围堰，氨水和浓盐酸泄漏后不会进入外部水体和土壤，但由于氨水和浓盐酸蒸发后变成氨气和氯化氢气体具有较强的毒性，也会对大气环境造成污染。氨水、浓盐酸等环境风险物质发生泄漏或事故排放时，其环境风险评估主要包括泄漏场景确定、液体泄漏速率计算、液体蒸发速率计算、影响后果预测分析等。

1. 评估依据

氨水泄漏事件影响后果分析评估依据有《建设项目环境风险评价技术导则》（HJ 169—2018）、《化工企业定量风险评价导则》（AQ/T 3046—2013）等。

2. 泄漏场景确定

假设氨水储罐或输送管道、阀门和法兰存在 10 mm 泄漏孔径，由于靠人工巡检，频次是每小时一次，但氨气为刺激性气体，一旦管道发生泄漏，泄漏点周边作业人员能嗅到浓重的氨气气味而及时发现，所以假设泄漏时间最长持续 10 min。

3. 液体泄漏速率计算

液体泄漏速度 Q_L 用伯努利方程计算：

$$Q_L = C_d A \rho \sqrt{\frac{2(P - P_0)}{\rho} + 2gh} \tag{3-1-10}$$

式中　Q_L——液体泄漏速率，kg/s；

　　　P——容器内介质压力，Pa；

　　　P_0——环境压力，Pa；

　　　ρ——泄漏液体密度，kg/m³；

　　　g——重力加速度，m/s²；

　　　h——裂口之上液位高度，m；

　　　C_d——液体泄漏系数；

　　　A——裂口面积，m²。

例 3-1-2　某水泥厂氨水罐区围堰基本情况为 7 m（长）×6.7 m（宽）×1.6 m（高）＝75 m³；围堰内设置有 1 个 50 m³ 的 20％氨水罐，氨水罐发生裂口直径为 10 mm 的泄漏，且裂口位于氨水罐氨水溶液液面以下 2.3 m，试问氨水泄漏速率和 10 min 内氨水的泄漏量分别是多少？

解： 由于 $Q_L = C_d A \rho \sqrt{\frac{2(P - P_0)}{\rho} + 2gh}$

$P = 103\ 325$ Pa；$P_0 = 101\ 325$ Pa；$\rho = 925$ kg/m³；$g = 9.81$ m/s²；$h = 2.3$ m；$C_d = 0.65$；$A = 0.000\ 078\ 5$ m²。

将以上各值代入公式中可得：氨水泄漏速度为 0.32 kg/s，10 min 内氨水泄漏量为 190.1 kg。

4. 液体蒸发速率计算

泄漏液体的蒸发分为闪蒸蒸发、热量蒸发和质量蒸发三种，其蒸发总量为这三种蒸发之和。根据《建设项目环境风险评价技术导则》（HJ 169—2018）附录 H 的规定，各种类型液体蒸发速率计算公式分别为式（3-1-11）和式（3-1-12）。

（1）闪蒸蒸发估算。

液体中闪蒸部分：

$$F_v = \frac{C_p (T_T - T_b)}{H_v} \tag{3-1-11}$$

过热液体闪蒸蒸发速率：

$$Q_1 = Q_L \times F_v \tag{3-1-12}$$

式中　F_v——泄漏液体的闪蒸比例；

　　　T_T——储存温度，K；

　　　T_b——泄漏液体的沸点，K；

　　　H_v——泄漏液体的蒸发热，J/kg；

　　　C_p——泄漏液体的定压比热容，J/（kg·K）；

　　　Q_1——过热液体闪蒸蒸发速率，kg/s；

　　　Q_L——物质泄漏速率，kg/s。

（2）热量蒸发估算。当液体闪蒸不完全，有一部分液体在地面形成液池，并且吸收地面热量而汽化时，其蒸发速率按式（3-1-13）计算，并应考虑对流传热系数：

$$Q_2 = \frac{\lambda S(T_0 - T_b)}{H\sqrt{\pi \alpha t}} \tag{3-1-13}$$

式中　Q_2——热量蒸发速率，kg/s；

　　　T_0——环境温度，K；

　　　T_b——泄漏液体沸点，K；

　　　H——液体汽化热，J/kg；

　　　t——蒸发时间，s；

　　　λ——表面热导系数（取值见表 3-1-7），W/（m·K）；

　　　S——液池面积，m^2；

　　　α——表面热扩散系数（取值见表 3-1-7），m^2/s。

表 3-1-7　某些地面的热传递性质

地面情况	$\lambda / [W \cdot (m \cdot K)^{-1}]$	$\alpha / (m^2 \cdot s^{-1})$
水泥	1.1	1.29×10^{-7}
土地（含水 8%）	0.9	4.3×10^{-7}
干涸土地	0.3	2.3×10^{-7}
湿地	0.6	3.3×10^{-7}
砂砾地	2.5	11.0×10^{-7}

（3）质量蒸发估算。当热量蒸发结束后，转由液体表面气流运动使液体蒸发，称为质量蒸发。其蒸发速率按式（3-1-14）计算：

$$Q_3 = \alpha p \frac{M}{RT_0} u^{\frac{2-n}{2+n}} r^{\frac{4+n}{2+n}} \tag{3-1-14}$$

式中 Q_3——质量蒸发速率，kg/s；

　　a，n——大气稳定度系数，取值见表 3-1-8；

　　p——液体表面蒸气压，Pa；

　　R——气体常数，J/（mol·K）；

　　M——气体分子量，kg/mol；

　　T_0——环境温度，K；

　　u——风速，m/s；

　　r——液池半径，m。

表 3-1-8 液池蒸发模式参数

大气稳定度	n	a
不稳定（A、B）	0.2	3.846×10^{-3}
中性（D）	0.25	4.85×10^{-3}
稳定（E、F）	0.3	5.285×10^{-3}

（4）液体蒸发总量的估算。液体蒸发总量按式（3-1-15）计算：

$$W_P = Q_1 t_1 + Q_2 t_2 + Q_3 t_3 \tag{3-1-15}$$

式中 W_P——液体蒸发总量，kg；

　　Q_1——过热液体闪蒸蒸发速率，kg/s；

　　Q_2——热量蒸发速率，kg/s；

　　Q_3——质量蒸发速率，kg/s；

　　t_1——闪蒸蒸发时间，s；

　　t_2——热量蒸发时间，s；

　　t_3——从液体泄漏到全部清理完毕的时间，s。

5. 影响后果预测分析

氨水蒸发后形成的氨气对大气环境影响后果预测可参考"一、液氨泄漏事件影响后果评估"相应的内容。

三、油品泄漏对水环境影响后果评估

油品（柴油、润滑油）虽然毒性很小，但泄漏进入地表水后，由于密度较水小，会漂浮在水体表面而阻断水体与大气环境的气体交换，从而导致水体缺氧而引发突发环境事件。油品泄漏环境事件后果评估主要包括油品泄漏速率估算、影响后果预测分析等。

1. 评估依据

油品火灾、爆炸次生环境事件影响后果分析评估的主要依据有《建设项目环境风险评价技术导则》（HJ 169—2018）、《化工企业定量风险评价导则》（AQ/T 3046—2013）等。

2. 油品泄漏速率估算

（1）估算公式。液体泄漏速率 Q_L 采用伯努利公式计算（限制条件为液体在喷口内

不应有急骤蒸发）：

$$Q_L = C_d A \rho \sqrt{\frac{2(P-P_0)}{\rho} + 2gh}$$

式中　Q_L——液体泄漏速率，kg/s；

$\quad\quad P$——容器内介质压力，Pa；

$\quad\quad P_0$——环境压力，Pa；

$\quad\quad \rho$——泄漏液体密度，kg/m³；

$\quad\quad g$——重力加速度，9.8 m/s²；

$\quad\quad h$——裂口之上液位高度，m；

$\quad\quad C_d$——液体泄漏系数，按表 3-1-9 选取；

$\quad\quad A$——裂口面积，m²。

表 3-1-9　液体泄漏系数

雷诺数 Re	裂口形状		
	圆形（多边形）	三角形	长方形
>100	0.65	0.60	0.55
≤100	0.50	0.45	0.40
注：$Re = DU/\mu$，Re 为过程单元中流动液体的雷诺数；D 为过程单元（如管道）的内径，m；U 为过程单元中液体的流速，m/s；μ 为泄漏液体的黏度，Pa·s			

（2）泄漏场景。参照《化工企业定量风险评价导则》（AQ/T 3046—2013）中的有关规定，确定柴油储罐（压力储罐）泄漏情形：代表值取 1 mm（小孔）、10 mm（中孔）、50 mm（大孔）孔泄漏及完全破裂情形。泄漏时间：当探测系统类型为外观检查、照相时，小孔泄漏时间可取 60 min，中孔泄漏时间可取 40 min，大孔泄漏时间可取 20 min。考虑企业巡检制度，小孔泄漏时间取 30 min，中孔泄漏时间取 30 min，大孔泄漏时间可取 20 min。

（3）泄漏量。

例 3-1-3　某火电企业柴油罐一般最大存油 200 t。假设柴油储罐、管道及其配套的阀门、法兰等部件存在 10 mm 泄漏孔径，由于靠人工巡检，频次是每 1 h 一次，所以假设泄漏时间持续 1 h，问其泄漏速度是多少？（假设裂口之上液位高度 h 为 3.7 m。）

解：$Q_L = C_d A \rho \sqrt{\dfrac{2(P-P_0)}{\rho} + 2gh}$

$\quad\quad = 0.65 \times (3.14 \times 0.005^2) \times 840 \times (0 + 2 \times 9.8 \times 3.7)^{1/2}$

$\quad\quad = 0.365 \text{（kg/s）}$

由上式估算柴油泄漏速度为 0.365 kg/s，1 h 内泄漏量为 1 313.96 kg。

3. 影响后果预测分析

假设上述某火电企业厂区柴油输送管道泄漏的柴油经过雨水管网进入湘江，在无风条件下呈圆形扩展，且连续成片，油膜的直径用 P. C. Blokker 公式计算：

$$D_t^3 = D_0^3 + \frac{24}{\pi} K \left(\gamma_\omega - \gamma_0 \right) \frac{\gamma_0}{\gamma_\omega} V_0 t \tag{3-1-16}$$

式中　D_t——t 时刻后油膜的直径，m；

　　　D_0——油膜初始时刻的直径，m；

　　　γ_ω，γ_0——水和石油的比重；

　　　V_0——计算的溢油量，m^3；

　　　K——常数，一般取 15 000/min。

经计算，不同时间时油膜直径、面积见表 3-1-10。

表 3-1-10　不同时间时油膜直径、面积

时间/min	油膜直径/m	油膜面积/m^2
1	19.1	286.2
5	56.60	2 514.36
10	89.68	6 311.67
20	142.46	15 928.31
30	186.67	27 346.54
60	296.22	68 863.25

由表 3-1-10 可以看出，在油进入水体 1 h 后，油膜面积为 68 863.25 m^2。假设油沿着湘江江面均匀平铺，忽略水流冲击、风吹散作用，湘江长沙市段湘江的宽度大约是 300 m，那么油团的长度约为 229.54 m。实际上溢油在受风、水流、水温、地形等因素共同作用下，形成的溢油油膜面积将会大得多，而且油膜在扩散过程中，还会受到水流冲击、风吹散等而破碎成小油膜、油团，并不一定会成为完整的一块。经查阅相关文献，油的饱和溶解度可用式（3-1-17）计算：

$$n_0 = n_p \left(1 - e^{-k_0 S t} \right) \tag{3-1-17}$$

式中　n_p——油的饱和溶解度，mg/L，夏季最高，冬季最低，分别为 5.6、3.5；

　　　S——油膜的扩展面积，m^2；

　　　t——时间，h；

　　　k_0——垂直扩散系数，为 0.146 4，m^2/h。

经计算，油流入水体时开始计时，1 min 时，表层水中油浓度为油的饱和溶解度 n_0 的 6.7%；5 min 时为 n_0 的 95.2%。可知在相对较短的时间内，表层水中油很快达到饱和，浓度近似为夏季 5.6 mg/L，冬季为 3.5 mg/L。表层浓度远远超出了地表水水质标准中规定的石油类的浓度（0.05mg/L）。

表层水中油达到饱和时，平衡时不同深度水体中油浓度可以参考式（3-1-18）计算：

$$n_z = n_0 e^{-k_v z} \tag{3-1-18}$$

式中　n_z——油烃在 z 米水深处的浓度，mg/L；

　　　n_0——油烃的饱和溶解度，mg/L；

　　　k_v——垂直分布常数，取 1.077，m^{-1}；

z——水深，m。

经计算，不同水深时油的浓度见表 3-1-11。

表 3-1-11　不同水深时油的浓度

水深/m	水中油浓度/（mg·L^{-1}）	
	夏季	冬季
0.5	3.27	2.04
1	1.91	1.19
1.5	1.11	0.70
2	0.65	0.41
2.5	0.38	0.24
3	0.22	0.14
3.5	0.13	0.08
4	0.07	0.05
4.5	0.04	0.03
5	0.03	0.02

由表 3-1-11 可知，随着水层深度的增加，超标倍数减小，至 4.5 m 水层大部分已不超标。由于目前对于溢油扩散理论研究得不完善，以及未有方便可用的计算方式和模拟软件，以上有关油扩散的计算仅考虑了油自身的因素，未考虑其他自然因素如风、水流、河道形状、江心洲、浅滩等的影响，也未考虑油的挥发、降解、稀释等因素。只从静态的角度，选择较为简便的计算式进行计算，并对结果进行了阐述，可能与实际情况有所偏差，但对环境应急有一定的参考价值。

四、尾矿库溃坝事件影响后果评估

电厂（煤电厂）为干灰场，灰渣呈干态至半干态，颗粒间摩擦力比湿灰渣要大很多，滑动性也大大减弱，相比湿灰场，其溃坝的可能性大大降低，溃坝影响后果也会大大降低。一般在坝体状态正常、渗滤液及时疏干的情况下，不太可能发生溃坝；但强降雨天气时有可能因灰场大量汇水而不能及时疏干，使场内表面灰渣发生滑动而使灰坝上部发生裂缝、位移，以致出现溃口，但总体影响及后果远比对应的湿灰场要小得多；假设某火电厂灰坝发生溃坝，形成的洪峰覆没范围估算如下。

1. 溃坝溃口宽度估算

瞬间溃坝溃口宽度（黄河水利委员会经验公式）：

$$b = 0.1KW^{0.25}B^{0.25}H^{0.5} \tag{3-1-19}$$

式中　W——干灰场为强降雨（取 200 mm，持续 1 h）时灰场内（汇雨面积约为 23.5 万 m^2）存积的雨水量（有 50% 被及时疏干），为 23 500 m^3；

B——坝顶长度，为 285 m；

H——坝高，为 260.0 m；

K——与坝体土质有关的经验系数，黏土为 0.65。

经计算，$b = 53.3$ m。

2. 最大下泄流量估算

溃坝时溃口坝址最大下泄流量（肖克列奇经验公式）：

$$Q_{max} = \frac{8}{27}\sqrt{g}\left(\frac{B}{b}\right)^{0.25} bH_0^{3/2} \tag{3-1-20}$$

式中　H_0——坝前上游水深，经计算取 1 m。

经计算，$Q_{max} = 75.2$ m³/s。

3. 各断面最大下泄流量估算

坝下游沿山谷距坝址不同距离处，各断面处的最大泄流量（李斯特万公式）：

$$Q_L = \frac{W}{\dfrac{W}{Q_{max}} + \dfrac{L}{v_{max}K}} \tag{3-1-21}$$

式中　Q_L——距坝址 L 处断面的最大泄流量，m³/s；

　　　v_{max}——洪水最大流速，地表有植被覆盖的山区沟谷可取 3 m/s；

　　　K——经验常数，地表有草木可取 1.5。

坝下游沿山谷最近居民处 L 约 800 m，在该处 Q_L 为 47.9 m³/s。

4. 淹没深度估算

淹没深度（曼宁－谢才公式）：

$$Q_L = \frac{1}{n}AR^{\frac{2}{3}}J^{\frac{1}{2}} \tag{3-1-22}$$

式中　n——糙率；

　　　A——过水面积，m²；

　　　R——水力半径，等于过水面积除以湿周（是指流体截面面积与湿周长的比值，湿周长是指流体与明渠断面接触的周长，不包括与空气接触的周长部分），m；

　　　J——坡降。

坝下游沿山谷最近居民处，谷口宽度约为 285 m，假定居民点谷口断面水深度为 h 米（m），则过水面积 $A = 285h$（m²），水力半径 $R = 285h/(285 + 2h) \approx h$（$h \ll 285$ m）；坡降 J 约为 0.3，糙率 n 可取 0.1。由 $Q_L = 47.9$ m³/s 及 J、n 值，可以求出断面深度 $h = 0.12$ m。坝下 800 m 处居民房屋一般高于低平面 4 m，所以在以上假设条件下，可认为坝下游沿山谷最近居民房屋不会被淹没。

下泄的尾砂浆状物沿沟谷流动，不断减速，当地面对其摩擦力与重力的下滑分力平衡时，会停止流动，其最远距离为淹没范围。因计算过程相当复杂，所需参数和假设条件很多，所以不进行计算预测，但可以确定的是，在以上假设条件下，由于坝下游居民房屋较远（最近的居民点距离为 800 m），且位于山谷东侧的山坡上（高程为 3~4 m），因此，最近居民的房屋不会被淹没，灰坝溃坝淹没区域示意如图 3-1-2 所示。

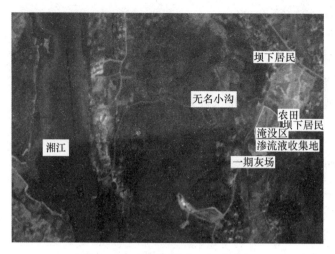

图 3-1-2 灰坝溃坝淹没区域示意

5. 影响后果预测分析

(1) 对水体水质影响。灰场坝下有一农灌水沟，进入湘江（从坝下至汇入湘江流经距离约 1.6 km）。由于电厂灰渣为一般固废，其成分和河沙类似，所以对水质的影响主要为 SS 增高。在灰渣进入坝下农灌水沟瞬间，水体中 SS 会迅速增高，形成一污染带流向下游。经计算可知，灰渣悬浮物的沉降速度约为 0.028 m/s，灰场坝下农灌水沟平均水深约 1 m，在不考虑水流搅动等因素，只考虑悬浮物的水平流速和垂直沉降流速的情况下，可知需流经 10 m 左右，悬浮物才能全部沉降至渠底，使水质恢复，所以对下湘江水质影响较小。

(2) 对生态环境的影响。由图 3-1-2 可以看出，灰渣淹没的土地面积约为 9 万 m^2，坝下主要有约 30 亩农田，对农业生产会带来一定损失。

任务二 火灾爆炸次生环境事件后果评估

🧰 任务引入

1989 年 8 月 12 日 9 时 55 分，青岛黄岛油库发生原油泄漏和火灾爆炸事故，事故现场有大量的原油泄漏，同时原油火灾浓烟滚滚，产生大量的二氧化碳、一氧化碳和二氧化硫有毒有害气体，对水环境和大气环境都会产生极其不利的影响。一旦有毒有害物质发生突发环境事件，如何预测其对外环境的影响呢？认真观看"青岛黄岛油库火灾爆炸事故"视频，完成课前思考：

视频：青岛油库
火灾爆炸事故

1. 如何预测分析本次油品火灾爆炸次生 CO 和 SO_2 等气体对大气环境造成的污染后果？

2. 在事件发生前，如何预测分析环境风险物质发生火灾爆炸时消防污水产生及其对地表水环境的影响？

待学习本任务后，完成以下任务：

1. 预测分析油品火灾爆炸次生 CO 和 SO_2 等气体对大气环境造成的污染后果。

2. 预测分析环境风险物质发生火灾爆炸时消防污水产生及其对地表水环境的影响。

📖 知识学习

一、油品火灾爆炸次生大气环境事件影响后果评估

生产、使用、加工、储存油品（如柴油、汽油、润滑油等油品）的企事业单位，可能发生的突发环境事件主要有以下情形：油品泄漏进入外环境时，对地表水、地下水和土壤环境造成环境污染；油品发生火灾爆炸时，会产生大量的一氧化碳、二氧化硫、二氧化碳等有毒有害气体，对大气环境造成污染或导致受影响人群的中毒死亡事故。在油品泄漏或火灾爆炸事故应急处置时，要及时、有效地进行现场应急处置，事前就应对油品泄漏或火灾爆炸次生环境事件的影响后果进行预测分析。

精品微课：火灾次生
大气环境风险后果评估

油品火灾爆炸次生环境事件后果评估主要包括油品燃烧速率估算、一氧化碳源强估算、二氧化硫源强估算、影响后果预测分析、影响后果表征等。

1. 评估依据

油品火灾爆炸次生环境事件影响后果分析评估主要依据有《建设项目环境风险评价技术导则》（HJ 169—2018）、《化工企业定量风险评价导则》（AQ/T 3046—2013）和《化工安全技术手册》等。

2. 油品燃烧速率确定

（1）查阅法。一般物质的燃烧速率可以直接查阅到，表 3-2-1 为一些常见化工可燃液体的燃烧速率。

表 3-2-1　常见化工可燃液体的燃烧速率　　　　　　　　　kg/（m²·s）

物质名称	柴油	煤油	重油	汽油	乙醚	甲苯	苯
燃烧速率	49.33	55.11	78.1	81～92	125.84	138.29	165.37

（2）公式估算法。油库发生火灾事故时，可以根据池火模型中燃烧速度的公式估算油罐中柴油或汽油泄漏后发生火灾爆炸的燃烧速率：

$$mv = \frac{dm}{dt} = \frac{0.001H_c}{C_p (T_b - T_0) + H} \tag{3-2-1}$$

式中　dm/dt ——单位表面积燃烧速度，kg/（m²·s）；

H_c ——液体燃烧热，J/kg；

C_p——液体的定压比热容，J/（kg·K）；

T_b——液体的沸点，K；

T_0——环境温度，K；

H——液体的汽化热，J/kg。

附注：当液体的沸点低于环境温度时，如加压液化气或冷冻液化气，其单位面积的燃烧速度为

$$\frac{\mathrm{d}m}{\mathrm{d}t} = \frac{0.001H_c}{H} \qquad (3-2-2)$$

式中符号意义同式（3-2-1）。

例 3-2-1 已知某油库中柴油相关参数：$H_c = 42 \sim 46$ MJ/kg，$C_p = 2\ 400$ J/（kg·K），$T_b = 573$ K，$T_0 = 293$ K，$H = 50 \sim 70$ kcal/kg，取 60 000 J/kg，试估算此柴油单位面积燃烧速率。

解： $mv = \dfrac{\mathrm{d}m}{\mathrm{d}t} = \dfrac{0.001H_c}{C_p\ (T_b - T_0)\ + H}$

$\qquad = (0.001 \times 42\ 000\ 000)\ /\ [2\ 400 \times (573 - 293) + 60\ 000]$

$\qquad = 0.057$ kg/（m²·s）

（3）油品单位时间燃烧速率。油品单位时间燃烧速率＝油品单位面积燃烧速率×油品发生燃烧的面积，油品发生池火时过火面积可以分两种情形确定，一是油品泄漏至防火堤或围堰内，则油品火灾时过火面积近似等于防火堤或围堰的面积；二是油品泄漏至无防火堤或围堰的地面，假定泄漏的液体无蒸发并已充分蔓延、地面无渗漏，则根据泄漏液体量和地面性质，按照式（3-2-3）计算最大的液池面积。

$$S = \frac{W}{(H_{\min} \times \rho)} \qquad (3-2-3)$$

式中　W——泄漏液体的质量，kg，可用伯努利公式估算；

$\quad H_{\min}$——最小物料层厚度，m；

$\quad \rho$——液体的密度，kg/m³。

最小物料层厚度与地面性质对应关系见表 3-2-2。

表 3-2-2　最小物料层厚度与地面性质对应关系表 　　　　　　　　　　　　　　m

地面性质	最小物料层厚度	地面性质	最小物料层厚度
草地	0.020	混凝土地面	0.005
粗糙地面	0.025	平静的水面	0.001 8
平整地面	0.010		

3. 次生污染物源强估算

（1）一氧化碳源强估算。油品火灾爆炸伴生/次生一氧化碳产生量按式（3-2-4）计算：

$$G_{\mathrm{CO}} = 2\ 330qCQ \qquad (3-2-4)$$

式中　G_{CO}——一氧化碳的产生量，kg/s；

　　　q——化学不完全燃烧值，为 $1.5\% \sim 6.0\%$；

　　　C——物质中的碳含量，为 85%；

　　　Q——参与燃烧的物质量，t/s。

例 3-2-2　某油库柴油储罐发生泄漏火灾事故，若柴油泄漏火灾爆炸时有 1.5 t/s 的柴油参与燃烧，求此柴油火灾爆炸时次生 CO 的排放源强（q 为 2%）。

解：$G_{CO} = 2\,330qCQ$

　　　　$= 2\,330 \times 2\% \times 85\% \times 1.5\ t/s$

　　　　$= 59.4\ kg/s$

（2）二氧化硫源强估算。油品火灾爆炸伴生/次生二氧化硫产生量按式（3-2-5）计算：

$$G_{SO_2} = 2BS \tag{3-2-5}$$

式中　G_{SO_2}——二氧化硫的产生量，kg/h；

　　　B——参与燃烧的物质量，kg/h；

　　　S——物质中的硫含量，%。

例 3-2-3　某油库柴油储罐发生泄漏火灾事故，若柴油泄漏火灾爆炸时有 1.5 t/s 的柴油参与燃烧，求此柴油火灾爆炸时次生 SO_2 的排放源强（S 为 0.05%）。

解：$G_{SO_2} = 2BS$

　　　　$= 2 \times [1.5 \times 1\,000 \div (1 \div 3\,600)] \times 0.05\%$

　　　　$= 5\,400\ (kg/h)$

　　　　$= 1.5\ (kg/s)$

4. 影响后果预测分析

（1）风险预测模型。根据《建设项目环境风险评价技术导则》（HJ 169—2018）的规定，采用多烟团模型：

$$C(x,y,o) = \frac{2Q}{(2\pi)^{\frac{3}{2}}\sigma_x\sigma_y\sigma_z}\exp\left[-\frac{(x-x_o)^2}{2\sigma_x^2}\right]\exp\left[-\frac{(y-y_o)^2}{2\sigma_y^2}\right]\exp\left[-\frac{z_o^2}{2\sigma_z^2}\right]$$

$$\tag{3-2-6}$$

式中　$C(x,y,o)$——下风向地面 (x,y) 坐标处空气中污染物浓度，mg/m^3；

　　　x_o，y_o，z_o——烟团中心坐标；

　　　Q——事故期间烟团的排放量；

　　　σ_x，σ_y，σ_z——x，y，z 方向的扩散参数，m，常取 $\sigma_x = \sigma_y$。

（2）预测评价标准。

1）CO 的风险评估标准见表 3-2-3。

表 3-2-3　CO 风险评估标准

参考标准	标准值/（$mg \cdot m^{-3}$）
大气毒性终点浓度水平—1	380
大气毒性终点浓度水平—2	95

2）计算参数。事故发生后，如果当地风速较小，大气条件稳定时，产生的危害后果更为严重。因此，选取所在地静风（0.5 m/s）、大气稳定度 F 作为预测的天气，具体计算参数详见表 3-2-4。

表 3-2-4　计算参数

事故源名称	风险物质名称	排放类型	排放速率 / (kg·s⁻¹)	排放持续时间 /min	面源有效高度 /m	面源面积 /m²
柴油火灾爆炸	CO	面源	2.614	15	1.5	50

（3）风险预测分析结果。本次采用环境风险评估系统（Risk System）V1.2.0.2 单位版软件中多烟团模式进行预测分析，具体计算结果见表 3-2-5。

表 3-2-5　柴油火灾爆炸时 CO 浓度预测结果

下风向距离/m	高峰浓度/ (mg·m⁻³)
10	45 029
50	7 138
100	3 147
150	1 848
200	1 224
250	875
300	660
350	518
400	419
500	292
600	217
700	168
800	135
900	111
1 000	93
影响范围	
大气毒性终点浓度水平—1	426 m
大气毒性终点浓度水平—2	990 m

由表 3-2-5 可知，储油罐发生爆炸短时间燃烧，产生的 CO 在下风向短时间超过大

气毒性终点浓度水平-1的影响范围为426 m，超过大气毒性终点浓度水平-2的影响范围为990 m，因此在发生柴油火灾爆燃事故后，应对罐下风向500 m范围内的居民进行疏散撤离，1 000 m范围进行隔离警戒。另外，柴油在燃烧过程中会伴生大量的烟尘、SO_2 和 NO_2 等污染物，会在短时间内使周围环境空气中的上述污染因子严重超标，对周围环境产生较大的不利影响。

5. 影响后果表征

影响后果表征就是采用图表的方式将影响预测的后果给出，具体给出方式参考"任务一环境风险物质泄漏事件后果评估"中相应内容。

二、火灾爆炸次生水环境影响后果评估

2018年12月17日下午4时左右，长沙市某企业电镀车间发生火灾，下午4时27分许，长沙市消防支队指挥中心接到报警后调集9个中队31台消防车前往处置，灭火过程中产生大量的消防污水，由于企业事故应急池容积有限，导致含有铬、铜、锌、镍等重金属的消防污水进入厂外环境，对企业周边的地表水体造成一定的污染。如何预防和评估企事业单位火灾爆炸次生环境事件的影响后果呢？其预测评估依据和步骤如下。

精品微课：火灾次生水
环境风险后果评估

1. 评估依据

火灾爆炸次生环境事件后果评估，主要从产生量、扩散路径、影响后果等方面进行评估，在评估过程中涉及的主要依据技术标准或规范有《消防给水及消火栓系统技术规范》（GB 50974—2014）、《事故状态下水体污染的预防与控制技术要求》（Q/SY 08190—2019）、《建筑设计防火规范》（GB 50016—2014）等。

2. 产生量

消防污水产生量是指在消防灭火过程中所产生的消防废水的总量，在不考虑蒸发、逸散损失的条件下，某次消防污水的产生量可近视认为就是本次消防给水量，按照《消防给水及消火栓系统技术规范》（GB 50974—2014）的规定，某次消防给水量计算公式如下：

$$V = V_1 + V_2 \tag{3-2-7}$$

$$V_1 = 3.6 \sum_{i=1}^{i=n} q_1 t_{1i} \tag{3-2-8}$$

$$V_2 = 3.6 \sum_{i=1}^{i=m} q_2 t_{2i} \tag{3-2-9}$$

式中　V——建筑消防给水一起火灾灭火用水总量，m^3；

　　　　V_1——室外消防给水一起火灾灭火用水总量，m^3；

　　　　V_2——室内消防给水一起火灾灭火用水总量，m^3；

　　　　q_{1i}——室外第 i 种灭火系统的设计流量，L/s；

　　　　t_{1i}——室外第 i 种灭火系统的火灾延续时间，h；

　　　　n——建筑需要同时作用的室外水灭火系统数量；

q_{2i}——室内第 i 种灭火系统的设计流量，L/s；

t_{2i}——室内第 i 种灭火系统的火灾延续时间，h；

m——建筑需要同时作用的室内水灭火系统数量。

室内消防系统按照种类和方式分为消火栓系统、自动喷淋系统、水喷雾系统和气体灭火系统、泡沫系统等；室外消防系统分类方法很多，通常按照消防压力分为高压消防给水系统、低压消防给水系统和临时高压消防给水系统等。

例 3-2-4 某企业有 1 座单层建筑面积为 120 m² 的硫黄仓库，试求该企业硫黄仓库发生火灾时消防污水的产生量是多少（附注：该仓库仅有室内外消防栓灭火系统，无室内自动喷淋系统、水喷雾系统等其他灭火系统）。

解：（1）确定火灾的起数。根据《消防给水及消火栓系统技术规范》（GB 50974—2014）3.1.1 的规定，占地面积小于 100 hm² 的工厂、堆场或储罐区发生火灾时按 1 起火灾计算。

（2）确定火灾持续时间。根据《消防给水及消火栓系统技术规范》（GB 50974—2014）3.6.2 的规定，由于硫酸属于丙类火灾危险特性物质，所以硫黄仓库火灾灭火时间为 3 h。

（3）确定室内外消防栓给水强度。根据《消防给水及消火栓系统技术规范》（GB 50974—2014）3.5.2 的规定，硫黄仓库室内消防栓给水强度为 10 L/s、消防枪 2 支；根据《消防给水及消火栓系统技术规范》（GB 50974—2014）3.3.2 的规定，硫黄仓库室外消防栓给水强度为 10 L/s、消防枪 1 支；

（4）消防给水量计算。根据式（3-2-7）～式（3-2-9）有

$$V = V_1 + V_2$$
$$= V_1 + V_{室内消防栓}$$
$$= 3.6 \times 10 \text{ L/s} \times 3 \text{ h} + 3.6 \times 10 \text{ L/s} \times 3 \text{ h} \times 2$$
$$= 324 \text{ m}^3$$

（5）∵ $V_{污水} = V_{给水}$

∴ $V_{污水} = V_{给水} = 324 \text{ m}^3$

3. 扩散路径

消防污水扩散路径可分两种情形讨论：企事业单位没有设置事故应急池或事故应急池有效容积不够，消防污水通过雨污水管网进入外部环境而引发突发环境事件；企事业单位设置足够容积的事故应急池，发生火灾事故产生的消防污水通过拦截、导流等现场处置措施将消防污水导流至事故应急池内，避免消防污水进入外环境而引发突发环境事件。企事业单位末端事故应急池有效容积设计依据为《事故状态下水体污染的预防与控制技术要求》（Q/SY 08190—2019），其规定的计算公式如下：

全厂末端事故应急池容积计算公式为

$$V_{总} = (V_1 + V_2 - V_3)_{max} + V_4 + V_5 \tag{3-2-10}$$

式中 V_1——收集系统范围内发生事故的罐组或物料量中最大一个罐体的容积；

V_2——消防水量（包含冷却水量），$V_2 = \sum Q_{消} t_{消}$，灭火时间按照《电力设备典

型消防规程》（DL 5027—2015）中 5.0.2.5 节推荐值选取；

V_3——发生事故时可以转输到其他储存或处理设施的物料量，主要是指区域内自有的事故应急池等容积；

V_4——发生事故时仍需进入该收集系统的生产废水，由于各分区均有自行的生产废水处理设施，管线单列，如含油废水处理设施等，处理后的废水不外排，一般情况下不会进入末端事故应急池，故 V_4 为 0；

V_5——发生事故时可能进入该收集系统的降雨量，计算公式为

$$V_5 = \left(\frac{q_a}{n}\right) \sum f_i \psi_i \qquad (3\text{-}2\text{-}11)$$

式中 q_a——多年（1971—2000 年）年均降雨量，1 344.2 mm；

n——多年（1971—2000 年）年均降雨日数，162.3 天；

f——雨水汇水面积，ha；

ψ——径流系数，根据《建筑给水排水设计标准》（GB 50015—2019）确定。

例 3-2-5 湖南省某火电厂围墙内占地面积约为 50.4 ha，其中屋顶及混凝土和沥青路面面积约为 30.87 ha，级配碎石路面（油罐区围墙内防火堤外）面积约为 0.27 ha，绿地面积约为 5.02 ha，煤场面积约为 14.24 ha。企业所在区域的气象参数为：年均降雨量＝1 344.2 mm；年均降雨日数＝162.3 天；根据《火力发电厂水工设计规范》（DL/T 5339—2018），屋顶及混凝土和沥青路面、碎石路面、绿地和煤场的径流系数分别取0.9、0.45、0.15 和 0.3；各生产单元火灾时的消防水量、物料量等基本参数详见表 3-2-6；企业现有 1 座 1 200 m³ 的末端事故应急池，试判断该火电厂末端事故应急池是否满足要求。

表 3-2-6 $(V_1+V_2-V_3)_{max}$ 取值情况一览表

区域	V_1/m^3	V_2/m^3			V_3 /m³	$V_1+V_2-V_3$ /m³
		消防水量（或冷却喷淋水）/ (L·s⁻¹)	火灾时间 /h	消防水总量 /m³		
机组	55 （汽轮机油）	20	2	144	153	46
氨区	77 （液氨）	15	3	162	190	49
油罐区	500 （柴油）	15	3	162	700	−38
变压器	95 （变压器油）	15	2	108	120	83
办公楼	0	10	2	72	0	72
煤场	0	45	3	486	600	−114

解：$V_5 = 10\left(\frac{q_a}{n}\right) \sum f_i \psi_i$

$$=10\times(1\ 344.2\ mm\div162.3\ 天)\times(0.9\times30.87\ ha+0.45\times0.27\ ha+0.15$$

$$\times5.02\ ha+0.3\times14.24\ ha)$$

$$=2\ 727\ m^3/天$$

考虑到电厂的实际用地情况及工作周期为 8 h 一班，所以修正得 $V_5'=V_5/3=909\ m^3/$工作班。电厂必须在 8 h 内将收集的被污染的雨水处理完毕，否则不能采用修正值 V_5' 作为修建末端事故应急池的参数之一。

$$V_4=0$$

$$(V_1+V_2-V_3)_{max}=(46+49-38+83+72-114)=98\ (m^3)$$

因此 $V_总=(V_1+V_2-V_3)_{max}+V_4+V_5'$

$$=98+0+908$$

$$=1\ 007\ (m^3)$$

从环境风险防控角度来考虑，电厂修建的全厂末端事故应急池容积为 1 200 m³ 符合相应的技术规范，满足该火电厂事故应急污水的收集需求。

4. 影响后果

火灾爆炸次生环境事件对企事业单位周边环境的影响后果，可分两种情形进行分析：企事业单位依据《事故状态下水体污染的预防与控制技术要求》（Q/SY 08190—2019）的要求，建设了末端事故应急池，且有效容积满足要求，则火灾爆炸次生消防污水通过拦截、导流至末端事故应急池，消防污水不会进入外环境而引发突发环境事件；企事业单位未建设末端事故应急池，或事故应急池有效容积不能满足要求，则消防污水通过雨污水管网和排口流入外部纳污水体而引发突发环境事件。

消防污染进入纳污水体后，对纳污水体的影响程度可根据消防污水产生量、火灾爆炸次生水环境事件特征污染物及其质量大小，以及纳污水体的水文参数等要素，按照《环境影响评价技术导则 地表水环境》（HJ 2.3—2018）相关规定进行预测分析。在实际环境风险评估过程中，由于上述边界条件确定具有很大的难度和随机性，所以火灾爆炸次生环境事件对水环境的影响后果一般采取定量和定性分析相结合的方式分析消防污水是否进入外部水体即可。

任务三　企业环境风险等级评估

🧰 任务引入

凡是涉及易燃、易爆、有毒有害等特性风险物质生产、使用、加工、储存、运输等的生产经营单位，都有可能发生有毒有害物质泄漏或火灾爆炸次生环境事件。例如：硫酸生产企业可能发生浓硫酸泄漏或制酸烟气（SO_2、SO_3）事故排放；涉及尾矿库的矿山开采企业可能发生尾矿坝溃败或穿孔事故等。总而言之，凡是涉及环境风险物质的企事业单位都存在一定的环境风险，那么不同类型、不同行业的生产经营单位或场景环境风险等级如何评定呢？

通过扫码观看"广东韶关某化工厂浓盐酸泄漏事故"视频，初步了解浓盐酸泄漏事件特征，完成课前思考：

视频：广东韶关
盐酸泄漏事故

1. 浓盐酸泄漏可能造成哪些危害呢？此次盐酸泄漏的主要原因是什么？

2. 该化工厂风险等级是什么？该如何确定？

待学习本任务后，完成以下工作任务：

1. 如何对一般企事业单位风险等级进行评估？

2. 如何对硫酸企业、粗铅冶炼企业和氯碱企业等环境风险等级进行评估？

🖥 知识学习

一、一般企业环境风险等级评估

1. 评估依据

一般企业环境风险等级评估依据主要有《企业突发环境事件风险分级方法》（HJ 941—2018）、《建设项目环境风险评价技术导则》（HJ 169—2018）等。

一般企业是指涉及生产、加工、使用、存储或释放《企业突发环境事件风险分级方法》（HJ 941—2018）附录 A 中突发环境事件风险物质的企业，不包括军事设施、石油天然气长输管道、城镇燃

精品微课：企业突发
环境风险分级方法

气管道、核设施与加工放射性物质的单位，也不包括从事危险化学品运输或搬运（如港口装卸）的载具或单位。

2. 评估流程

根据《企业突发环境事件风险分级方法》（HJ 941—2018）中的规定，通过定量分析企业生产、加工、使用、存储的所有环境风险物质数量与其临界量的比值（Q），评估工艺过程与环境风险控制水平（M）及环境风险受体敏感性（E），按照矩阵法对企业突发环境事件风险（以下简称环境风险）等级进行划分。其评估程序如图 3-3-1 所示。

3. 评估步骤

（1）风险物质 Q 值计算。

1）计算涉气风险物质数量与临界量比值（$Q_气$）。涉气环境风险物质包括《企业突发环境事件风险分级方法》（HJ 941—2018）附录 A 中的第一、第二、第三、第四部分全部风险物质，以及第八部分中除 NH_3-N 浓度 $\geqslant 2\,000$ mg/L 的废液、COD_{Cr} 浓度 $\geqslant 10\,000$ mg/L 的有机废液外的气态和可挥发造成突发大气环境事件的固态、液态风险物质。判断企业生产原料、产品、中间产品、副产品、催化剂、辅助生产物料、燃料、"三废"污染物等是否涉及大气环境风险物质（混合或稀释的风险物质按其组分比例折纯物质），计算涉气风险物质在厂界内的存在量（如存在量呈动态变化，则按年度内最大存在量计算）与其

在附录 A 中临界量的比值 Q：

①单一风险物质。当企业只涉及一种风险物质时，该物质的数量与其临界量比值即为 Q 值。

②多种风险物质。当企业存在多种风险物质时，则按式（3-3-1）计算：

$$Q = \frac{w_1}{W_1} + \frac{w_2}{W_2} + \cdots + \frac{w_n}{W_n} \tag{3-3-1}$$

式中　$w_1, w_2, \cdots, w_n$——表示每种风险物质的存在量，t；

$\quad\quad W_1, W_2, \cdots, W_n$——表示每种风险物质的临界量，t。

③Q 值分级。按照数值大小，将 Q 划分为 4 个水平（等级），见表 3-3-1。

表 3-3-1　Q 值水平划分表

划分标准	等级表征	备注
$Q<1$	Q0	企业直接评为一般环境风险等级
$1\leqslant Q<10$	Q1	—
$10\leqslant Q<100$	Q2	—
$Q\geqslant100$	Q3	—

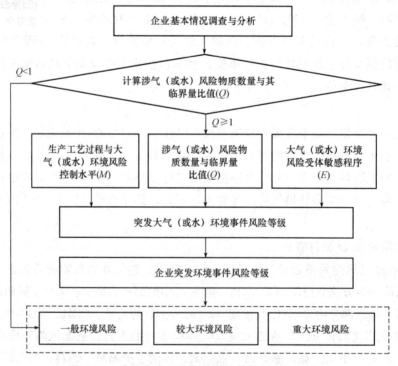

图 3-3-1　企业突发环境事件风险等级划分流程示意

2）计算涉水风险物质数量与临界量比值（$Q_水$）。涉水环境风险物质包括《企业突发环境事件风险分级方法》（HJ 941—2018）附录 A 中第三、第四、第五、第六、第七、第八部分，及第一、第二部分中溶于水和遇水发生反应的风险物质，具体包括溶于水的硒化氢、甲醛、己二腈、二氧化氯、氨、环氧乙烷、甲胺、丁烷、二甲胺、一氧化氯、砷化氢、二氧化氮、三甲胺、二氧化硫、三氟化硼、硅烷、溴化氢、氯化氰、乙胺、二甲醚，以及遇水发生反应的乙烯酮、氟、四氟化硫、三氟溴乙烯。判断企业生产原料、产品、中间产品、副产品、催化剂、辅助生产物料、燃料、"三废"污染物等是否涉及大气环境风险物质（混合或稀释的风险物质按其组分比例折纯物质），计算涉水风险物质在厂界内的存在量（如存在量呈动态变化，则按年度内最大存在量计算）与其在《企业突发环境事件风险分极方法》（HJ 941—2018）附录 A 中临界量的比值 Q，计算方法、分级与涉气的相同。

（2）生产工艺过程与环境风险控制水平（M）确定。

1）确定涉气环境的 M 值。采用评分法对企业生产工艺过程、大气环境风险防控措施及突发大气环境事件发生情况进行评估，将各项指标分值累加，确定企业生产工艺过程与大气环境风险控制水平（M）。

①涉气生产工艺过程含有风险工艺和设备情况。对企业生产工艺过程含有风险工艺和设备情况的评估按照工艺单元进行，具有多套工艺单元的企业，对每套工艺单元分别评分并求和，该指标分值最高为 30 分；评估表见表 3-3-2。

表 3-3-2　企业涉气生产工艺过程评估

评估依据	分值
涉及光气及光气化工艺、电解工艺（氯碱）、氯化工艺、硝化工艺、合成氨工艺、裂解（裂化）工艺、氟化工艺、加氢工艺、重氮化工艺、氧化工艺、过氧化工艺、胺基化工艺、磺化工艺、聚合工艺、烷基化工艺、新型煤化工工艺、电石生产工艺、偶氮化工艺	10 分/每套
其他高温或高压，涉及易燃、易爆等物质的工艺过程[a]	5 分/每套
具有国家规定限期淘汰的工艺名录和设备[b]	5 分/每套
不涉及以上危险工艺过程或国家规定的禁用工艺设备	0
注：a. 高温是指工艺温度≥300 ℃，高压是指压力容器的设计压力（p）≥10.0 MPa，易燃、易爆等物质是指按照《化学品分类和标签规范》GB 30000.2 至 GB 30000.13 所确定的化学物质； 　　b. 指《产业结构调整指导目录》（最新版本）中有淘汰期限的淘汰类落后生产工艺装备	

方法：将企业实际与表 3-3-2 中的评估依据逐项对比，符合评估依据要求的逐项计分，不符合要求的计 0 分，最后将逐项分值求和即可。

②大气环境风险防控措施及突发大气环境事件发生情况。企业大气环境风险防控措施及突发大气环境事件发生情况评估见表 3-3-3。对各项评估指标分别评分、计算总和，各项指标分值合计计算，最高为 70 分。

表 3-3-3　企业大气环境风险防控措施与突发大气环境事件发生情况评估

评估指标	评估依据	分值
毒性气体泄漏监控预警措施	（1）不涉及《企业突发环境事件风险分级方法》（HJ 941—2018）附录 A 中有毒有害气体的； （2）根据实际情况，具有厂界有毒、有害气体（如硫化氢、氰化氢、氯化氢、光气、氯气、氨气、苯等）泄漏监控预警系统的	0
	不具备厂界有毒、有害气体泄漏监控预警系统的	25
符合防护距离情况	符合环评及批复文件防护距离要求的	0
	不符合环评及批复文件防护距离要求的	25
近 3 年内突发大气环境事件发生情况	发生过特别重大或重大等级突发大气环境事件的	20
	发生过较大等级突发大气环境事件的	15
	发生过一般等级突发大气环境事件的	10
	未发生过突发大气环境事件的	0

③企业生产工艺过程与大气环境风险控制水平。将企业生产工艺过程、大气环境风险防控措施及突发大气环境事件发生情况各项指标评估分值累加，得出生产工艺过程与大气环境风险控制水平值，按照表 3-3-4 划分为 4 个类型。

表 3-3-4　企业生产工艺过程与大气环境风险控制水平类型划分

生产工艺过程与大气环境风险控制水平值	生产工艺过程与环境风险控制水平类型
$M<25$	M1
$25\leqslant M<45$	M2
$45\leqslant M<65$	M3
$M\geqslant65$	M4

2）确定涉水环境的 M 值。采用评分法对企业生产工艺过程、大气环境风险防控措施及突发大气环境事件发生情况进行评估，将各项指标分值累加，确定企业生产工艺过程与大气环境风险控制水平（M）。

①涉水生产工艺过程含有风险工艺和设备情况。同"涉气生产工艺过程含有风险工艺和设备情况"的内容，详见评估表（表 3-3-2）。

②水环境风险防控措施及突发水环境事件发生情况。企业水环境风险防控措施及突发水环境事件发生情况评估见表 3-3-5。对各项评估指标分别评分、计算总和，各项指标分值合计计算最高为 70 分。

表 3-3-5　企业水环境风险防控措施与突发水环境事件发生情况评估

评估指标	评估依据	分值
截流措施	（1）环境风险单元设防渗漏、防腐蚀、防淋溶、防流失措施； （2）装置围堰与罐区防火堤（围堰）外设排水切换阀，正常情况下通向雨水系统的阀门关闭，通向事故存液池、事故应急池、清净废水排放缓冲池或废水处理系统的阀门打开； （3）前述措施日常管理及维护良好，由专人负责阀门切换或设置自动切换设施，保证初期雨水、泄漏物和受污染的消防水排入废水系统	0
	有任意一个环境风险单元（包括可能发生液体泄漏或产生液体泄漏物的危险废物储存场所）的截流措施不符合上述任意一项要求的	8
事故排水收集措施	（1）按相关设计规范设置事故应急池、事故存液池或清净废水排放缓冲池等事故排水收集设施，并根据相关设计规范、下游环境风险受体敏感程度和易发生极端天气情况，设计事故排水收集设施的容量； （2）确保事故排水收集设施在事故状态下能顺利收集泄漏物和消防水，日常保持足够的事故排水缓冲容量； （3）通过协议单位或自建管线，能将所收集的废水送至厂区内污水处理设施处理	0
	有任意一个环境风险单元（包括可能发生液体泄漏或产生液体泄漏物的危险废物储存场所）的事故排水收集措施不符合上述任意一项要求的	8
清净废水系统风险防控措施	（1）不涉及清净废水。 （2）厂区内清净废水均可排入废水处理系统；或清污分流，而且清净废水系统具有下述所有措施： 1）具有收集受污染的清净废水的缓冲池（或收集池），池内日常保持足够的事故排水缓冲容量；池内设有提升设施或通过自流能将所集物送至厂区内污水处理设施处理； 2）具有清净废水系统的总排口监视及关闭设施，由专人负责在紧急情况下关闭清净废水总排口，防止受污染的清净废水和泄漏物进入外环境	0
	涉及清净废水，有任意一个环境风险单元的清净废水系统防控措施不符合上述（2）要求的	8
雨水排水系统风险防控措施	（1）厂区内雨水均进入废水处理系统；或雨污分流，而且雨水排水系统具有下述所有措施。 1）具有收集初期雨水的收集池或雨水监控池；池出水管上设置切断阀，正常情况下阀门关闭，防止受污染的雨水外排；池内设有提升设施或通过自流能将所集物送至厂区内废水处理设施处理； 2）具有雨水系统总排口（含泄洪渠）监视及关闭设施，在紧急情况下由专人负责关闭雨水系统总排口（含与清净废水共用一套排水系统情况），防止雨水、消防水和泄漏物进入外环境。 （2）如果有排洪沟，排洪沟不得通过生产区和罐区，或具有防止泄漏物和受污染的消防水等流入区域排洪沟的措施	0
	不符合上述要求的	8

评估指标	评估依据	分值
生产废水处理系统风险防控措施	（1）无生产废水产生或外排。 （2）有废水外排时： 1）受污染的循环冷却水、雨水、消防水等排入生产废水处理系统或独立处理系统； 2）生产废水排放前设监测池，能够将不合格的废水送废水处理设施处理； 3）如企业受污染的清净废水或雨水进入废水处理系统处理，则废水处理系统应设置事故水缓冲设施； 4）具有生产废水总排口监视及关闭设施，由专人负责启闭，确保泄漏物、受污染的消防水、不合格废水不排出厂外	0
	涉及废水产生或外排，且不符合上述（2）中任意一条要求的	8
废水排放去向	无生产废水产生或外排	0
	（1）依法获取污水排入排水管网许可，进入城镇污水处理厂； （2）进入工业废水集中处理厂； （3）进入其他单位	6
	（1）直接进入海域或进入江、河、湖、库等水环境； （2）进入城市下水道再进入江、河、湖、库或再进入海域； （3）未依法取得污水排入排水管网许可，进入城市污水处理厂； （4）直接进入污灌农田或蒸发地	12
厂内危险废物环境管理	（1）不涉及危险废物的； （2）针对危险废物分区储存、运输、利用、处置，具有完善的专业设施和风险防控措施	0
	不具备完善的危险废物储存、运输、利用、处置设施和风险防控措施	10
近3年内突发水环境事件发生情况	发生过特别重大或重大等级突发水环境事件的	8
	发生过较大等级突发水环境事件的	6
	发生过一般等级突发水环境事件的	4
	未发生过突发水环境事件的	0

注：本表中相关规范具体指《化工建设项目环境保护工程设计标准》（GB/T 50483—2019）、《石油化工企业设计防火标准（2018年版）》（GB 50160—2008）、《储罐区防火堤设计规范》（GB 50351—2014）、《石油化工污水处理设计规范》（GB 50747—2012）、《石油化工给水排水系统设计规范》（SH/T 3015—2019）

③企业生产工艺过程与水环境风险控制水平。将企业生产工艺过程、水环境风险防控措施及突发水环境事件发生情况各项指标评估分值累加，得出生产工艺过程与水环境风险控制水平值，按照表3-3-4划分为4个类型。

（3）环境风险受体敏感程度（E）确定。

1）确定涉气环境的E值。大气环境风险受体敏感程度类型按照企业周边人口数进行划分。按照企业周边5 km或500 m范围内人口数将大气环境风险受体敏感程度划分为类型1、类型2和类型3三种类型，分别以E1、E2、E3表示，详见表3-3-6。大气环境风险受体敏感程度按类型1、类型2和类型3顺序依次降低。若企业周边存在多种敏感程度类型的大气环境风险受体，则按敏感程度高者确定企业大气环境风险受体敏感程度类型。

表 3-3-6　企业周边大气环境风险受体情况划分

类别	环境风险受体情况
类型 1 （E1）	企业周边半径 5 km 范围内居住区、医疗卫生、文化教育、科研、行政办公等机构人口总数大于 5 万人，或企业周边半径 500 m 范围内人口总数大于 1 000 人，或企业周边 5 km 涉及军事禁区、军事管理区、国家相关保密区域
类型 2 （E2）	企业周边半径 5 km 范围内居住区、医疗卫生、文化教育、科研、行政办公等机构人口总数大于 1 万人、小于 5 万人，或企业周边半径 500 m 范围内人口总数大于 500 人、小于 1 000 人
类型 3 （E3）	企业周边半径 5 km 范围内居住区、医疗卫生、文化教育、科研、行政办公等机构人口总数小于 1 万人，或企业周边半径 500 m 范围内人口总数小于 500 人

2）确定涉水环境的 E 值。按照环境风险受体敏感程度，同时考虑河流跨界的情况和可能造成土壤污染的情况，将水环境风险受体敏感程度划分为类型 1、类型 2 和类型 3 三种类型，分别以 E1、E2、E3 表示，详见表 3-3-7。水环境风险受体敏感程度按类型 1、类型 2 和类型 3 顺序依次降低。若企业周边存在多种敏感程度类型的大气环境风险受体，则按敏感程度高者确定企业大气环境风险受体敏感程度类型。

表 3-3-7　企业周边水环境风险受体情况划分

类别	环境风险受体情况
类型 1 （E1）	企业雨水排口、清净废水排口、污水排口下游 10 km 范围内有如下一类或多类环境风险受体：集中式地表水、地下水饮用水水源保护区（包括一级保护区、二级保护区及准保护区）；农村及分散式饮用水水源保护区； 废水排入受纳水体后 24 小时经流范围（按受纳河流最大日均流速计算）内设计跨国界的
类型 2 （E2）	企业雨水排口、清净废水排口、污水排口下游 10 km 范围内有生态保护红线划定的或具有水生生态服务功能的其他水生生态环境敏感区和脆弱区，如国家公园，国家级和省级水产种质资源保护区，水产养殖区，天然渔场，海水浴场，盐场保护区，国家重要湿地，国家级和地方级海洋特别保护区，国家级和地方级海洋自然保护区，生物多样性保护优先区域，国家级和地方级自然保护区，国家级和省级风景名胜区，世界文化和自然遗产地，国家级和省级森林公园，世界级、国家级和省级地质公园，基本农田保护区，基本草原； 企业雨水排口、清净废水排口、污水排口下游 10 km 流经范围内涉及跨省界的； 企业位于熔岩地貌、泄洪区、泥石流多发等地区
类型 3 （E3）	不涉及类型 1 和类型 2 情况的
注：本表中规定的距离范围以各类水环境保护目标或保护区域的边界为准	

（4）企业环境风险等级划分与表征。

1）大气环境风险等级划分与表征。

①大气环境风险等级划分。根据企业周边大气环境风险受体敏感程度（E）、涉气风险物质数量与临界量比值（Q）和生产工艺过程与大气环境风险控制水平（M），按照表 3-3-8 确定企业突发大气环境事件风险等级。

表 3-3-8 企业突发环境事件风险分级矩阵表

环境风险受体 敏感程度（E）	风险物质数量与 临界量比值（Q）	生产工艺过程与环境风险控制水平（M）			
		M1 类水平	M2 类水平	M3 类水平	M4 类水平
类型 1 （E1）	1≤ Q<10（Q1）	较大	较大	重大	重大
	10≤ Q<100（Q2）	较大	重大	重大	重大
	Q≥ 100（Q3）	重大	重大	重大	重大
类型 2 （E2）	1≤ Q<10（Q1）	一般	较大	较大	重大
	10≤ Q<100（Q2）	较大	较大	重大	重大
	Q≥ 100（Q3）	较大	重大	重大	重大
类型 3 （E3）	1≤ Q<10（Q1）	一般	一般	较大	较大
	10≤ Q<100（Q2）	一般	较大	较大	重大
	Q≥ 100（Q3）	较大	较大	重大	重大

②大气环境风险等级表征。企业突发大气环境风险等级表征分为以下两种情况：

a. $Q<1$ 时，企业突发大气环境风险等级表征为"一般－大气（Q0）"。

b. $Q\geq 1$ 时，企业突发大气环境风险等级表征为"环境风险等级－大气（Q 水平－M 类型－E 类型）"。

2）水环境风险等级划分。

①水环境风险等级划分。根据企业周边水环境风险受体敏感程度（E）、涉水风险物质数量与临界量比值（Q）和生产工艺过程与水环境风险控制水平（M），按照表 3-3-8 确定企业突发水环境事件风险等级。

②水环境风险等级表征。企业突发水环境风险等级表征分为两种情况：

a. $Q<1$ 时，企业突发水环境风险等级表征为"一般－水（Q0）"。

b. $Q\geq 1$ 时，企业突发水环境风险等级表征为"环境风险等级－水（Q 水平－M 类型－E 类型）"。

（5）企业突发环境事件风险等级确定、调整与表征。

1）企业突发环境事件风险等级确定。由企业突发大气环境风险和突发水环境事件风险等级高者确定企业突发环境事件风险等级。

2）企业突发环境事件风险等级调整。近三年内无违法排放污染物、非法转移处置危险废物等行为受到生态环境保护主管部门处罚的企业，在已评定的突发环境事件等级基础上调高一级，最高等级为重大。

精品微课：企业
环境风险等级评估

3）企业突发环境事件风险等级表征。

①只涉及突发大气环境事件的企业，风险等级按涉气环境部分进行表征。

②只涉及突发水环境事件的企业，风险等级按涉水环境部分进行表征。

③同时涉及突发大气和水环境事件的企业，风险等级表征为"企业突发环境事件风险等级［突发大气环境事件风险等级表征＋突发水环境事件风险等级表征］"，例如：重大［重大－气（Q1－M3－E1）＋较大－水（Q2－M2－E2）］。

例 3-3-1 已知湖南省某火电厂环境风险等级评估中涉气、涉水环境的 Q、M、E 值见表 3-3-9～表 3-3-14，试判定该火电厂的环境风险等级，并按照技术规范要求表征出该企业的环境风险等级。

表 3-3-9 某火电厂涉气环境风险物质识别表

环境风险物质类别	车间/工段名称	风险物质名称	风险物质特性				最大量（最大存在量）q/t	临界量 Q/t	q/Q
			毒性	腐蚀性	可燃性	可爆性			
涉气环境	精处理再生药品区域	无	—	—	—	—	—	—	—
	水汽加药间	液氨	有	有	无	有	0.000 6	5	0.000 12
	液氨区	液氨	有	有	无	有	91	5	18.2
	脱硫反应区	二氧化硫	有	有	有	无	0.93	2.5	0.37
	脱硝反应区	氮氧化物	有	有	无	无	7.3	1	7.3
	制氢站	氢气	无	无	有	有	0.14	10	0.014
	小计								25.89

表 3-3-10 某火电厂涉水环境风险物质识别表

环境风险物质类别	车间/工段名称	风险物质名称	风险物质特性				最大量（最大存在量）q/t	临界量 Q/t	q/Q
			毒性	腐蚀性	可燃性	可爆性			
涉水环境	精处理再生药品区域	30%盐酸	有	有	无	无	3.7	7.5	0.49
		30%氢氧化钠溶液	有	有	无	无	8	200	0.04
	水汽加药间	液氨	有	有	无	有	0.000 6	5	0.000 12
	补给水处理加药间	阻垢剂（MTSA3090）	无	有	无	无	2	200	0.01
		次氯酸钠	有	有	无	无	0.08	5	0.016
		亚硫酸氢钠	有	有	无	无	0.08	200	0.000 4
		盐酸	有	有	无	无	0.4	7.5	0.054
		氢氧化钠	有	有	无	无	0.5	200	0.002 5
	启动炉加药间	磷酸三钠	有	有	无	无	0.5	200	0.002 5
		亚硫酸钠	有	有	无	无	0.5	200	0.002 5
	二氧化氯发生器间	盐酸	有	有	无	无	0.4	7.5	0.054
		氯酸钠	有	有	无	无	0.8	100	0.008
	循环水药品存放区	盐酸	有	有	无	无	1.8	7.5	0.24
		氯酸钠	有	有	无	无	6	100	0.06
	化学废水处理区药品存放区	盐酸	有	有	无	无	1.2	7.5	0.16
		氢氧化钠	有	有	无	无	1.5	200	0.007 5

环境风险物质类别	车间/工段名称	风险物质名称	风险物质特性				最大量（最大存在量）q/t	临界量Q/t	q/Q
			毒性	腐蚀性	可燃性	可爆性			
涉水环境	化学废水加药间	阳离子聚丙烯酰胺	无	无	有	无	1	200	0.005
		次氯酸钠	有	有	无	无	0.025	5	0.005
		盐酸	有	有	无	无	0.8	7.5	0.11
		氢氧化钠	有	有	无	无	0.1	200	0.005
	液氨区	液氨	有	无	有	有	91	5	18.2
	脱硝反应区	催化剂 V_2O_5	有	无	无	无	3.7	0.25	14.8
	制氢站	氢气	无	无	有	有	0.14	10	0.014
	燃油段油罐区	0 号柴油	有	无	有	有	200	2 500	0.08
	升压站	主变、高变、启备等变压器油	有	无	有	有	210.0	2 500	0.084
	汽轮机	32 号汽轮机油	有	无	有	有	50	2 500	0.02
	废油仓库	废机油	有	无	有	有	2	2 500	0.000 8
	仓库	绝缘油	有	无	有	有	5	2 500	0.002
小计									34.5

注：1. 表中盐酸的最大量为实际暂存量折纯 37％浓盐酸的量，五氧化二钒最大量为折纯后钒离子的量；

2. 氢氧化钠、氢氧化钠溶液、亚硫酸钠等《分级方法》中没有的物质，其临界量均按照"391 危害水环境物质"的 200 t 临界量计

表 3-3-11　某火电厂涉气突发环境事件的 M 值确定情况

评估指标	评估依据	分值	企业实际情况	企业得分
生产工艺过程（30）	涉及光气及光气化工艺、电解工艺（氯碱）、氯化工艺、硝化工艺、合成氨工艺、裂解（裂化）工艺、氟化工艺、加氢工艺、重氮化工艺、氧化工艺、过氧化工艺、胺基化工艺、磺化工艺、聚合工艺、烷基化工艺、新型煤化工工艺、电石生产工艺、偶氮化工艺	10/每套	企业具有 2 套 660 MW 蒸汽锅炉，属于高温设备；而脱硝塔脱硝工艺采用氨气作为还原剂，生产工艺涉及易燃、易爆物质（氢气）	15
	高温工艺≥300 ℃或高压工艺≥9.0 MPa；易燃、易爆物料	5/每套		
	具有国家规定限期淘汰的工艺名录和设备	5/每套		
	不涉及以上危险工艺过程或国家规定的禁用工艺/设备	0		

评估指标	评估依据	分值	企业实际情况	企业得分
毒性气体泄漏监控预警措施（25）	（1）不涉及《企业突发环境事件风险分级方法》（HJ 941—2018）附录 A 中有毒有害气体的； （2）根据实际情况，具有厂界有毒、有害气体（如硫化氢、氰化氢、氯化氢、光气、氯气、氨气、苯等）泄漏监控预警系统的	0	脱硝生产过程中使用的氨气为有毒有害气体，具备氨气泄漏警报系统、紧急处置系统，若发生事故，经过警报监测装置报警后，自动开启喷淋系统进行处置	0
	不具备厂界有毒、有害气体泄漏监控预警系统	25		
符合防护距离情况（25）	符合环评及批复文件防护距离要求的	0	项目环评报告大气安全防护距离范围内无环境敏感点	0
	不符合环评及批复文件防护距离要求的	25		
近 3 年内突发大气环境事件发生情况（20）	发生过特别重大或重大等级突发大气环境事件的	20	近 3 年内企业无发生突发大气环境事件	0
	发生过较大等级突发大气环境事件的	15		
	发生过一般等级突发大气环境事件的	10		
	无发生突发大气环境事件的	0		
小计				15

表 3-3-12　某火电厂涉水突发环境事件 M 值确定情况

评估指标	评估依据	分值	企业实际情况	企业得分
生产工艺过程（30）	涉及光气及光气化工艺、电解工艺（氯碱）、氯化工艺、硝化工艺、合成氨工艺、裂解（裂化）工艺、氟化工艺、加氢工艺、重氮化工艺、氧化工艺、过氧化工艺、胺基化工艺、磺化工艺、聚合工艺、烷基化工艺、新型煤化工工艺、电石生产工艺、偶氮化工艺	10/每套	企业具有 2 套 660 MW 蒸汽锅炉，属于高温设备；而脱硝塔脱硝工艺采用氨气作为还原剂，生产工艺涉及易燃、易爆物质	15
	高温工艺 ≥ 300 ℃ 或高压工艺 ≥ 9.0 MPa；易燃、易爆物料	5/每套		
	具有国家规定限期淘汰的工艺名录和设备	5/每套		
	不涉及以上危险工艺过程或国家规定的禁用工艺/设备	0		

评估指标	评估依据	分值	企业实际情况	企业得分
截流措施（8）	（1）各个环境风险单元设防渗漏、防腐蚀、防淋溶、防流失措施，设防初期雨水、泄漏物、受污染的消防水（溢）流入雨水和清净废水系统的导流围挡收集措施（如防火堤、围堰等），且相关措施符合设计规范； （2）装置围堰与罐区防火堤（围堰）外设排水切换阀，正常情况下通向雨水系统的阀门关闭，通向事故存液池、事故应急池、清净废水排放缓冲池或污水处理系统的阀门打开； （3）前述措施日常管理及维护良好，由专人负责阀门切换，保证初期雨水、泄漏物和受污染的消防水排入污水系统	0	（1）氨罐区、柴油罐区、酸碱罐区、煤场均设置污水收集沟，污水排入污水收集池、调节池、沉淀池等设施处理后回用干灰加湿、除渣、喷煤等； （2）氨罐区设置围堰，容积为 200 m³；油罐区设置防火堤，容积为 700 m³，满足最大储罐的容量，围堰外设置水泵和排水切换阀，通往事故池阀门开启，围堰内清空，并配备专人进行管理和维护； （3）精处理区、循环水处理区、废水处理区的酸碱罐区均有围堰和事故收集池； （4）灰场有排洪沟、集水渠，渗滤液收集进入收集池等	0
	有任意一个环境风险单元的截流措施不符合上述任意一条要求的	8		
事故排水收集措施（8）	（1）按相关设计规范设置事故应急池、事故存液池或清净废水排放缓冲池等事故排水收集设施，并根据下游环境风险受体敏感程度及易发生极端天气情况，设置事故排水收集设施的容量； （2）事故存液池、事故应急池、清净废水排放缓冲池等事故排水收集设施位置合理，能自流式或确保事故状态下顺利收集泄漏物和消防水，日常保持足够的事故排水缓冲容量； （3）设抽水设施，并与污水管线连接，能将所收集物送至厂区内污水处理设施处理	0	（1）精处理区有 50 m³ 的化学废水储存池，能自流式收集用水处理段的泄漏物等，有提升泵，能将收集的物质送至废水处理设施处理； （2）废水处理段有 30 m³ 的化学废水储存池，能自流式收集用水处理段的泄漏物等，有提升泵，能将收集的物质送至废水处理设施处理； （3）氨罐区除了围堰外，还有专门的废水池，容积为 27 m³，开启围堰出口阀门后能收集围堰内的泄漏物和消防水，废水池内有提升泵，能将收集物送至废水处理设施进行处理； （4）柴油罐区除了围堰外，还有污油池，有效容积为 70.5 m³，可以自流式收集泄漏的柴油和消防水，并有油水分离设施，另有 9 m³ 的清水池和 3 m³ 的回收油箱	0
	有任意一个环境风险单元的事故排水收集措施不符合上述任意一条要求的	8		

评估指标	评估依据	分值	企业实际情况	企业得分
清净废水系统防控措施（8）	（1）不涉及清净废水。 （2）厂区内清净废水均进入废水处理系统；或清污分流，且清净废水系统具有下述所有措施： ①具有收集受污染的清净废水、初期雨水和消防水功能的清净废水排放缓冲池（或雨水收集池），池内日常保持足够的事故排水缓冲容量；池内设有提升设施，能将所集物送至厂区内污水处理设施处理； ②具有清净废水系统（或排入雨水系统）的总排口监视及关闭设施，由专人负责在紧急情况下关闭清净废水总排口，防止受污染的雨水、清净废水、消防水和泄漏物进入外环境	0	设备冷却水经过冷凝、除氧、预热等作为锅炉补充水；循环冷却水部分（160 t/h）回用干灰加湿、脱硫工艺补充水等，部分（146 t/h）由雨水排放口进入湘江。在排放口附近设置 1 000 m³ 事故缓冲池（或雨水收集池），并有提升泵及管道将受污染的雨水或清净废水泵送废水出站处理后回用喷煤、除渣；总排口有关闭设施，且配置高清摄像头，由厂控制中心 24 h 监控	0
	涉及清净废水，有任意一个环境风险单元的清净废水系统防控措施不符合上述（2）要求的	8		
雨水排水系统风险防控措施（8）	厂区内雨水均进入废水处理系统；或雨污分流，且雨排水系统具有下述所有措施： （1）具有收集初期雨水的收集池或雨水监控池；池出水管上设置切断阀，正常情况下阀门关闭，防止受污染的水外排；池内设有提升设施，能将所集物送至厂区内废水处理设施处理； （2）具有雨水系统外排总排口（含泄洪渠）监视及关闭设施，由专人负责在紧急情况下关闭雨水排口（含与清净废水共用一套排水系统情况），防止雨水、消防水和泄漏物进入外环境； （3）如果有排洪沟，排洪沟不通过厂区和罐区，具有防止泄漏物和受污染的消防水流入区域排洪沟的措施	0	某火电厂总体上基本做到雨污分流。燃油段油罐区防火堤可以收集初期雨水，氨罐区雨篷能防止雨水进入设备区域受到污染，酸碱罐区雨水流入废水池。在排放口附近设置 1 000 m³ 事故缓冲池（或雨水收集池），并有提升泵及管道将受污染的雨水泵送废水出站处理后回用喷煤、除渣；雨水排口有关闭设施，且配置高清摄像头，由厂控制中心 24 h 监控；雨水排放口设置有在线监控，监测因子为 PH、SS、COD	0
	不符合上述要求的	8		

评估指标	评估依据	分值	企业实际情况	企业得分
生产废水处理系统防控措施（8）	（1）无生产废水产生或外排。 （2）有废水外排时： ①受污染的循环冷却水、雨水、消防水等排入生产废水处理系统或独立处理系统； ②生产废水排放前设监控池，能够将不合格废水送废水处理设施重新处理； ③如企业受污染的清净废水或雨水进入废水处理系统处理，则废水处理系统应设置事故水缓冲设施； ④具有生产废水总排口监视及关闭设施，由专人负责启闭，确保泄漏物、受污染的消防水、不合格废水不排出厂外	0	企业在油罐区污油池设置了高液位自动报警联锁装置，一旦污油池液位超高，油水分离设施就会自动启动，及时处理污油池中积液，保持污油池的有效容积，防止含油废水外溢；环评报告要求企业废水处理后循环使用，不外排。存在问题：灰场渗滤液只收集未处理，收集池液面达到一定高度后渗滤液以溢流形式外排入沟渠，最后排入湘江	8
	涉及废水产生或外排，且不符合上述（2）中任意一条要求的	8		
废水排放去向（12）	无生产废水产生或外排	0	企业废水收集池收集进入厂区废水处理系统或灰场处理后，回用喷煤、除渣等；冷却水和灰场渗滤液直接排入湘江。灰场渗滤液只收集未处理，收集池液面达到一定高度后渗滤液以溢流形式外排入沟渠，最后排入湘江	12
	依法获得污水排入排水管网许可，进入城镇污水处理厂或工业污水集中处理厂或进入其他单位	6		
	直接进入海域或江河、湖、库等水环境；进入城市下水道再进入江、河、湖、库或进入城市下水道再进入沿海海域；或未依法获得污水排入排水管网许可，进入城镇污水处理厂；直接进入污灌农田或进入地渗或蒸发地	12		
厂内危险废物环境管理（10）	不涉及危险废物的；或针对危险废物分区储存、运输、利用、处置，具有完善的专业设施和风险防控措施	0	企业建有规范的危废库房；危废定期委托有资质单位进行处置	0
	不具备完善的危险废物分区储存、运输、利用、处置设施和风险防控措施	10		
近3年内突发水环境事件发生情况（8）	发生过特别重大或重大等级突发大气环境事件的	8	企业近3年未发生突发水环境事件	0
	发生过较大等级突发大气环境事件的	6		
	发生过一般等级突发大气环境事件的	4		
	无发生过突发大气环境事件的	0		
小计				35

表 3-3-13　某火电厂大气环境 *E* 值确定情况

判定依据	E1	企业周边 5 km 范围内居住区、医疗卫生、文化教育、科研、行政办公等机构人口总数大于 5 万人，或企业周边 500 m 范围内人口总数大于 1 000 人，或企业周边 5 km 涉及军事禁区、军事管理区、国家相关保密区域
	E2	企业周边 5 km 范围内居住区、医疗卫生、文化教育、科研、行政办公等机构人口总数大于 1 万人，小于 5 万人；或企业周边 500 m 范围内人口总数大于 500 人，小于 1 000 人；企业位于岩溶地貌、泄洪区、泥石流多发等地区
	E3	企业周边 5 km 范围内居住区、医疗卫生、文化教育、科研、行政办公等机构人口总数小于 1 万人，且企业周边 500 m 范围内人口总数小于 500 人
企业情况		企业位于湖南省××市××区××镇××村境内，企业周边 5 km 范围内的主要环境受体为××镇集镇，人口约 2.8 万人，人口总数大于 1 万人、小于 5 万人
判定结果		E2

表 3-3-14　某火电厂水环境 *E* 值确定

判定依据	E1	企业雨水排口、清净废水排口、污水排口下游 10 km 范围内有如下一类或多类环境风险受体的：乡镇及以上城镇饮用水水源（地表水或地下）保护区；农村及分散式饮用水源保护区；或排水进入受纳河流最大流速时，24 h 流经范围内涉跨国界的
	E2	企业雨水排口、清净废水排口、污水排口下游 10 km 范围内有如下一类或多类环境风险受体的：水产养殖区；天然渔场；耕地、基本农田保护区；富营养化水域；基本草原；森林公园；地质公园；天然林；海滨风景游览区；企业位于熔岩地貌、泄洪区、泥石流多发等地区
	E3	企业下游 10 km 范围内无上述类型 1 和类型 2 包括的环境风险受体
企业情况		根据勘查：企业雨水和冷却水、灰场渗滤液排入湘江，雨水排放口下游 10 km 范围内有：梅花渡水厂（3.6 km）、城南水厂（8.7 km）和茅草街水厂（9.8 km）3 处饮用水取水口，河段为饮用水一级或二级保护区
判定结果		E1

解：（1）计算该火电厂涉气、涉水环境的 *Q* 值及其水平判定。

1）识别涉气/涉水环境风险物质。根据《企业突发环境事件风险分级方法》（HJ 941—2018）附录 A 突发环境风险物质及临界量清单，并结合企业生产过程中原辅材料、中间品、产品及废弃物使用、生产、暂存等实际情况，识别出该火电厂涉及的涉气/涉水环境风险物质，详见表 3-3-9、表 3-3-10。

2）确定各风险物质的最大量和临界量。各类涉气/涉水环境风险物质的最大量包括仓储设施中的暂存量和生产设备或环保设备（设施）中的在线量，其数量主要来源于企业的生产资料（现场调研和资料收集时，要求企业提供）；各类风险物质的临界量直接查阅《企业突发环境事件风险分级方法》（HJ 941—2018）附录 A 突发环境风险物质及临界量清单而确定。例如：氨气附录 A 中第 28 号、临界量 5 t；浓盐酸附录 A 中第 145 号、临界量 7.5 t；其他风险物质的最大量和数量详见表 3-3-9、表 3-3-10。

3）计算涉气/涉水环境的 *Q* 值。根据式（3-3-1）可分别计算出涉气/涉水环境的 *Q* 值分别为

$Q_气 = 25.89$，$Q_水 = 34.4$，具体计算过程详见表 3-3-9、表 3-3-10。

4）判定涉气/涉水环境 Q 水平。根据表 3-3-1 可以判定该火电厂涉气/涉水环境的 Q 值均属于 Q2 水平。

（2）计算该火电厂涉气/涉水环境的 M 值及其水平判定。

1）确定表 3-3-11、表 3-3-12 企业实际情况。表 3-3-11、表 3-3-12 中各评价指标、企业实际情况主要根据现场调研和资料收集时，企业提供的基础资料，再分门别类整理后确定。

2）各评价指标赋值。将企业实际与表 3-3-11、表 3-3-12 中的评估依据逐项对比，符合评估依据要求的逐项计分，不符合要求的计 0 分。

3）求和。对表 3-3-11、表 3-3-12 中涉气/涉水环境中各项评估指标赋值进行求和，分别得到涉气/涉水环境的 M 值，涉气/涉水环境的 M 值分别为 15 分和 35 分。

4）M 值水平判定。根据表 3-3-4 确定涉气/涉水环境的 M 值水平，由于该火电厂 $M_{气}=15$，所以为 M1 水平；同理，$M_{水}=35$，所以为 M2 水平。

（3）该火电厂涉气/涉水环境的 E 值及其水平判定。

1）确定表 3-3-13、表 3-3-14 企业实际情况。表 3-3-13、表 3-3-14 中企业实际情况主要根据现场调研和资料收集时，企业提供的基础资料和技术员收集整理的相关资料确定。例如，涉水环境是否涉及饮用水水源地、基本农田保护区、跨界等情况，可通过以下途径判定。

①资料查阅法。如果要确定湖南省某企业排口下游 10 km 范围内是否涉及饮用水水源地，可查阅《湖南省主要水系地表水环境功能区划》（DB 43/023—2005）、《湖南省水功能区划（修编）》（湘政函〔2014〕183 号）和《湖南省县级以上地表水集中式饮用水水源保护区划定方案》（湘政函〔2016〕176 号）等。

②专家咨询法。如果要确定某省某企业排口下游 10 km 范围内是否涉及自然保护区、水产种子资源保护区、饮用水水源地、基本农田保护区、跨界等情况，可通过咨询相关行业专家确定。

③经验法。如果要确定涉气/涉水环境敏感程度，也可以由技术员根据自身从业经验和知识确定。

2）确定 E 值水平。根据表 3-3-13、表 3-3-14 可确定出涉气/涉水环境的 E 值水平分别为 E2 和 E1。

（4）该火电厂涉气/涉水环境的环境风险等级。综上所述，该火电厂涉气/涉水环境的 Q、M、E 值及水平详见表 3-3-15。

表 3-3-15　某火电厂 Q、M、E 判定表

类型	评估指标			环境风险等级	风险等级表征
	指标	分值	水平		
涉气环境	Q	25.89	Q2	较大	较大－气 （Q2－M1－E2）
	M	15	M1		
	E	—	E2		
涉水环境	Q	34.4	Q2	重大	重大－水 （Q2－M2－E1）
	M	35	M2		
	E	—	E1		

（5）该火电厂环境的环境风险等级。依据《企业突发环境事件风险分级方法》（HJ 941—2018）中相关规定，某火电厂环境风险等级判定为"重大环境风险"，表征为"重大〔较大—气（Q2—M1—E2）＋重大—水（Q2—M2—E1）〕"。

另外，该火电厂最近 3 年内，由于公司领导和广大员工高度重视环境应急工作，2015 年 10 月首轮备案以来，不仅未发生过突发环境事件，也不存在因违法排放污染物、非法转移处置危险废物等行为受到生态环境部门的处罚，故该火电厂环境风险等级无须进行调整。

综上所述，该火电厂环境风险等级最终评定为：重大〔较大—气（Q2—M1—E2）＋重大—水（Q2—M2—E1）〕。

二、硫酸企业环境风险等级评估

硫酸企业是指以硫铁矿、硫黄、冶炼烟气等为原料生产硫酸的工业企业。根据制酸原辅材料和生产工艺的不同可分为以下几种：

精品微课：硫酸企业
环境风险评估方法

（1）硫铁矿制酸是指以硫铁矿（含硫精砂）为原料生产工业硫酸（包括石膏制酸），主要工序为原料储存、原料破碎、沸腾焙烧、炉气净化、二氧化硫转化、三氧化硫吸收及成品储存等。

（2）硫黄制酸是指以硫黄为原料生产工业硫酸，主要工序为原料储存、熔硫、液硫焚烧、转化和吸收、成品储存等。

（3）冶炼烟气制酸是指以铜、锌、铅、镍等有色金属冶炼过程中排出的含二氧化硫烟气为原料，生产工业硫酸，主要工序为含二氧化硫烟气净化、转化吸收及成品等。

硫酸企业由于涉及二氧化硫、三氧化硫、浓硫酸排放，以及含重金属废水、浓硫酸或二氧化硫/三氧化硫泄漏或含重金属废水事故排放可能造成突发环境事件的发生。

1. 评估依据

《环境风险评估技术指南——硫酸企业环境风险等级划分方法（试行）》。

2. 评估指标

根据《环境风险评估技术指南——硫酸企业环境风险等级划分方法（试行）》的规定，硫酸企业环境风险等级划分指标体系由内因性指标和外因性指标两个部分组成。

（1）内因性指标是用于评价硫酸企业生产规模、生产原料、厂址环境敏感性等客观情况的指标。它反映硫酸企业因客观因素不同而导致不同的环境风险程度，包括生产因素和厂址环境敏感性两大类指标，详见表 3-3-16。

（2）外因性指标是用于评价硫酸企业执行环境保护和其他有关政策法规情况的指标。它反映硫酸企业因管理水平不同而导致不同的环境风险程度，包括环境风险管理和事故管理两大类指标，详见表 3-3-17。

表 3-3-16 企业内因性指标得分汇总

序号	指标项目		工艺特点	评分依据	指标分值
1	生产因素	生产规模	以硫铁矿为原料	20 万 t/a 以上	20
2				10 万~20 万 t/a	15
3				10 万 t/a 以下	10
4			以硫黄为原料	40 万 t/a 以上	15
5				20 万~40 万 t/a	12
6				20 万 t/a 以下	8
7			以冶炼烟气为原料	30 万 t/a 以上	8
8				10 万~30 万 t/a	5
9				10 万 t/a 以下	3
10		生产原料	硫铁矿（包括硫精砂）不符合《硫铁矿和硫精矿》（HG/T 2786—1996）质量标准要求		15
11					
12			硫铁矿（包括硫精砂）符合《硫铁矿和硫精矿》（HG/T 2786—1996）质量标准要求		0
13					
14		生产工艺	水洗净化		20
15			封闭稀酸洗净化		5
16		厂区内危险物质量	硫酸量	5 000 m³ 以上	6
17				5 000 m³ 以下	3
18			工业二氧化硫量（折 100%）	20 t 以上	10
19				20 t 以下	5
20			工业三氧化硫量（折 100%）	30 t 以上	10
21				30 t 以下	5
22		符合产业政策情况	属于现行国家产业政策中鼓励类		0
23			属于现行国家产业政策中允许类		5
24			属于现行国家产业政策中限制类		10
25		清洁生产水平	达到国际先进水平		0
			达到国内先进水平		5
			达到国内基本水平		10
26	厂址环境敏感性		厂址地处重点流域		2
27			厂址与饮用水水源保护区等环境敏感地区紧靠或相距较近		10
28			厂址地处二氧化硫或酸雨污染严重区域		5
29			厂址位于城镇主导上风向 5 km 范围内		5
30			厂址位于工业园区外		5
31			厂区的卫生防护距离或大气环境防护距离内有人口密集区		10
32			厂区总平面布置不合理		10

注：1. 产品规模均为装置单套生产规模；

2. 对于具有多种工艺、多套设备的企业，分值叠加；

3. 对于与其他行业配套的硫酸企业，每增加一个重大危险源，分值增加 5 分；

4. 未按规定通过清洁生产审核验收的企业，不参加环境风险等级划分；

5. 厂区总平面布置不合理，是指厂区总平面布置不符合防范环境及安全风险的要求，或厂区位置与周围的民居、企业、车站、码头、交通干道、水源地、重要地面水体之间没有设置符合要求的安全防护距离和防火距离

表 3-3-17　企业外因性指标得分汇总

序号			指标项目	评分依据	指标分值
1	环境风险管理	综合管理	具有经生态环境保护主管部门批准的环境影响评价文件	通过	−2
2			通过生态环境保护主管部门的建设项目竣工环境保护验收	通过	−2
3			具备法律法规规定的条件，并按规定取得安全生产许可证	通过	−2
4			通过消防验收	通过	−2
5			建立符合环境监测管理要求的污染源监测口及监测平台，按要求实施监测，建立企业环境监测台账	建立与否	±2
6			按要求安装废气、废水在线监测设施，并通过验收	未安装、验收	4
7			通过 ISO 14001 标准认证	通过与否	±2
8			排放污染物符合国家或地方规定的污染物排放标准	符合	−2
9			排放重点污染物符合重点污染物排放总量控制指标	符合与否	±1
10			生产区实行"雨污分流、清污分流"	实行与否	±1
11			实行员工上岗培训和应急培训	实行与否	±6
12			严格执行生产操作规程	执行与否	±2
13			采用国际先进水平设备，材质防腐性能好	采用与否	±5
14			采用先进的集散型控制系统	采用与否	±3
15		危险化学品管理	按规定取得危险化学品安全生产许可证	取得	−2
16			制定安全生产危险化学品的工艺规程和安全技术规程	制定与否	±1
17			制定安全危险化学品的安全技术规程	制定与否	±1
18			制定安全运输危险化学品的安全技术规程	未制定或不具可操作性	2
19			制定安全处理危险化学品废弃物的安全技术规程	制定与否	±2
20			设置符合危险化学品安全条件的仓库和储罐	设置与否	±2
21			配置符合危险化学品安全运输条件的运输工具	设置与否	±2
22			设置符合危险化学品废弃物安全处理条件的处理设施	设置与否	±2
23			完成危险化学品安全评价	未完成	1
24			制定并落实危险废物管理制度	未制定、落实	2
25			危险废物处置符合环境管理要求	符合与否	±3

序号	指标项目			评分依据	指标分值
26	环境风险管理	重大危险源管理	设置可燃物质报警装置	设置与否	±2
27			设置有害物质报警装置	设置与否	±2
28			设置即时摄像监控装置	设置与否	±2
29			制定尾气吸收和污水处理装置的操作流程及事故状态下的紧急措施	制定与否	±2
30			开停车科学管理，并配套有合理的尾气事故处理设施	执行与否	±5
31			事故应急池容积符合非正常工况下的事故废水及消防废水收集的要求	符合与否	±2
32			液体二氧化硫和液体三氧化硫灌装线设置有喷淋设施	设置与否	±5
33			各类储罐配有容积充足的围堰和事故废水收集池	设置合理	—5
34			完成重大危险源的申报和备案	完成与否	±2
35		生产设备检修管理	制定设备安全检修措施	制定与否	±1
36			建立设备安全管理制度	建立与否	±2
37	事故管理	事故应急救援组织准备	制定事故应急救援预案	未制定	2
38			定期举行事故应急救援预案演习	未举行	2
39			建立事故应急救援领导机构	建立与否	±4
40			建立企业与工业园区及当地政府突发性事故应急预案联动机制	建立与否	±4
41		事故应急物资管理	厂内备有充足的应急设备（设施）、器材和其他物资，包括堵漏收集器材、安全和消防器材，制定并落实了事故应急物资管理制度	配备并落实与否	±4
42		事故处理总结	制定处理事故、追究责任的制度	制定与否	±1
43			制定分析事故、总结经验的制度	制定与否	±1

3. 等级评定

通过外因性指标对内因性指标进行修正，取得硫酸企业环境风险的评分结果，再将评分结果与环境风险等级进行比对后，确定该硫酸生产单元的环境风险等级。硫酸企业环境风险等级见表 3-3-18。

表 3-3-18 硫酸企业环境风险等级

环境风险级别	评价指标分值
一级（风险较高）	≥70
二级（一般风险）	30～69
三级（风险较低）	＜30

例 3-3-2 已知湖南省某冶炼企业现有年产 8 万 t 电解锌生产线、年产 18 万 t 烟气制酸生产线及配套 1 800 t/d 污水处理站，该冶炼企业制酸部分内外因性指标情况分别见

表 3-3-19、表 3-3-20，试判定该冶炼企业制酸部分的环境风险等级。

表 3-3-19　企业内因性指标得分汇总

序号	指标项目	工艺特点	评分依据	指标分值/分	企业实际	得分
1	生产因素	生产规模	以硫铁矿为原料	20 万 t/a 以上	20	以锌精矿冶炼烟气为原料，生产能力为 18 万 t/a	5
2				10 万～20 万 t/a	15		
3				10 万 t/a 以下	10		
4			以硫黄为原料	40 万 t/a 以上	15		
5				20 万～40 万 t/a	12		
6				20 万 t/a 以下	8		
7			以冶炼烟气为原料	30 万 t/a 以上	8		
8				10 万～30 万 t/a	5		
9				10 万 t/a 以下	3		
10		生产原料	硫铁矿（包括硫精砂）不符合《硫铁矿和硫精矿》（HG/T 2786—1996）质量标准要求	15	锌精矿满足国家标准《锌精矿》（YS/T 320—2014）	0
11			硫铁矿（包括硫精砂）符合《硫铁矿和硫精矿》（HG/T 2786—1996）质量标准要求	0		
12		生产工艺	水洗净化	20	采用封闭稀酸洗净化	5
13			封闭稀酸洗净化	5		
14		厂区内危险物质量	硫酸量	5 000 m³ 以上	6	5 000 m³ 以上	6
15				5 000 m³ 以下	3		
16			工业二氧化硫量（折 100%）	20 t 以上	10	不生产工业二氧化硫和工业三氧化硫	0
17				20 t 以下	5		
18			工业三氧化硫量（折 100%）	30 t 以上	10		
19				30 t 以下	5		
20		符合产业政策情况	属于现行国家产业政策中鼓励类	0	属于现行国家产业政策中允许类	5
21			属于现行国家产业政策中允许类	5		
22			属于现行国家产业政策中限制类	10		
23		清洁生产水平	达到国际先进水平	0	达到国内先进水平	5
24			达到国内先进水平	5		
25			达到国内基本水平	10		

序号	指标项目		工艺特点	评分依据	指标分值/分	企业实际	得分
26	厂址环境敏感性		厂址地处重点流域		2	没有位于重点流域区	0
27			厂址与饮用水水源保护区等环境敏感地区紧靠或相距较近		10	不属于饮用水水源保护区等环境敏感地区	0
28			厂址地处二氧化硫或酸雨污染严重区域		5	不属于二氧化硫或酸雨污染严重区域	0
29			厂址位于城镇主导上风向 5 km 范围内		5	不属于城镇主导上风向 5 km 范围内	0
30			厂址位于工业园区外		5	厂址位于工业园区外	5
31			厂区的卫生防护距离或大气环境防护距离内有人口密集区		10	厂区的卫生防护距离有 6 户居民尚未搬迁	10
32			厂区总平面布置不合理		10	合理	0
合计							41

表 3-3-20　企业外因性指标得分汇总

序号	指标项目			评分依据	指标分值	企业情况	得分
1	环境风险管理	综合管理	具有经生态环境保护主管部门批准的环境影响评价文件	通过	−2	通过	−2
2			通过生态环境保护主管部门的建设项目竣工环境保护验收	通过	−2	污水处理站和硫酸三厂已经通过竣工环境保护验收	−2
3			具备法律法规规定的条件，并按规定取得安全生产许可证	通过	−2	通过	−2
4			通过消防验收	通过	−2	通过	−2
5			建立符合环境监测管理要求的污染源监测口及监测平台，按要求实施监测，建立企业环境监测台账	建立与否	±2	建立	−2
6			按要求安装废气、废水在线监测设施，并通过验收	未安装、验收	4	企业安装有硫酸制酸尾气在线监测设施、废水在线监测设施，已完成环保验收	0

序号			指标项目	评分依据	指标分值	企业情况	得分
7	环境风险管理	综合管理	通过 ISO 14001 标准认证	通过与否	±2	未通过	2
8			排放污染物符合国家或地方规定的污染物排放标准	符合	−2	符合	−2
9			排放重点污染物符合重点污染物排放总量控制指标	符合与否	±1	符合	−1
10			生产区实行"雨污分流、清污分流"	实行与否	±1	实行	−1
11			实行员工上岗培训和应急培训	实行与否	±6	实行	−6
12			严格执行生产操作规程	执行与否	±2	执行	−2
13			采用国际先进水平设备，材质防腐性能好	采用与否	±5	采用	−5
14			采用先进的集散型控制系统	采用与否	±3	采用	−3
15		危险化学品管理	按规定取得危险化学品安全生产许可证	取得	−2	取得	−2
16			制定安全生产危险化学品的工艺规程和安全技术规程	制定与否	±1	制定	−1
17			制定安全危险化学品的安全技术规程	制定与否	±1	制定	−1
18			制定安全运输危险化学品的安全技术规程	未制定或不具可操作性	2	制定并具有操作性	0
19			制定安全处理危险化学品废弃物的安全技术规程	制定与否	±2	制定	−2
20			设置符合危险化学品安全条件的仓库和储罐	设置与否	±2	设置硫酸储罐，符合条件	−2
21			配置符合危险化学品安全运输条件的运输工具	设置与否	±2	配置	−2
22			设置符合危险化学品废弃物安全处理条件的处理设施	设置与否	±2	设置	−2
23			完成危险化学品安全评价	未完成	1	已通过安全生产二级标准	0
24			制定并落实危险废物管理制度	未制定、落实	2	制定	0
25			危险废物处置符合环境管理要求	符合与否	±3	符合	−3

序号	指标项目			评分依据	指标分值	企业情况	得分
26	环境风险管理	重大危险源管理	设置可燃物质报警装置	设置与否	±2	不涉及	0
27			设置有害物质报警装置	设置与否	±2	设置 SO$_2$ 报警装置	−2
28			设置即时摄像监控装置	设置与否	±2	设置	−2
29			制定尾气吸收和污水处理装置的操作流程及事故状态下的紧急措施	制定与否	±2	制定	−2
30			开停车科学管理,并配套有合理的尾气事故处理设施	执行与否	±5	执行	−5
31			事故应急池容积符合非正常工况下的事故废水及消防废水收集的要求	符合与否	±2	事故应急池容积符合要求	−2
32			液体二氧化硫和液体三氧化硫灌装线设置有喷淋设施	设置与否	±5	不涉及液体二氧化硫和液体三氧化硫灌装线	0
33			各类储罐配有容积充足的围堰和事故废水收集池	设置合理	−5	储罐日常储存硫酸最大量为 3 000 t(1 634 m^3),储罐区四周设置了围堰(38.5 m× 18.5 m×3.7 m,有效容积为 2 635 m^3),另外酸泵房下方设置了 1 个事故应急池(有效容积为 20 m^3),当发生泄漏事故时,泄漏液体流入事故应急池,通过酸泵泵回酸罐内	−5
34			完成重大危险源的申报和备案	完成与否	±2	无重大危险源	−2
35		生产设备检修管理	制定设备安全检修措施	制定与否	±1	已制定	−1
36			建立设备安全管理制度	建立与否	±2	已建立	−2

序号	指标项目			评分依据	指标分值	企业情况	得分
37	事故管理	事故应急救援组织准备	制定事故应急救援预案	未制定	2	已制定	0
38			定期举行事故应急救援预案演习	未举行	2	每年2次演习	0
39			建立事故应急救援领导机构	建立与否	±4	建立由总经理、安全总监、有关部门领导组成的应急救援指挥小组	−4
40			建立企业与工业园区当地政府突发性事故应急预案联动机制	建立与否	±4	建立	−4
41		事故应急物资管理	厂内备有充足的应急设备（设施）、器材和其他物资，包括堵漏收集器材、安全和消防器材，制定并落实了事故应急物资管理制度	配备并落实与否	±4	厂区设置应急事故池、配套完善的个人防护设施、应急救援设施、配套足够的消防设施器材，并由专门的人员进行保管、维护	−4
42		事故处理总结	制定处理事故、追究责任的制度	制定与否	±1	制定	−1
43			制定分析事故、总结经验的制度	制定与否	±1	制定	−1
合计							−80

解：（1）企业基本情况填写。根据现场调研时企业提供的数据资料逐条填写在表 3-3-19 和表 3-3-20 中。

（2）逐条赋分。根据表 3-3-19 和表 3-3-20 中的计分规定，将企业实际情况逐条与评分依据对比后赋分，最后求和得到内外因性指标的分值，如本例冶炼企业制酸部分内外因性指标得分分别是 41 分、−80 分。

（3）等级判定。将内外因性指标进行求和，再参考表 3-3-18 的规定判定制酸企业环境风险等级。例如，本例冶炼企业制酸部分内因性指标得分为 41 分，外因性指标得分为 −80 分，内因性指标与外因性指标分数总计 −39 分＜30 分，所以企业硫酸生产单元的风险等级为三级（风险较低）。

三、粗铅冶炼企业环境风险等级评估

粗铅冶炼是指以铅精矿、铅锌混合精矿为原料生产粗铅的过程。具体是指将铅精矿等物料熔炼，使硫化铅氧化为氧化铅，再利用炭质还原剂在高温下使氧化铅还原为粗铅（含铅 95%～98%）的过程。目前世界上铅的主要生产方法是火法，湿法炼铅尚未实现

工业化。火法冶炼工艺分为传统炼铅工艺和富氧熔炼工艺。传统炼铅工艺包括烧结—鼓风炉熔炼工艺、密闭鼓风炉熔炼（ISP）工艺。富氧熔炼工艺包括富氧底吹—鼓风炉炼铅工艺（SKS法）、富氧顶吹—鼓风炉炼铅工艺、基夫赛特（Kivcet）法、富氧底吹—液态高铅渣直接还原工艺、闪速炼铅工艺等。其中，基夫赛特（Kivcet）法、富氧底吹—液态高铅渣直接还原工艺、闪速炼铅工艺三种工艺是直接炼铅工艺。

烟气制酸是指以铅冶炼过程中排出的含二氧化硫烟气为原料，生产工业硫酸，主要工序为含二氧化硫烟气余热回收、净化、干燥、转化吸收及成品储存等。

粗铅冶炼企业环境风险等级评估依据是《环境风险评估技术指南——粗铅冶炼企业环境风险等级划分方法（试行）》。粗铅冶炼企业环境风险等级划分指标体系由两个部分组成，分别是内因性指标和外因性指标。内因性指标是用于评价粗铅冶炼企业的生产工艺及装备等生产因素、环保设施及厂址环境敏感性等客观情况的指标。它反映粗铅冶炼企业因客观因素不同而导致不同的环境风险程度，包括生产因素、环保设施、厂址环境敏感性三大类指标。外因性指标是用于评价粗铅冶炼企业执行环境保护等方面的有关政策法规，以及事故预防和应急措施情况的指标。它反映粗铅冶炼企业因管理水平不同而导致不同的环境风险程度，包括环境风险管理和事故管理两大类指标。具体评估过程可参考"硫酸企业环境风险等级评估"。

四、氯碱企业环境风险等级评估

氯碱生产是指以氯化钠为原料，采用隔膜电解法或离子膜电解法生产液碱（或固碱）、氢气和氯气（或液氯）的生产过程。聚氯乙烯生产是指以氯气、电石/乙烯为主要原料，采用电石法或乙烯氧氯化平衡法生产聚氯乙烯的生产过程。隔膜电解法是指以氯化钠和水为原料，电解槽的阳极与阴极之间设置多孔渗透性的隔膜，电解时，氯化钠溶液中的氯离子在阳极失去电子生成氯气并逸出，氢离子在阴极得到电子生成氢气并逸出，留在溶液中的氢氧根离子与钠离子形成碱溶液。离子膜电解法是指以氯化钠和水为原料，电解槽的阳极与阴极之间设置允许阳离子通过、阻止阴离子和气体通过的离子膜，阳极室注入精制的氯化钠溶液，电解时氯化钠溶液中的氯离子在阳极失去电子生成氯气并逸出；阴极室注入碱液，电解时水中氢离子在阴极得到电子生成氢气并逸出，留在水中的氢氧根离子与穿过离子膜的钠离子形成碱溶液。电石法是指利用电石遇水生成乙炔的原理，将乙炔与氯化氢合成制得氯乙烯单体，再通过聚合反应使氯乙烯生成聚氯乙烯的生产方法。乙烯氧氯化平衡法是指乙烯与氯气为主要原料进行直接氯化、氧氯化反应生成二氯乙烷，净化后的二氯乙烷经裂解生成氯乙烯和氯化氢，氯乙烯精制后再生产聚氯乙烯。

氯碱企业环境风险等级评估依据是《环境风险评估技术指南——氯碱企业环境风险等级划分方法（试行）》。氯碱企业环境风险等级划分指标体系由基准值和修正值两个部分组成。其中，基准值是反映氯碱企业可能引发环境风险的生产因素、厂址环境敏感性等的普遍性、概括性指标，是构成氯碱企业环境风险的内因性因素指标。修正值是反映氯碱企业环境风险管理水平和事故应急救援能力等的具体指标，是构成氯碱企业环境风险的外因性因素指标。具体评估过程可参考"硫酸企业环境风险等级评估"。

任务四　其他场景环境风险等级评估

任务引入

2015 年 11 月 23 日，位于陇南市西和县的陇星锑业尾矿库发生泄漏，造成跨甘肃、陕西、四川三省的突发环境事件，对沿线部分群众生产生活用水造成了一定影响，并直接威胁到四川省广元市西湾水厂供水安全。事件发生后，党中央、国务院高度重视，生态环境部迅速派出工作组和专家组赶赴现场协调指导，甘肃、陕西、四川三省相继启动应急预案，组织开展应对工作。经过共同努力，2015 年 12 月 26 日，陕川交界处持续、稳定达标，2016 年 1 月 28 日，甘陕交界处持续、稳定达标。应急期间，三省通过开展沿线水质调查检测、通告群众停用受污染水源、安排车辆送水、引入其他清洁水源和实施水厂除锑工艺改造等措施，保障了沿线群众生产生活用水安全。如何评定采选企业尾矿库的突发环境风险等级呢？

通过扫码观看"山西某尾矿库溃坝事故"视频，初步了解尾矿库溃坝事故影响后果，完成课前思考：

1. 采选企业尾矿库可能发生哪些突发环境风险事件？如何预防此类事件发生？
2. 如何评定企业尾矿库的突发环境风险等级呢？

待学习本任务后，完成以下任务：

1. 尾矿库环境风险等级如何评估？
2. 饮用水水源地环境风险等级如何评估？

视频：山西尾矿库溃坝事故

知识学习

一、尾矿库环境风险等级评估

尾矿库是指筑坝拦截谷口或围地构成的，用以堆存金属、非金属矿山，进行矿石选别后排出尾矿、湿法冶炼过程中产生废物或其他工业废渣的场所。

精品微课：尾矿库
环境风险评估方法

1. 评估依据

尾矿库环境风险等级评估依据主要有《尾矿库环境风险评估技术导则（试行）》

（HJ 740—2015）、《建设项目环境风险评价技术导则》（HJ 169—2018）等。

2. 评估指标

利用层次分析法，从尾矿库的环境危害性（H）、周边环境敏感性（S）、控制机制可靠性（R）三方面，如图 3-4-1 所示，进行尾矿库环境风险等级划分。

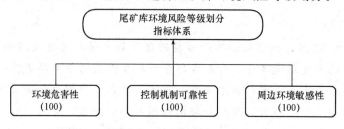

图 3-4-1　尾矿库环境风险等级划分指标体系

（1）环境危害性（H）。采用评分方法，对尾矿库的类型、性质和规模量三方面的指标进行评分与累加求和，确定尾矿库环境危害性（H），尾矿库环境风险等别划分指标体系见表 3-4-1。

表 3-4-1　尾矿库环境危害性（H）等别划分指标体系

序号			指标项目		指标分值
1	尾矿库环境危害性	类型	矿种类型/固体废物类型/尾矿或尾矿水成分类型		48
2		性质	特征污染物指标浓度情况	浓度倍数情况	pH 值	8
3				指标浓度倍数情况	14
4				浓度倍数 3 倍及以上的指标项数	6
5		规模	现状库容		24

依据尾矿库环境危害性等别划分（表 3-4-2），将其划分为 H1、H2、H3 三个等别。

表 3-4-2　尾矿库环境危害性等别划分表

环境危害性（H）	环境危害性等别代码
(70，100]	H1
(30，70]	H2
(0，30]	H3

（2）周边环境敏感性（S）。采用评分方法，对尾矿库下游涉及的跨界情况、周边环境风险受体情况、周边环境功能类别情况三方面指标进行评分与累加求和，确定尾矿库周边环境敏感性（S），具体见表 3-4-3。

表 3-4-3　尾矿库周边环境敏感性（S）等别划分指标体系

序号	指标项目				指标分值
1	尾矿库周边环境敏感性	下游涉及的跨界情况	涉及跨界类型		18
2			涉及跨界距离		6
3		周边环境风险受体情况			54
4		周边环境功能类别情况	水环境	下游水体	地表水	9
5					海水	
6				地下水		6
7			土壤环境			4
8			大气环境			3

依据尾矿库周边环境敏感性等别划分（表 3-4-4），将其划分为 S1、S2、S3 三个等别。

表 3-4-4　尾矿库周边环境敏感性等别划分

周边环境敏感性（S）	周边环境敏感性等别代码
（70，100]	S1
（30，70]	S2
（0，30]	S3

（3）控制机制可靠性（R）。采用评分方法，对尾矿库基本情况、自然条件情况、安全生产情况、环境保护情况和历史事件情况五方面指标进行评分与累加求和，确定尾矿库控制机制可靠性（R），具体见表 3-4-5。

表 3-4-5　尾矿库控制机制可靠性（R）等别划分指标体系

序号	指标项目				分值
1	尾矿库控制机制可靠性	基本情况	堆存	堆存种类	1.5
2				堆存方式	1
3				坝体透水情况	2
4			输送	输送方式	1.5
5				输送量	1
6				输送距离	1.5
7			回水	回水方式	1
8				回水量	0.5
9				回水距离	1
10			防洪	库外截流设施	2
11				库内排洪设施	2

序号		指标项目			分值
12	自然条件情况	是否处于按《地质灾害危险性评估技术要求（试行）》评定为"危害性中等"或"危害性大"的区域，或处于地质灾害易灾区、岩溶（喀斯特）地貌区			9
13	安全生产情况	尾矿库安全度等别			15
14	尾矿库控制机制可靠性	环境保护情况	环保审批	是否通过"三同时"验收	8
15			污染防治	水排放情况	3
16				防流失情况	1.5
17				防渗漏情况	2.5
18				防扬散情况	1.5
19			环境应急	事故应急池建设情况	5
20			环境应急设施	输送系统环境应急设施建设情况	2
21				回水系统环境应急设施建设情况	1.5
22				环境应急预案	6.5
23				环境应急资源	2
24			环境监测预警与日常检查	监测预警	2
25				日常检查	2
26			环境安全隐患排查与治理	环境安全隐患排查	3
27				环境安全隐患治理	2.5
28		环境违法与环境纠纷情况	近三年来是否存在环境违法行为或与周边存在环境纠纷		7
29		历史事件情况	近三年来发生事故或事件情况（包括安全和环境方面）	事件等级	8
30				事件次数	3

依据尾矿库控制机制可靠性等别划分（表 3-4-6），将其划分为 R1、R2、R3 三个等级。

表 3-4-6　尾矿库控制机制可靠性等别划分表

控制机制可靠性（R）	控制机制可靠性等别代码
（70，100］	R1
（30，70］	R2
（0，30］	R3

（4）尾矿库风险等级划分。综合尾矿库环境危害性（H）、周边环境敏感性（S）、控制机制可靠性（R）三方面的等别，对照尾矿库环境风险等级划分矩阵（表3-4-7），将尾矿库环境风险划分为重大、较大、一般三个等级。

表3-4-7 尾矿库环境风险等级划分矩阵

序号	环境危害性（H）	周边环境敏感性（S）	控制机制可靠性（R）	环境风险等级
1			R1	重大
2		S1	R2	重大
3			R3	较大
4			R1	重大
5	H1	S2	R2	较大
6			R3	较大
7			R1	重大
8		S3	R2	较大
9			R3	一般
1			R1	重大
2		S1	R2	较大
3			R3	较大
4			R1	较大
5	H2	S2	R2	一般
6			R3	一般
7			R1	一般
8		S3	R2	一般
9			R3	一般
1			R1	较大
2		S1	R2	较大
3			R3	一般
4			R1	一般
5	H3	S2	R2	一般
6			R3	一般
7			R1	一般
8		S3	R2	一般
9			R3	一般

（5）尾矿库风险等级表征。尾矿库环境风险等级可表征为"环境风险等级（环境危害性等别代码＋周边环境敏感性等别代码＋控制机制可靠性等别代码）"，如环境危害性为H1类、周边环境敏感性为S2类、控制机制可靠性为R3类的尾矿库环境风险等级可表征为"较大（H1S2R3）"。

例3-4-1 已知湖南省某冶炼企业现有年产12万t电解锌生产线、年产30万t烟气制酸生产线，以及配套 3 000 t/d 污水处理站和 88 万 m³ 的尾渣库，该冶炼企业尾渣库 H、S、R 指标情况分别见表 3-4-8～表 3-4-10，试判定该冶炼尾矿库的环境风险等级。

表 3-4-8　尾矿库环境危害性指标评分表

指标因子			评分依据	评分	企业实际情况	企业得分
H (48)	类型 (48)	尾矿或尾矿水成分类型	(1) 相关的生产过程中使用了列入《重点环境管理危险化学品目录》的危险化学品。 (2) 危险废物。 (3) 重金属矿种：铜、镍、铅、锌、锡、锑、钴、汞、镉、铋、砷、铊、钒、铬、锰、钼。 (4) 贵金属矿种（采用氰化物采选工艺）：金、银、铂族（铂、钯、铱、铑、锇、钌）。 (5) 有色金属矿种：钨	48	企业酸浸渣在危废固废名录范围中，且在湘环函〔2013〕253号、湘环监〔2013〕15号及州政办函〔2013〕90号文中都已明确为"危险废物"	48
			(6) 一般工业固体废物（Ⅱ类）。 (7) 贵金属矿种（采用无氰化物采选工艺）：金、银、铂族（铂、钯、铱、铑、锇、钌）。 (8) 轻有色金属矿种：铝（铝土）、镁、锶、钡。 (9) 稀土元素的矿种：钇、镧、铈、镨、钕、钷、钐、铕、钆、铽、镝、钬、铒、铥、镱、镥。 (10) 稀有金属矿种：铌、钽、铍、锆、锶、铷、锂、铯。 (11) 稀散元素矿种：锗、镓、铟、铪、铼、钪、硒、碲。 (12) 有色金属矿种：钛。 (13) 非金属矿种：化工原料或化学矿。 (14) 涉及硫（包括主矿、共生矿）、磷（包括主矿、共生矿）。 (15) 涉及酸性岩矿种或产生酸性废液的矿种	24		
			(16) 一般工业固体废物（Ⅰ类）。 (17) 黑色金属矿种：铁。 (18) 轻有色金属矿种：钠、钾、钙。 (19) 非金属矿种：冶金辅助原料矿。 (20) 非金属矿种：建材原料矿。 (21) 非金属矿种：黏土、轻质材料、耐火材料、非金属矿。 (22) 非金属矿种：特种非金属矿。 (23) 非金属矿种：能源矿种。 (24) 非金属矿种：其他非金属矿种	0		

指标因子			评分依据	评分	企业实际情况	企业得分
H	性质（28）	特征污染物指标浓度情况	pH（8分）	(1) ○[0, 4)	8	滤液 pH 值在 7~8 范围内	0
				(2) ○[4, 6)	6		
				(3) ○[6, 9)	0		
				(4) ○(9, 11]	5		
				(5) ○(11, 14]	7		
			指标浓度倍数情况（14分）	(1) ○所有指标浓度倍数为 10 倍及以上	14	废水中特征污染物 Zn、Cd 浓度超标均超过 10 倍及以上	14
				(2) ○所有指标浓度倍数 3 倍及以上，且所有指标浓度倍数均在 10 倍以下	7		
				(3) ○所有指标浓度倍数均在 3 倍以下	0		
			浓度倍数 3 倍及以上的指标项数（6分）	(1) ○5 项及以上	6	3 项，渗滤液 Zn、Cd 浓度超标均超过 10 倍及以上，Pb 超标 3~4 倍	4
				(2) ○2 至 4 项	4		
				(3) ○1 项	2		
				(4) ○无	0		
	规模量（24）	现状库容（24）		(1) ○大于等于 3 000 万方	24	库容 88 万方	6
				(2) ○大于等于 1 000 万方，小于 3 000 万方	18		
				(3) ○大于等于 100 万方，小于 1 000 万方	12		
				(4) ○大于等于 20 万方，小于 100 万方	6		
				(5) ○小于 20 万方	0		
合计							72

表 3-4-9　尾矿库周边环境敏感性指标评分表

指标	类别		评分依据	评分	企业实际情况	得分
S	跨界情况（24）		跨界类型 跨界距离	24	不涉及跨界	0
	周边环境风险受体情况（54）	所在区域	（1）处于国家重点生态功能区、国家禁止开发区域、水土流失重点防治区、沙化土地封禁保护区等。 （2）处于江河源头区和重要水源涵养区。	54	所在下游 10 km 环境风险评估区域内无水厂取水口、无饮用水水源保护地	0

指标	类别		评分依据	评分	企业实际情况	得分
S	周边环境风险受体情况（54）	尾矿库下游涉及水环境风险受体	（3）服务人口1万人及以上的饮用水水源保护区或自来水厂取水口 （4）服务人口2 000人及以上的饮用水水源保护区或自来水厂取水口 （5）重要湿地、天然林、珍稀濒危野生动植物天然集中分布区、重要水生生物的自然产卵场及索饵场、越冬场和洄游通道、天然渔场、资源性缺水地区、封闭及半封闭海域、富营养化水域等。 （6）流量大于等于15 m³/s的河流。 （7）面积大于等于2.5 km²的湖泊或水库。 （8）水产养殖100亩及以上	36	所在下游10 km环境风险评估区域内无水厂取水口，无饮用水水源保护地，下游酉水河年平均流量453.6 m³/s	36
			（9）服务人口2 000人以下的饮用水水源保护区或自来水厂取水口。 （10）流量小于15 m³/s的河流。 （11）面积小于2.5 km²的湖泊或水库。 （12）水产养殖100亩以下	18		
		尾矿库下游涉及其他类型风险受体	（13）人口聚集区：累计人口2 000人及以上	54	所在下游10 km环境风险评估区域内无水厂取水口、无饮用水水源保护区、无人口聚集区	0
			（14）人口聚集区：累计人口2 000人以下，200人及以上。 （15）国家级（或4A级及以上）的自然保护区、风景名胜区、森林公园、地质公园、世界文化或自然遗产地，重点文物保护单位，以及其他具有特殊历史、文化、科学、民族意义的保护地等。 （16）国家基本农田、基本草原、种植大棚、农产品基地等1 000亩及以上。 （17）重大环境风险企业或重大二次环境污染源、风险源	36		
			（18）人口聚集区：累计人口200人以下。 （19）涉及省级及以下（或4A级以下）：自然保护区、风景名胜区、森林公园、地质公园、世界文化或自然遗产地，重点文物保护单位，以及其他具有特殊历史、文化、科学、民族意义的保护地等。 （20）国家基本农田、基本草原、种植大棚、农产品基地等1 000亩以下。 （21）一般、较大环境风险企业或其他二次环境污染源、风险源	18		

指标	类别		评分依据	评分	企业实际情况	得分
S	尾矿库输送管线、回水管线涉及穿越		(22) 服务人口在 2 000 人及以上的饮用水水源保护区、自来水厂取水口	36	回水管及输送管线未穿越人口聚集区、饮用水水源保护区及水产养殖区等	0
			(23) 规模在 100 亩及以上的水产养殖区。	18		
			(24) 江、河、湖、库等大型水体			
	周边环境功能类别 (22)	地表水	(1) ○地表水：一类	9	执行《地表水环境质量标准》（GB 3838—2002）中的Ⅲ类标准	6
			(2) ○地表水：二类	9		
			(3) ○地表水：三类	6		
			(4) ○地表水：四类	3		
			(5) ○地表水：五类	0		
		地下水	(1) ○地下水：一类	6	执行《地下水质量标准》（GB/T 14848—2017）中的Ⅲ类标准	4
			(2) ○地下水：二类	6		
			(3) ○地下水：三类	4		
			(4) ○地下水：四类	2		
			(5) ○地下水：五类	0		
		土壤环境	(1) ○土壤：一类	4	执行《土壤环境质量 农用地土壤污染风险管控标准（试行）》（GB 15618—2018）中的二级标准	3
			(2) ○土壤：二类	3		
			(3) ○土壤：三类	1 3		
		大气环境	(1) ○大气：一类	1.5	执行《环境空气质量标准》（GB 3095—2012）中的二级标准	1.5
			(2) ○大气：二类	0		
			(3) ○大气：三类			
合计						50.5

表 3-4-10 尾矿库控制机制可靠性指标评分表

指标因子			评分依据	评分	企业实际情况	企业得分
基本情况 (15)	堆存 (4.5)	堆存种类 (1.5)	(1) ○混合多用途：多种不同类型的尾矿或固体废物、废水的排放场所	1.5	该冶炼企业为酸浸渣储存库	0
			(2) ○单一用途：仅一种类型尾矿或固体废物、废水的排放场所	0		
		堆存方式 (1)	(1) ○湿法堆存	1	酸浸渣堆存采用干法堆存方式	0
			(2) ○干法堆存	0		
		坝体透水情况 (2)	(1) ○透水坝，无渗滤液收集设施	2	不透水坝	0
			(2) ○透水坝，但有渗滤液收集设施	1		
			(3) 不透水坝	0		

指标因子			评分依据	评分	企业实际情况	企业得分
基本情况（15）	输送（4）	输送方式（1.5）	（1）○沟槽＋自流（无人加压）	1.5	车辆运输	0
			（2）○管道输送＋泵站加压	1		
			（3）○管道输送＋自流（无人加压）	0.5		
			（4）○车辆运输	0		
			（5）○传送带运输			
		输送量（1）	（1）○大于等于10 000方/日	1	目前已不输送至渣库内，直接由危废处置单位从厂内直接拖走处置	0
			（2）○大于等于1 000方/日，小于10 000方/日	0.5		
			（3）○小于1 000方/日	0		
		输送距离（1.5）	（1）○大于等于10 km	1.5	输送距离约为13 km	1.5
			（2）○大于等于2 km而小于10 km	0.75		
			（3）○小于2 km	0		
	回水（2.5）（仅在有回水系统时计算该项）	回水方式（1）	（1）○沟槽＋自流（无人加压）	1	管道输送＋泵站加压	0.5
			（2）○管道输送＋泵站加压	0.5		
			（3）○管道输送＋自流（无人加压）	0		
		回水量（0.5）	（1）○大于等于10 000方/日	0.5	无	0
			（2）○大于等于1 000方/日，小于10 000方/日	0.25		
			（3）○小于1 000方/日	0		
		回水距离（1）	（1）○大于等于10 km	1	无	0
			（2）○大于等于2 km而小于10 km	0.5		
			（3）○小于2 km	0		
	防洪（4）	库外截洪设施（2）	（1）○无	2	坝肩有雨水截留沟，雨污不分流	1
			（2）○有，雨污不分流	1		
			（3）○有，雨污分流	0		
		库内排洪设施（2）	（1）○无	2	有，作为日常尾矿水排放	1
			（2）○有，作为日常尾矿水排放或回水通道	1		
			（3）○有，仅作为排洪通道	0		
自然条件情况（9）	（1）○开展了地质灾害危害性评估		（1）○危害性中等或危害性较大	9	酸浸渣库所在位置区内地震基本烈度小于6度，属于弱震区，因挡渣坝为抗震性建筑，所以危害性较小	0
			（2）○危害性小	0		
	（2）○未开展地质灾害危害性评估		（1）○处于地质灾害易灾区或岩溶（喀斯特）地貌区	9		
			（2）○不处于地质灾害易灾区或岩溶（喀斯特）地貌区	0		

指标因子			评分依据		评分	企业实际情况	企业得分
生产安全情况（15）	尾矿库安全度等别（15）		（1）○危库		15	目前运行正常，属于正常库区	0
			（2）○险库		11		
			（3）○病库		7		
			（4）○正常库		0		
环境保护情况（50）	环保审批（8）	是否通过"三同时"验收（8）	（1）○否		8	有环评报告表，已通过"三同时"验收	0
			（2）○是		0		
	污染防治（8.5）	水排放情况（3）	（1）○不达标排放		3	不对外排放尾矿水或渗滤液等	0
			（2）○达标排放，但不满足总量控制要求		1.5		
			（3）○达标排放，且满足总量控制要求		0.75		
			（4）○不对外排放尾矿水或渗滤液等		0		
		防流失情况（1.5）	（1）○不符合环评等相关要求		1.5	防流失情况均符合设计、环评及相关批复等要求	0
			（2）○符合环评等相关要求		0		
		防渗漏情况（2.5）	（1）○不符合环评等相关要求		2.5	库区底部及库区内边坡情况均符合设计、环评及相关批复等要求	0
			（2）○符合环评等相关要求		0		
		防扬散情况（1.5）	（1）○不符合环评等相关要求		1.5	均符合设计、环评及相关批复等要求	0
			（2）○符合环评等相关要求		0		
	环境应急（26.5）	环境应急设施（8.5）	事故应急池建设情况（5）	（1）○无	5	建设事故应急池	0
				（2）○有，但不符合环评等相关要求	3		
				（3）○有，且符合环评等相关要求	0		
			输送系统环境应急设施建设情况（1.5）（如果采用车辆运输，则不计算该项）	（1）○无	2	车辆输送	0
				（2）○有，但不符合环评等相关要求	1		
				（3）○有，且符合环评等相关要求	0		
			回水系统环境应急设施建设情况（1.5）（仅在有回水系统时计算该项）	（1）○无	1.5	有，且符合环评等相关要求	0
				（2）○有，但不符合环评等相关要求	1		
				（3）○有，且符合环评等相关要求	0		

指标因子			评分依据		评分	企业实际情况	企业得分
环境保护情况（50）	环境应急（26.5）		环境应急预案（6.5）		6.5	环境应急预案完善，应急资源充分	0
			环境应急资源（2）		2	应急资源充分	0
		环境监测预警等日常检查（4）	监测预警（2）		2	按照监测预警方案的制定、开展及相关台账等情况进行综合评分	0
			日常检查（2分）		2	按日常检查工作方案的制定、开展及相关台账等情况进行综合评分	0
		环境安全隐患排查与治理（5.5）	环境安全隐患排查（3）		3	定期进行隐患排查	0
			环境安全隐患治理（2.5）		2.5	安全隐患能够及时发现并报告，并采用针对性的处理措施	0
	环境违法与环境纠纷情况（7）	近三年来是否存在环境违法行为或与周边存在环境纠纷（7）	(1) ○是		7	不存在环境违法及纠纷现象	0
			(2) ○否		0		
历史情况（11）	近三年来发生事故或事件情况（包括安全和环境方面）（11）	事件等级（8）	(1) ○发生过重大、特大事故		8	未发生安全及环保事故，不存在环境违法及纠纷现象	0
			(2) ○发生过较大事故		6		
			(3) ○发生过一般事故		4		
			(4) ○无		0		
		事件次数（3）	(1) ○2次及以上		3	未发生安全及环保事故，不存在环境违法及纠纷现象	0
			(2) ○1次		1.5		
			(3) ○0次		0		
合计							4

解：（1）企业 H、S、R 基本情况填写。根据现场调研时企业提供的数据资料逐条填写在表 3-4-8～表 3-4-10 中。

（2）逐条赋分。根据《尾矿库环境风险评估技术导则（试行）》（HJ 740—2015）附录 B、C、D 中计分规定，将企业 H、S、R 的实际情况逐条与评估标准对比后赋分，最后求和得到该冶炼企业尾矿库 H、S、R 的分值，如本例冶炼 H、S、R 的分值分别为 72 分、50.5 分、4 分。

（3）H、S、R 等级确定。将 H、S、R 所得分值分别与表 3-4-2、表 3-4-4 和表 3-4-6 对比可得 H、S、R 的等别分别为 H1、S2、R3。

（4）等级判定该冶炼企业酸浸渣环境危害性为 H1、周边环境敏感性为 S2、控制机制可靠性为 R3。根据表 3-4-7 可知，该企业尾矿库等级为"较大（H1S2R3）"。

二、饮用水水源地环境风险等级评估

集中式饮用水水源地是指进入输水管网，送到用户和具有一定取水规模（供水人口一般大于 1 000 人）的在用、备用和规划的地表水饮用水水源地。依据取水口所在水体类型不同，地表水饮用水水源地又可分为河流型饮用水水源地和湖泊（水库）型饮用水水源地。饮用水水源保护区是指国家为防治饮用水水源地污染、保证水源地环境质量而划定，并要求加以特殊保护的一定面积的水域和陆域。饮用水水源保护区分为一级保护区和二级保护区，必要时可在饮用水水源保护区外围划定准保护区。饮用水水源地突发环境事件是指由于污染物异常排放或自然灾害、生产事故等因素，导致污染物或放射性物质等有毒有害物质进入饮用水水源保护区或其上游水体，突然造成或可能造成饮用水水源地水质超标，影响或可能影响水厂正常取水，危及公众身体健康和财产安全，需要采取紧急措施予以应对的事件。

1. 评估依据

集中式饮用水水源地环境风险等级评估依据主要有《集中式饮用水水源环境保护指南（试行）》（环办〔2012〕50 号）、《建设项目环境风险评价技术导则》（HJ 169—2018）、《集中式地表水饮用水水源地突发环境事件应急预案编制指南（试行）》（生态环境部公告 2018 年第 1 号）、《中国地表水环境水体代码编码规则》（HJ 932—2017）等。

2. 评估流程

饮用水水源污染事件风险评估流程如图 3-4-2 所示。

3. 源项识别

利用收集到的饮用水水源基础环境调查资料，通过对周围自然地理环境、产业布局及污染源分布进行多种风险因素的识别分析，从复杂的环境背景中确定出水源周围突发性水质污染事件的风险因素和类型。对大多数饮用水水源而言，潜在风险源主要有 7 种，见表 3-4-11。

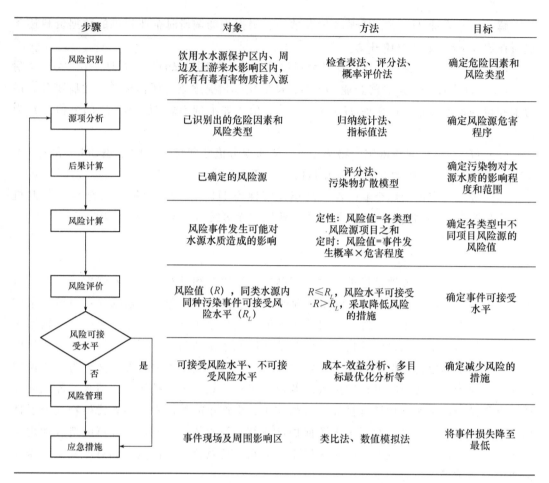

步骤	对象	方法	目标
风险识别	饮用水水源保护区内、周边及上游来水影响区内,所有有毒有害物质排入源	检查表法、评分法、概率评价法	确定危险因素和风险类型
源项分析	已识别出的危险因素和风险类型	归纳统计法、指标值法	确定风险源危害程序
后果计算	已确定的风险源	评分法、污染物扩散模型	确定污染物对水源水质的影响程度和范围
风险计算	风险事件发生可能对水源水质造成的影响	定性:风险值=各类型风险源项目之和 定时:风险值=事件发生概率×危害程度	确定各类型中不同项目风险源的风险值
风险评价	风险值(R),同类水源内同种污染事件可接受风险水平(R_L)	$R \leqslant R_L$,风险水平可接受 $R > R_L$,采取降低风险的措施	确定事件可接受水平
风险管理	可接受风险水平、不可受风险水平	成本-效益分析、多目标最优化分析等	确定减少风险的措施
应急措施	事件现场及周围影响区	类比法、数值模拟法	将事件损失降至最低

图 3-4-2 饮用水水源污染事件风险评估流程

表 3-4-11 潜在风险源

类型	风险源	污染性质
固定源	石油化工行业;污水处理厂;垃圾填埋场;危险品仓库;尾矿库;装卸码头	污染特征为由点及面,从局部扩散,多为化学性污染
移动源	航运、陆运移动源	污染特征为由点及面,或带状污染,主要为油品及化学性污染
非点源	农业污染源,潮汛和水灾引起的大面积非点源污染	污染特征为水体盐度增高,污染流域有机物浓度激增,生物性污染为主

4. 源项分析

(1) 固定源。固定源评价指标及评分值见表 3-4-12。

表 3-4-12 固定源评价指标及评分值（R_p）

风险源	一级保护区		二级保护区		准保护区	
	指标值	评分值（P_1）	指标值	评分值（P_2）	指标值	评分值（P_3）
石油化工行业（个）	无	0	无	0	无	0
	存在	10	1	5	1	4
			2～4	7	2～4	6
			>4	10	5～10	8
					>10	10
垃圾填埋场（处）	无	0	无	0	无	0
	存在	10	1	6	1	4
			2	8	2	6
			>2	10	3	8
					>3	10
危险废弃物填埋场（处）	无	0	无	0	无	0
	存在	10	1	8	1	6
			>1	10	2	8
					>2	10
尾矿库（座）	无	0	无	0	无	0
	存在	10	1	5	1	3
			2	7	2	5
			3～4	8	3～4	6
			>4	10	5～6	8
					>6	10
加油站（座）	无	0	无	0	无	0
	存在	10	1～2	2	1～3	2
			3～5	4	4～6	4
			6～8	8	7～10	8
			>8	10	>10	10
油品储罐（座）	无	0	无	0	无	0
	存在	10	1	2	1	2
			2～3	4	2～3	3
			4～5	6	4～5	5
			>5	10	6～7	8
					>7	10
码头吞吐量（万吨/年）	无	0	无	0	无	0
	存在	10	<0.1	1	<0.1	1
			>0.1，<1	2	>0.1，<1	2
			1～5	4	1～5	3
			5～10	6	5～10	5
			10～50	8	10～50	7
			>50	10	>50	8

风险源	一级保护区		二级保护区		准保护区	
	指标值	评分值（P_1）	指标值	评分值（P_2）	指标值	评分值（P_3）
污水处理设施（万吨/年）	无	0	无	0	无	0
	存在	10	＜1	1	＜1	1
			1～2	3	1～2	2
			3～5	4	3～5	3
			6～8	6	6～10	5
			9～10	8	10～20	7
			＞10	10	20～30	9
					＞30	10
排污口	无	0	无	0	无	0
	存在	10	1	5	1	4
			2～4	7	2～4	6
			＞2	10	5～10	8
					＞10	10

（2）移动源。移动源评价指标及评分值见表3-4-13。

表 3-4-13　移动源评价指标及评分值（R_f）

风险源	一级保护区		二级保护区		准保护区	
	指标值	评分值（F_1）	指标值	评分值（F_2）	指标值	评分值（F_3）
陆运	无 危险品运输 或 $L>2r_d$ $L<2r_d$	0 10 9	无 有路仅可行走 有路但不能通行机动车 有机动车通行 有运输路线且长度较短 $L<r_d$ $r_d<L<2r_d$；或有小型桥梁 $L>2r_d$ 有危险品运输；或有单车道跨线桥 有危险品运输且 $r_d<L<2r_d$ 有危险品运输且 $L>2r_d$	0 1 2 3 4 5 6 7 8 9 10	无 有机动车通行 有运输路线且长度较短 有小型桥梁，路线较短 有危险品运输 有单车道跨线桥 有危险品运输且路线较长 有危险品运输且路线长	0 1 2 3 4 5 6 7
船舶	无 存在	0 10	无 航线 $L<r_d$ 航线 $r_d<L<2r_d$ 航线 $L>2r_d$	0 6 8 10	无 航线 $L<r_d$ 航线 $r_d<L<2r_d$ 航线 $L>2r_d$	0 3 5 7
注：L 为公路或铁路的路线长度；r_d 为风险源所在保护区范围的当量半径						

（3）非点源。非点源评价指标及评分值见表3-4-14。

表3-4-14　非点源评价指标及评分值（R_y）

风险源	一级保护区		二级保护区		准保护区	
	指标值	分值（Y_1）	指标值	分值（Y_2）	指标值	分值（Y_3）
耕地面积所占比例	无	0	无	0	无	0
			<5%	2		
			5%～10%	3	<20%	1
			10%～20%	4	20%～30%	2
	存在	10	20%～30%	5	30%～40%	3
			30%～40%	6	40%～50%	4
			50%～60%	7	60%～70%	5
			60%～70%	8	70%～80%	6
			70%～80%	9	>80%	7
			>80%	10		
生态缓冲带	无	0	无	0	无	0
	宽度>50 m	0	宽度>40 m	0	宽度>30 m	0
	宽度≤50 m	2	宽度≤40 m	2	宽度≤30 m	2

（4）风险计算。对源项分析并根据风险源所在保护区内的影响程度和影响范围，按照固定源、移动源和非点源分别对水源存在的风险进行评价。

固定源：$R_p = P_1 + P_2 + P_3$

移动源：$R_f = F_1 + F_2 + F_3$

非点源：$R_y = Y_1 + Y_2 + Y_3$

R_p、R_f、R_y分别为各种潜在风险源的评分值。

（5）风险评估。一般来说，环境风险值的可接受程度分别以R_p（或R_f、R_y）≤3作为背景值，若风险值超过此限，当3<R_p（或R_f、R_y）≤7时，应按照《集中式地表水饮用水水源地环境应急管理工作指南（试行）》（环办〔2011〕93号）采取风险防范措施；当7<R_p（或R_f、R_y）≤9时，应采取风险预警措施；当R_p（或R_f、R_y）>9时，应采取风险应急措施。

⌨职场提示

评估环境风险职场指南：关键提示与实用策略

在企事业单位中，环境风险的评估与应对是保障职场安全、维护生态环境安全的重要工作。特别是突发环境事件的应急预案制定，更是对企事业单位风险防控能力的直接体现。作为职场人员，在参与或负责环境风险评估与管理工作时，应特别注意以下几点：

1. 深入理解预案的"针对性、实用性"

突发环境事件应急预案的制定应紧密结合企事业单位自身的实际情况，针对可能发生的突发环境事件进行事前准备。预案需具备实用性和可操作性，确保在真实事件发生时能够迅速、有效地响应。

2. 重视环境风险物质辨识与风险后果

环境风险物质辨识是环境风险评估的基础，需准确识别企事业单位中可能存在的风险物质，并评估其潜在风险后果。这有助于确定风险管理的重点，合理分配资源，提高风险防控的针对性。

3. 关注技术标准和规范的更新与来源

环境风险评估涉及的技术标准和规范不断更新，职场人员应密切关注各级环境生态行政主管部门和中国国家标准化管理委员会的官方网站，如生态环境部官网（https：//www.mee.gov.cn），及时获取最新的技术标准和规范。同时，要注意技术标准和规范的时效性，避免使用已过时或作废的标准。

4. 明确技术标准和规范的关联性

在环境风险评估中，应明确区分环境类技术标准和规范与其他领域（如安全类、职业卫生类）的标准和规范。不能将非环境类的标准作为环境风险评估的依据，以确保评估结果的准确性和科学性。

5. 持续学习与提升

作为职场人员，特别是环境咨询服务的专业技术人员，应不断学习和掌握新的环境风险评估技术和方法。通过参加培训、研讨会等活动，提升自己的专业素养和实践能力，为企事业单位的环境风险管理工作提供有力支持。

综上所述，评估环境风险是企事业单位的重要工作，职场人员应深入理解预案要求，重视风险物质辨识与等级判定，关注技术标准和规范的更新与来源，明确标准的关联性，并持续学习与提升。通过这些措施的实施，可以有效降低环境风险的发生概率和影响程度，保障生态环境安全。

⌨ **知识拓展**

| 《油气管道突发环境事件应急预案编制指南》 | 湖南省高速公路环境风险等级评定范例 | 《行政区域突发环境事件风险评估推荐方法》 |

××省××市××县行政
区域环境风险评估范例

某油气管线环境风险
等级评定范例

🧰 项目实施

一、工作计划

本项目是评估环境风险，根据《建设项目环境风险评价技术导则》（HJ 169—2018）及《企业突发环境事件风险分级方法》（HJ 941—2018），将项目划分为突发环境事件的影响后果评估和企事业单位环境风险等级评估两大类型，共四个任务，分别是环境风险物质泄漏事件后果评估、火灾爆炸次生环境事件后果评估、企业环境风险等级评估、其他场景环境风险等级评估。将以液氨泄漏、青岛油库火灾爆炸、广东某化工厂浓盐酸泄漏和山西某尾矿库溃坝等典型事故为例，根据材料内容，完成项目实施，并填入表中，完成项目评价。

二、项目实施

任务描述	以液氨泄漏、青岛油库火灾爆炸、广东某化工厂浓盐酸泄漏及山西某尾矿库溃坝等典型事故为例，认真观看视频并结合本项目教材中相关知识，完成本项目中的各任务			
工作任务	工作步骤	完成情况	完成人	复核人
任务一 环境风险物质泄漏事件后果评估	（1）上网查阅"油品（汽油、柴油、润滑油、透平油、绝缘油、液压油）、液氨、氨水、浓盐酸"等化学品的安全技术说明书（MSDS），简要给出上述化学品的理化性质，并指出其危险特性（毒性、易燃易爆性、腐蚀性、感染性、放射性等）； （2）掌握环境风险物质泄漏场景确定依据、类型（小孔、中孔、大孔和完全破裂）、原则（最不利原则）和最大可信事故； （3）掌握环境风险物质泄漏影响后果预测的依据、步骤和要求； （4）理解尾矿库及其溃坝事故，以及溃坝影响后果预测方法、步骤及结果分析			
任务二 火灾爆炸次生环境事件后果评估	（1）了解环境风险物质火灾爆炸次生环境事件类型和特征污染物； （2）掌握环境风险物质火灾爆炸次生 CO 和 SO_2 源强估算依据、估算方法和步骤； （3）掌握环境风险物质火灾爆炸次生消防污水的源强估算依据、估算方法和步骤； （4）掌握次生消防污水特征污染物确定原则和方法			

工作任务	工作步骤	完成情况	完成人	复核人
任务三 企业环境风险等级评估	（1）理解生产经营单位环境风险等级划分的目的和意义、类型及表征； （2）掌握一般企业环境风险等级评定的依据（《分级方法》）、程序、步骤及要求； （3）了解硫酸企业、粗铅冶炼企业和氯碱企业环境风险等级评估依据、程序和步骤			
任务四 其他场景环境风险等级评估	（1）掌握尾矿库和饮用水水源地环境风险等级评估依据、程序和步骤； （2）扫码学习拓展知识，了解高速公路、油气管道和行政区域环境风险等级评估的依据、程序、步骤及要求			

📦 项目评价

序号	项目实施过程评价	自我评价	企业导师评价
1	相应法规和标准理解与应用能力		
2	任务完成质量		
3	关键内容完成情况		
4	完成速度		
5	参与讨论主动性		
6	沟通协作		
7	展示汇报		
8	项目收获		
9	素质考查		
10	综合能力		
	综合评价		

注：表中内容每项10分，共100分，学生根据任务学习的过程与完成情况，真实、诚信地完成自我评价，企业导师根据项目实施过程、成果和学生自我评价，客观、公正地对学生进行综合评价

项目测试

一、知识测试

1.（单选题）根据《企业突发环境事件风险分级方法》（HJ 941—2018）的规定，以下风险物质临界量最小的是（　　）。

A. 氨气　　　　　　　　　　　　　　B. 氢气

C. 甲醛　　　　　　　　　　　　　　D. 98%浓硫酸

2.（单选题）根据《建设项目环境风险评价技术导则》（HJ 169—2018）的规定，氯气毒性终点浓度水平－1的值是（　　）。

A. 5.8 mg/m³　　　　　　　　　　　B. 5.8 g/m³

C. 58 g/m³　　　　　　　　　　　　D. 58 mg/m³

3.（单选题）根据《企业突发环境事件风险分级方法》（HJ 941—2018）的规定，已知某制药厂的 Q、M、E 水平分别为Q2、M2、E2，则该制药厂的环境风险等级为（　　）。

A. 一般环境风险　　　　　　　　　　B. 较大环境风险

C. 重大环境风险　　　　　　　　　　D. 特别重大环境风险

4.（单选题）已知某火电厂大气环境受体实际情况为：企业周边 5 km 范围内的主要环境受体为××镇，人口约2.8万人、人口总数大于1万人，小于5万人。那么该火电厂大气环境风险受体的敏感性为（　　）。

A. E1　　　　　　　　　　　　　　　B. E2

C. E3　　　　　　　　　　　　　　　D. E4

5.（判断题）毒性气体终点浓度越大，其毒性也越大。（　　）

二、技能测试

1.（多选题）某冶炼企业现有年产10万 t 电解锌生产线、年产23万 t 烟气制酸生产线、2万 t 铜镉渣综合回收利用生产线及配套的85万 m³ 尾矿库和3 000 t/d污水处理站等生产单元，该冶炼企业环境风险等级评估的依据有（　　）。

A.《建设项目环境风险评价技术导则》（HJ 169—2018）

B.《企业突发环境事件风险分级方法》（HJ 941—2018）

C.《环境风险评估技术指南——粗铅冶炼企业环境风险等级划分方法（试行）》

D.《环境风险评估技术指南——硫酸企业环境风险等级划分方法（试行）》

E.《尾矿库环境风险评估技术导则（试行）》（HJ 740—2015）

2.（单选题）已知某冶炼厂水环境受体实际情况为：该企业厂区排口下游 10 km 范围无饮用水水源保护区、生态保护区和基本农田等重点水体；生产污水排放酉水河，24 h 流经范围内不涉跨国界或省界。那么该火电厂水环境风险受体的敏感性为（　　）。

A. E0　　　　　　　　　　　　　　　B. E1

C. E2　　　　　　　　　　　　　　　D. E3

三、素质测试

1.（多选题）在企事业单位环境风险应急管理中，以下措施是贯彻落实应急管理"预防为主"的是（　　）。

A. 开展环境隐患排查和治理

B. 开展应急培训

C. 对超标排放的废水进行投药处置

D. 氯气瓶仓库安装氯气泄漏报警器

E. 对泄漏液氨采取水枪喷淋稀释措施

2.（多选题）进入加油站或加气站等易燃、易爆危险场所，以下行为必须禁止的是（　　）。

A. 吸烟　　　　　　　　　　B. 穿化纤衣服

C. 拨打手机　　　　　　　　D. 戴墨镜

E. 穿带有铁掌的高跟鞋

项目四　排查环境风险

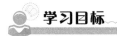
学习目标

知识目标

1. 理解隐患、环境隐患及隐患分级的内涵。

2. 掌握环境风险隐患排查的定义、依据、内容、程序及基本要求。

能力目标

1. 掌握环境风险隐患排查方法与步骤。

2. 能结合企事业单位实际情况，提出环境隐患整改方案。

素养目标

1. 激发学生的环保责任感和使命感，培养其对环境保护的深度关注。

2. 通过实践和创新活动，培养学生的实践精神和创新思维。

项目导入

某城市遭遇了一场突如其来的暴雨，导致市区多处出现严重积水。某化工企业位于低洼地带，由于洪水倒灌，厂区内出现了大量的泄漏物。企业立即启动应急预案，但由于环境应急资源调配不当，导致部分区域处理不及时，对周边环境造成了污染。请大家思考：

1. 在这个场景中，存在哪些环境风险隐患？

2. 如果你是该企业的安全环保部负责人，你会如何进行应急资源的调查和调配？

3. 如何确保应急资源及时、准确、有效地使用？

4. 在应急响应过程中，还需要注意哪些事项和要求？

通过这个事故情景，学生可以深刻地认识到环境风险隐患排查及应急资源调查的重要性。在未来的学习和实践中，我们将一起探讨如何有效地进行环境风险隐患排查，以及如何科学地调查和调配环境应急资源。希望大家能从中获得宝贵的知识和经验，为保护我们的环境安全贡献自己的力量。

项目分析

当我们踏入环境保护的学习领域，一项关键的任务便是掌握排查环境风险隐患及调查应急资源的知识与技能。这一过程从认识环境风险隐患开始，首先洞察可能对环境产生不良影响的各种因素，并预测分析它们可能导致的后果。然后系统地排查这些隐患，通过专业的方法和工具，仔细搜寻并定位潜在的风险点，确保不留死角。一旦发现隐患，治理工作便紧随其后。本项目针对不同隐患的特性，制定切实可行的治理方案，以期有效降低或消除它们对环境的威胁。然而，应对环境风险，仅有隐患排查与治理还不够，我们还需要掌握应急资源的储备状况。

于是，环境应急资源调查成为另一项重要的学习内容。通过了解其调查目的和原则，全面了解应对突发环境事件所需的各类资源，并遵循客观、专业、可靠的原则进行调查。在明确了调查内容后，我们按图索骥，对应急物资进行细致的调查，同时关注外部支援资源的可用性。

知识结构

本项目从两个方面介绍排查环境风险隐患，知识网络框图如下：

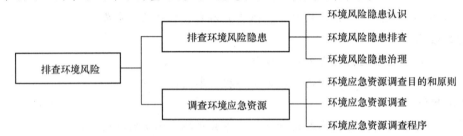

任务一　排查环境风险隐患

任务引入

我们生活的周边，环境风险隐患无处不在。从重金属到有机毒物，各种潜在的污染风险都可能对生态环境造成破坏。突发环境事件，如太湖蓝藻暴发、紫金矿业尾矿库溃坝和广西龙江镉污染等，都是环境风险的具体体现。为了有效预防和应对这些突发环境事件，排查环境风险隐患变得至关重要。通过系统性排查，我们可以及时发现潜在的环境问题，采取有效的应对措施，从而降低突发环境事件的发生概率和影响程度。如何排查企业环境风险隐患？

通过扫码观看"典型历史环境污染事件回顾"视频，完成课前思考：

1. 引发突发环境事件的主要原因有哪些？如何预防各类突发环境事件的发生？

2. 什么是环境风险隐患？如何排查和治理环境风险隐患？

待学习本任务后，完成以下任务：

1. 环境应急管理隐患排查有哪些工作任务？

2. 突发环境事件风险隐患排查有哪些工作任务？

视频：典型历史突发
环境污染事件回顾

📖 知识学习

一、环境风险隐患相关概念

1. 环境安全

环境安全是人与环境和谐程度的另一种量度，是建立在适应生存的基础上的。通常所说的环境安全是指企业具有健全的安全生产责任制度、安全生产规章制度和安全操作规程；与环境污染事故危险源相关的各生产环节和相关岗位的安全工作符合法律法规、规章、规程等规定，达到和保持规定的标准；同时还应具有完善的环境污染事故防范措施。

精品微课：环境
安全隐患

2. 环境风险隐患

环境风险隐患在广义上是指可能产生环境（或健康）危害的客观存在；狭义上是指诱发环境污染事故危险源发生环境污染事故的各种不安全因素。

3. 环境风险防控措施

环境风险防控措施是指针对环境污染事故危险源特性，对其进行监控和控制环境污染事故危害蔓延等的设备（设施），以及对环境污染事故实施应急救援所依托的应急救援预案、应急监测、应急装备、应急物资、应急队伍等。

4. 环境风险隐患辨识

环境风险隐患辨识是指采用科学的分析方法，识别环境隐患的存在并确定其特性的过程。

5. 环境风险隐患排查

环境风险隐患排查是指调查统计本行业企事业单位中环境污染事故危险源，对环境污染事故危险源可能存在的导致其发生环境污染事故的环境隐患进行排查，对其环境污染事故防范措施进行评估、督促整改与完善，并形成环境污染事故危险源与环境隐患排查统计数据集的行动。

6. 环境风险隐患分级

根据可能造成的危害程度、治理难度及企业突发环境事件风险等级，隐患可分为重大突发环境事件隐患（以下简称重大隐患）和一般突发环境事件隐患（以下简称一般隐患）。

具有以下特征之一的可认定为重大隐患，除此之外的隐患可认定为一般隐患。

（1）情况复杂，短期内难以完成治理并可能造成环境危害的隐患。

（2）可能产生较大环境危害的隐患，如可能造成有毒有害物质进入大气、水、土壤等环境介质产生较大以上突发环境事件的隐患。

企业应根据前述关于重大隐患和一般隐患的分级原则、自身突发环境事件风险等级等实际情况，制定本企业的隐患分级标准。可以立即完成治理的隐患，一般可不判定为重大隐患。

二、排查环境风险隐患

1. 排查依据

（1）法律法规规章及规范性文件。

《中华人民共和国突发事件应对法》；

《中华人民共和国环境保护法》；

《中华人民共和国大气污染防治法》；

《中华人民共和国水污染防治法》；

《中华人民共和国固体废物污染环境防治法》；

《国家危险废物名录》（2025版）（中华人民共和国生态环境部、中华人民共和国国家发展和改革委员会、中华人民共和国公安部、中华人民共和国交通运输部、中华人民共和国国家卫生健康委员会令第15号）；

《突发环境事件调查处理办法》（中华人民共和国环境保护部令第32号）；

《突发环境事件应急管理办法》（中华人民共和国环境保护部令第34号）；

《企事业单位突发环境事件应急预案备案管理办法（试行）》（环发〔2015〕4号）；

《企业突发环境事件隐患排查和治理工作指南（试行）》。

（2）标准、技术规范、文件。

《危险废物贮存污染控制标准》（GB 18597—2023）；

《石油化工企业设计防火标准（2018年版）》（GB 50160—2018）；

《化工建设项目环境保护工程设计标准》（GB/T 50483—2019）；

《石油储备库设计规范》（GB 50737—2011）；

《石油化工污水处理设计规范》（GB 50747—2012）；

《石油化工环境保护设计规范》（SH/T 3024—2017）；

《企业突发环境事件风险评估指南（试行）》（环办〔2014〕34号）；

《建设项目环境风险评价技术导则》（HJ 169—2018）；

《船舶行业企业隐患排查管理规定》（CB/T 4514—2020）；

《煤矿环境隐患排查与风险预控管理规程》（NB/T 10748—2021）；

《烟草企业安全风险分级管控和事故隐患排查治理指南》（YC/Z 582—2019）；

《煤化工企业土壤污染隐患排查管理规程》（NB/T 10749—2021）；

《民用爆炸物品生产、销售企业生产安全事故隐患排查治理体系建设指南》（WJ/T 9100—2022）；

《粉尘涉爆企业安全风险分级管控和隐患排查治理实施细则》（DB21/T 3568—2022）；

《石油化工可燃液体储存场所消防安全规范》（DB46/284—2014）；

《石油化工企业硫化氢防护安全管理规范》（DB37/T 3966—2020）；

《石油化工企业消防安全管理规范》（DB46/T 614—2023）；

《石油化工生产企业环境应急能力建设规范》（DB32/T 4261—2022）；

《石油化工码头企业安全生产标准化规范》（DB32/T 2171—2012）；

《爆炸和火灾危险场所防雷安全隐患排查指南》（DB2101/T 0103—2024）；

《锅炉安全隐患分类分级指南》（DB1304/T 459—2024）；

《固定式压力容器安全隐患分类分级指南》（DB1304/T458—2024）；

《啤酒制造行业企业生产安全隐患排查治理体系实施指南》（DB37/T 3336—2018）；

《危险化学品企业安全隐患排查治理规范》（DB32/T 3402—2018）；

《塑料助剂企业生产安全事故隐患排查治理体系实施指南》（DB37/T 4699—2024）；

《溶剂型涂料生产企业安全生产风险管控和隐患排查治理体系建设实施指南》（DB37/T 4697—2024）；

《烟花爆竹批发企业安全生产风险管控和隐患排查治理体系实施指南》（DB37/T 4696—2024）；

《危险化学品储存企业安全生产风险管控和隐患排查治理体系建设实施指南》（DB37/T 4695—2024）；

《特种设备事故隐患排查治理体系实施导则》（DB54/T 0303—2023）；

《企业安全风险分级管控和隐患排查治理评价规范》（DB6101/T 3164—2023）；

《特种设备安全风险分级管控和隐患排查治理双重预防机制建设评估导则》（DB21/T 3839—2023）；

《煤矿安全风险分级管控和隐患排查治理双重预防机制实施指南》（DB64/T 1916—2023）；

《特种设备双重预防体系 第3部分：隐患排查治理通则》（DB5301/T 77.3—2022）。

2. 排查程序

参考《石油、化工行业环境隐患排查技术指南》（征求意见稿）规定，环境风险隐患排查基本程序如图 4-1-1 所示。

（1）确定排查的行政区域范围，以及区域内需要排查的石油、化工企业（或事业）单位。

（2）根据本指南中的分类标准确定各企业排查实施的环保机构。

（3）成立由监察人员、化工环保专家组成的排查小组。

（4）调查企业（或事业）单位的基本情况、周边环境敏感目标的分布情况，以及环境污染事故危险源及防控设施的建设情况，据此编制环境隐患排查所需要的检查表。

（5）通过查阅资料、现场调查、询问交谈、环境监测等方式进行企业环境隐患的现场排查。针对环境隐患中容易引起环境污染事故的安全生产隐患，必要时可利用安全系统工程中的事故树分析法对其进行辨识。

（6）根据辨识排查的结果对环境隐患进行分级。

（7）编制环境隐患排查报告，提出整改措施。

（8）企业根据环境隐患调查报告对环境隐患进行整改，并提交整改报告。

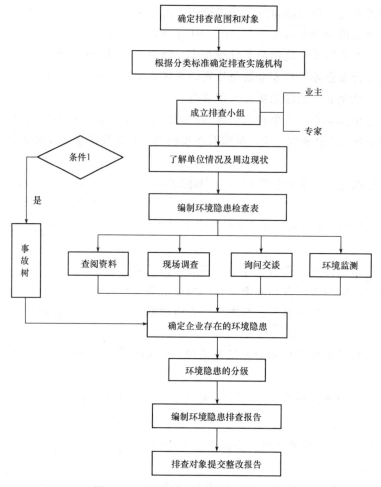

图 4-1-1　环境风险隐患排查基本流程

3. 排查内容

从企业突发环境事件应急管理和企业突发环境事件风险防控措施两大方面排查，可能直接导致或次生突发环境事件的隐患。

（1）企业突发环境事件应急管理。

1）按规定开展突发环境事件风险评估，确定风险等级情况。

2）按规定制定突发环境事件应急预案并备案情况。

3）按规定建立健全隐患排查治理制度，开展隐患排查治理工作和建立档案情况。

4）按规定开展突发环境事件应急培训，如实记录培训情况。

5）按规定储备必要的环境应急装备和物资情况。

6）按规定公开突发环境事件应急预案及演练情况。

具体可参考企业突发环境事件应急管理隐患排查表（具体表格可扫码获取），就上述1）～6）的内容开展相关隐患排查。

**企业突发环境事件
应急管理隐患排查表**

（2）企业突发环境事件风险防控措施。

1）突发水环境事件风险防控措施。从以下几方面排查突发水环境事件风险防控措施。

①是否设置中间事故缓冲设施、事故应急池或事故存液池等各类应急池；应急池容积是否满足环评文件及批复等相关文件要求；应急池位置是否合理，是否能确保所有受污染的雨水、消防水和泄漏物等通过排水系统接入应急池或全部收集；是否通过厂区内部管线或协议单位，将所收集的废（污）水送至污水处理设施处理。

②正常情况下厂区内涉及危险化学品或其他有毒有害物质的各个生产装置、罐区、装卸区、作业场所和危险废物储存设施（场所）的排水管道（如围堰、防火堤、装卸区污水收集池）接入雨水或清净废水系统的阀（闸）是否关闭，通向应急池或废水处理系统的阀（闸）是否打开；受污染的冷却水和上述场所的墙壁、地面冲洗水和受污染的雨水（初期雨水）、消防水等是否都能排入生产废水处理系统或独立的处理系统；有排洪沟（排洪涵洞）或河道穿过厂区时，排洪沟（排洪涵洞）是否与渗漏观察井、生产废水、清净废水排放管道连通。

③雨水系统、清净废水系统、生产废（污）水系统的总排放口是否设置监视及关闭闸（阀），是否设专人负责在紧急情况下关闭总排口，确保受污染的雨水、消防水和泄漏物等全部收集。

2）突发大气环境事件风险防控措施。从以下几方面排查突发大气环境事件风险防控措施。

①企业与周边重要环境风险受体的各类防护距离是否符合环境影响评价文件及批复的要求。

②涉及有毒有害大气污染物名录的企业是否在厂界建设针对有毒有害特征污染物的环境风险预警体系。

③涉及有毒有害大气污染物名录的企业是否定期监测或委托监测有毒有害大气特征污染物。

④突发环境事件信息通报机制建立情况，是否能在突发环境事件发生后及时通报可能受到污染危害的单位和居民。

可参考企业突发环境事件风险防控措施隐患排查表（具体表格可扫码获取），结合自身实际制定本企业突发环境事件风险防控措施隐患排查清单。

企业突发环境事件风险
防控措施隐患排查表

三、治理环境风险隐患

1. 建立并完善隐患排查治理管理机制

企业应当建立并完善隐患排查治理管理机构，配备相应的管理和技术人员。

事故应急水池容积
相关行业要求

2. 建立隐患排查治理制度

企业应当按照下列要求建立健全隐患排查治理制度。

（1）建立隐患排查治理责任制。企业应当建立健全从主要负责人到每位作业人员，覆盖各部门、各单位、各岗位的隐患排查治理责任体系；明确主要负责人对本企业隐患排查治理工作全面负责，统一组织、领导和协调本单位隐患排查治理工作，及时掌握、监督重大隐患治理情况；明确分管隐患排查治理工作的组织机构、责任人和责任分工，按照生产区、储运区或车间、工段等划分排查区域，明确每个区域的责任人，逐级建立并落实隐患排查治理岗位责任制。

（2）制定突发环境事件风险防控设施的操作规程和检查、运行、维修与维护等规定，保证资金投入，确保各设施处于正常、完好状态。

（3）建立自查、自报、自改、自验的隐患排查治理组织实施制度。

（4）如实记录隐患排查治理情况，形成档案文件并做好存档。

（5）及时修订企业突发环境事件应急预案、完善相关突发环境事件风险防控措施。

（6）定期对员工进行隐患排查治理相关知识的宣传和培训。

（7）有条件的企业应当建立与企业相关信息化管理系统联网的突发环境事件隐患排查治理信息系统。

3. 明确隐患排查方式和频次

（1）企业应当综合考虑自身突发环境事件风险等级、生产工况等因素，合理制订年度工作计划，明确排查频次、排查规模、排查项目等内容。

（2）根据排查频次、排查规模、排查项目不同，排查可分为综合排查、日常排查、专项排查及抽查等方式。企业应建立以日常排查为主的隐患排查工作机制，及时发现并治理隐患。

1）综合排查是指企业以厂区为单位开展全面排查，一年应不少于一次。

2）日常排查是指以班组、工段、车间为单位，组织对单个或几个项目采取日常的、巡视性的排查工作，其频次根据具体排查项目确定，一个月应不少于一次。

3）专项排查是在特定时间或对特定区域、设备、措施进行的专门性排查，其频次根据实际需要确定。

4）企业可根据自身管理流程，采取抽查方式排查隐患。

（3）在完成年度计划的基础上，当出现下列情况时，应当及时组织隐患排查。

1）出现不符合新颁布、修订的相关法律法规、标准、产业政策等情况的。

2）企业有新建、改建、扩建项目的。

3）企业突发环境事件风险物质发生重大变化导致突发环境事件风险等级发生变化的。

4）企业管理组织应急指挥体系机构、人员与职责发生重大变化的。

5）企业生产废水系统、雨水系统、清净废水系统、事故排水系统发生变化的。

6）企业废水总排口、雨水排口、清净废水排口与水环境风险受体连接通道发生变化的。

7）企业周边大气和水环境风险受体发生变化的。

8）季节转换或发布气象灾害预警、地质地震灾害预报的。

9）敏感时期、重大节假日或重大活动前。

10）突发环境事件发生后或本地区其他同类企业发生突发环境事件的。

11）发生生产安全事故或自然灾害的。

12）企业停产后恢复生产前。

4. 隐患排查治理的组织实施

（1）自查。企业根据自身实际制定隐患排查表，包括所有突发环境事件风险防控设施及其具体位置、排查时间、现场排查负责人（签字）、排查项目现状、是否为隐患、可能导致的危害、隐患级别、完成时间等内容。

（2）自报。企业的非管理人员发现隐患应当立即向现场管理人员或本单位有关负责人报告；管理人员在检查中发现隐患应当向本单位有关负责人报告，接到报告的人员应当及时予以处理。

在日常交接班过程中，做好隐患治理情况交接工作；隐患治理过程中，明确每一工作节点的责任人。

（3）自改。一般隐患必须确定责任人，立即组织治理并确定完成时限，治理完成情况要由企业相关负责人签字确认，予以销号。

重大隐患要制定治理方案，治理方案应包括治理目标、完成时间和达标要求、治理方法和措施、资金和物资、负责治理的机构和人员责任、治理过程中的风险防控和应急措施或应急预案。重大隐患治理方案应报企业相关负责人签发，抄送企业相关部门落实治理。

精品微课：大气
防控措施

企业负责人要及时掌握重大隐患治理进度，可指定专门负责人对治理进度进行跟踪监控，对不能按期完成治理的重大隐患，及时发出督办通知，加大治理力度。

（4）自验。重大隐患治理结束后，企业应组织技术人员和专家对治理效果进行评估和验收，编制重大隐患治理验收报告，由企业相关负责人签字确认，予以销号。

5. 加强宣传培训和演练

企业应当定期就企业突发环境事件应急管理制度、突发环境事件风险防控措施的操作要求、隐患排查治理案例等开展宣传和培训，并通过演练检验各项突发环境事件风险防控措施的可操作性，提高从业人员隐患排查治理能力和风险防范水平。如实记录培训、演练的时间、内容、参加人员及考核结果等情况，并将培训情况备案存档。

精品微课：
水防控措施

6. 建立档案

及时建立隐患排查治理档案。隐患排查治理档案包括企业隐患分级标准、隐患排查治理制度、年度隐患排查治理计划、隐患排查表、隐患报告单、重大隐患治理方案、重大隐患治理验收报告、培训和演练记录，以及相关会议纪要、书面报告等隐患排查治理过程中形成的各种书面材料。隐患排查治理档案应至少留存五年，以备生态环境主管部门抽查。

任务二　调查环境应急资源

🧰 任务引入

想象一下，某天突发的环境事故打破了宁静，化学品泄漏、火灾、爆炸……这些场景或许在电影中我们曾看到过，但当它真实地发生在我们身边时，我们是否能够应对？我们的应急资源是否足够？如何快速、准确地找到这些资源并加以利用？

环境应急资源调查，就是要解决这些问题。它不仅关乎应急行动的效率和成败，更关乎每个人的生命安全和环境保护。那么，如何进行有效的环境应急资源调查呢？大家带着这个悬念，我们一同开启环境应急资源调查的学习之旅。让我们看看如何通过科学的方法，系统地调查、评估和优化我们的环境应急资源，为应对可能的环境危机做好准备。

待学习本任务后，完成以下任务：

1. 环境应急资源调查的目的和原则是什么？
2. 不同的企业，应急资源调查的内容是否一致？调查内容如何确定？
3. 环境应急资源调查程序是什么？如何开展企事业单位环境应急资源调查？

⌨ 知识学习

环境应急资源是指采取紧急措施应对突发环境事件时所需要的物资、装备及专业抢险救援人员。开展环境应急资源调查，主要包括应急管理、技术支持、处置救援等环境应急队伍，以及应急指挥、应急拦截与储存、应急疏散与临时安置、物资存放等环境应急场所。

一、环境应急资源调查目的和原则

开展环境应急资源调查，收集和掌握本地区、本单位第一时间可以调用的环境应急资源状况，建立健全重点环境应急资源信息库，加强环境应急资源储备管理，促进环境应急预案质量和环境应急能力的提升。

环境应急资源调查应遵循客观、专业、可靠的原则。"客观"是指针对已经储备的资源和已经掌握的资源信息进行调查。"专业"是指重点针对环境应急时的专用资源进行调查。"可靠"是指调查过程科学、调查结论可信、资源调集可保障。

二、环境应急资源调查

1. 环境应急资源调查内容

环境应急资源调查主体涵盖生态环境部门或企事业单位。

目前可用的应急资源主要涉及企业内部的应急物资、应急装备和应急救援队伍。此外，企业外部可请求的应急资源也包括在内，如与其他组织或单位签订的应急救援协议或互救协议等。这些资源的日常管理、维护、获取途径和保存期限都需要进行详细登记。

应急物资主要包括各种用于处理、消解和吸收污染物（泄漏物）的化学药剂，如絮凝剂、吸附剂、中和剂、解毒剂和氧化还原剂等。应急装备则涵盖个人防护装备、应急监测设备、通信系统、电源（包括应急电源）和照明设施等。

为清晰地呈现各项应急资源，应按照物资、装备和救援队伍分类，列出其名称、类型（物资/装备/队伍）、数量（或人数）、有效期（仅针对物资）、外部供应单位名称、外部供应单位联系人及联系电话等详细信息。

表 4-2-1 是环境应急资源参考名录。在开展调查时，调查主体应根据环境应急任务的实际需求、作业模式或资源功能进一步拓展调查内容。但需要注意的是，环境应急资源的来源广泛，在应急现场，我们可能会根据实际情况将普通物品直接或稍作改造后用于现场处置。例如，木糠可用于吸附泄漏物，吨桶经过改造可变成加药设备等。

表 4-2-1　环境应急资源参考名录

主要作业方式或资源功能	重点应急资源名称	备注
污染源切断	沙包、沙袋、快速膨胀袋、溢漏围堤、下水道阻流袋、排水井保护垫、沟渠密封袋、充气式堵水气囊	—
污染物控制	围油栏（常规围油栏、橡胶围油栏、PVC围油栏、防火围油栏）、浮桶（聚乙烯浮桶、拦污浮桶、管道浮桶、泡沫浮桶、警示浮球）、水工材料（土工布、土工膜、彩条布、钢丝格栅、导流管件）	—
污染物收集	收油机、潜水泵（包括防爆潜水泵）、吸油毡、吸油棉、吸污卷、吸污袋、吨桶、油囊、储罐	—
污染物降解	溶药装置：搅拌机、搅拌桨 加药装置：水泵、阀门、流量计、加药管 水污染、大气污染、固体废物处理一体化装置 吸附剂：活性炭、硅胶、矾土、白土、膨润土、沸石 中和剂：硫酸、盐酸、硝酸、碳酸钠、碳酸氢钠、氢氧化钙、氢氧化钠、氧化钙 絮凝剂：聚丙烯酰胺、三氯化铁、聚合氯化铝、聚合硫酸铁 氧化还原剂：双氧水、高锰酸钾、次氯酸钠、焦亚硫酸钠、亚硫酸氢钠、硫酸亚铁 沉淀剂：硫化钠	—
安全防护	预警装置、防毒面具、防化服、防化靴、防化手套、防化护目镜、防辐射服、氧气（空气）呼吸器、呼吸面具、安全帽、手套、安全鞋、工作服、安全警示背心、安全绳、碘片等	—
应急通信和指挥	应急指挥及信息系统、应急指挥车、应急指挥船、对讲机、定位仪、海事卫星视频传输系统及单兵系统等	—

主要作业方式或 资源功能	重点应急资源名称	备注
环境监测	采样设备、便携式监测设备、应急监测车（船）、无人机（船）	具体可参考环境 应急监测装备推荐 配置表等

注：1. 应急资源来源广泛，调查时可结合环境风险特点对参考名录进行扩展；

2. 参考名录收录资源突出环境应急特点，其他通用性资源可参考《应急保障重点物资分类目录（2015年）》（发改办运行〔2015〕825号）等；

3. 应急资源可能有多种功能，参考名录按照应急资源的突出功能收录

2. 生态环境部门的调查

以本级行政区域内为主，必要时可以对区域、流域周边环境应急资源信息进行调查。优先调查政府及生态环境等相关部门应急物资库的环境应急资源，同时将重点联系的企事业单位尤其是大型企业的物资库纳入调查范围。根据风险情况和应急需求，还可以将生产、供应环境应急资源的单位，产品、原料、辅料可以用作环境应急资源的单位等其他有必要调查的单位纳入调查范围。调查内容记录见表4-2-2～表4-2-5。

表 4-2-2　政府（部门）建设的应急物资库调查表

调查人及联系方式：　　　　　　　　　　　　　　　　　审核人及联系方式：

应急物资库基本信息							
物资库名称							
所在地				经纬度			
所属单位							
负责人	姓名			联系人	姓名		
	联系方式				联系方式		
环境应急资源信息							
序号	名称	品牌	型号/规格	储备量	报废日期	主要功能	备注

注：1. 名称：按资源常规名称或参考表4-2-1填写。

2. 品牌：填写资源的商标品牌。

3. 型号/规格：填写资源的规格型号，有规范型号的按规范型号填写，无规范型号的按其主要性质、性能或品质填写。污染物降解类物质需要注意其纯度、是否有涉水证、是否属于食品级等。

4. 储存量：单位为吨、件及其他法定或规范的单位。

5. 主要功能：资源在环境应急中的主要用途

表 4-2-3　重点联系企业应急物资库调查表

调查人及联系方式：　　　　　　　　　　　　　　　　　　　审核人及联系方式：

应急物资库基本信息							
物资库名称							
所在地				经纬度			
所属单位							
负责人	姓名			联系人	姓名		
	联系方式				联系方式		
环境应急资源信息							
序号	名称	品牌	型号/规格	储备量	报废日期	主要功能	备注

表 4-2-4　环境应急资源生产企业信息调查表

调查人及联系方式：　　　　　　　　　　　　　　　　　　　审核人及联系方式：

环境应急资源生产企业信息									
序号	资源名称	数量	型号/规格	企业信息					备注
				单位名称	地址	经纬度	联系人	联系方式	

表 4-2-5　环境应急支持单位和应急场所信息调查表

调查人及联系方式：　　　　　　　　　　　　　　　　　　　审核人及联系方式：

序号	类别	单位名称	主要能力	备注
	应急救援单位			
	应急监测单位			
	应急指挥场所			

3. 企事业单位的调查

以企事业单位内部为主，包括自储、代储、协议储备的环境应急资源。必要时可以把能够用于环境应急的产品、原料、辅料纳入调查范围。调查表见表 4-2-6。

表 4-2-6　企事业单位环境应急资源调查表

调查人及联系方式：　　　　　　　　　　　　　　　　　　　　　　审核人及联系方式：

企事业单位基本信息							
单位名称							
物资库位置					经纬度		
负责人	姓名			联系人	姓名		
	联系方式				联系方式		
环境应急资源信息							
序号	名称	品牌	型号/规格	储备量	报废日期	主要功能	备注
环境应急支持单位信息							
序号	类别	单位名称		主要能力			
	应急救援单位						
	应急监测单位						
注：本表适用于企业自行开展环境应急资源调查时参照使用							

三、环境应急资源调查程序

一般按以下程序组织开展调查，调查主体可根据调查规模适当简化。

1. 制定调查方案

收集分析环境风险评估、应急预案、演练记录、事件处置记录和历史调查、日常管理资料，确定本次调查的目标、对象、范围、方式、计划等，设计调查表格，明确人员和任务。

表 4-2-2～表 4-2-6 为环境应急资源调查表（示例），供调查主体参考。

2. 安排部署调查

通过印发通知、组织培训、召开会议等形式，安排部署调查任务，使调查人员了解调查内容和时间安排，掌握调查技术路线和调查技术重点。

3. 信息采集审核

调查人员按照调查方案，采取填表调查、问卷调查、实地调查等相结合的方式收集有关信息，填写调查表格。汇总收集到的信息，通过逻辑分析、人员访谈、现场抽查等方式，查验数据的完备性、真实性和有效性。重点环境应急资源应进行现场勘查。

4. 编写调查报告

调查报告一般包括调查概要、调查过程及数据核实、调查结果与结论，并附以环境应急资源信息清单、分布图、调配流程及调查方案等必要的文件。

（1）生态环境部门环境应急资源调查报告参考格式。

1）调查概要。简介调查背景，描述调查主体和调查对象，说明调查信息的基准时间和调查工作的起止时间等基本信息。

2）调查过程及数据核实。介绍调查过程中的主要活动，可按时间次序说明不同阶段的主要活动，如调查启动、调查动员、调查培训、数据采集、调查信息分析、调查报告编制等活动。

介绍调查过程中数据核实等质量控制的措施和手段，以及质量控制的结果。

3）调查结果与结论。结合区域环境风险评估结论，分析环境应急资源匹配情况，提出完善环境应急资源储备的建议。

4）调查报告的附件。参考表 4-2-2～表 4-2-6，汇总编制环境应急资源清单，绘制环境应急资源分布图，调查通知、调查方案等相关文件也可以作为附件纳入调查报告。

（2）企事业单位环境应急资源调查报告参考格式。对于企事业单位环境应急资源调查报告，可以报告表的形式上报，报告表见表 4-2-7。

表 4-2-7　企事业单位环境应急资源调查报告表

1. 调查概述				
调查开始时间	年　月　日		调查结束时间	年　月　日
调查负责人姓名			调查联系人/电话	
调查过程	（简要说明调查过程）			
2. 调查结果（调查结果如果为"有"，应附相应调查表）				
应急资源情况	资源品种：＿＿＿种 是否有外部环境应急支持单位：□有，＿＿＿家；□无			
3. 调查质量控制与管理				
是否进行了调查信息审核：□有；□无 是否建立了调查信息档案：□有；□无 是否建立了调查更新机制：□有；□无				
4. 资源储备与应急需求匹配的分析结论				
□完全满足；□满足；□基本满足；□不能满足				
5. 附件				
一般包括以下附件： 5.1 环境应急资源/信息汇总表；5.2 环境应急资源单位内部分布图；5.3 环境应急资源管理维护更新等制度				
注：1. 企事业单位可依据突发环境事件风险评估，分析环境应急资源匹配情况，给出分析结论； 　　2. 参考表 4-2-6 汇总形成环境应急资源/信息汇总表等相关附件（单位内部的资源可不提供经纬度），绘制环境应急资源分布图并说明调配路线				

5. 建立信息档案

汇总整理调查成果，建立包括资源清单、调查报告、管理制度在内的调查信息档案。逐步实现调查信息的结构化、数据化和信息化。

6. 调查数据更新

调查主体应当加强对环境应急资源信息的动态管理，及时更新环境应急资源信息。在评估、修订环境应急预案时，应对环境应急资源情况一并进行更新。

⌨ 职场提示

企业环境风险隐患排查实务指南

在排查企业环境风险隐患的过程中，为确保工作的有效性和安全性，以下职场提示可供参考。

1. 明确目标与职责

首先，明确排查的目标和具体职责。了解企业可能存在的环境风险点，并确定自己的排查任务。同时，了解相关的法律法规和标准，确保排查工作符合法律要求。

2. 深入现场，全面了解

深入企业生产现场，全面了解生产流程、设备状况、污染物排放等情况。注意观察细节，发现可能存在的风险隐患。与现场工作人员交流，了解他们的操作习惯和安全意识，从中获取更多信息。

3. 科学评估，准确识别

运用科学的方法和工具，对环境风险隐患进行评估和识别。根据企业的生产特点和环境因素，分析可能存在的风险类型和程度。对识别出的风险隐患进行记录，并制定相应的整改措施。

4. 及时报告，有效沟通

发现环境风险隐患后，应及时向上级领导或相关部门报告。报告应详细、准确，包括隐患的描述、可能的影响及建议的整改措施等。同时，与相关部门或团队保持有效沟通，共同制定解决方案，确保隐患得到及时消除。

5. 持续跟踪，确保整改

对于排查出的环境风险隐患，应持续跟踪整改情况。确保整改措施得到有效执行，隐患得到彻底消除。对于整改不彻底的或新出现的风险隐患，应及时进行复查和再次排查。

6. 注重自身安全

在排查过程中，务必注意自身安全。遵守企业的安全规定和操作规程，佩戴必要的防护装备。在涉及高风险区域或操作时，应在专业人员的指导下进行。

⌨ 知识拓展

《企业突发环境事件隐患排查和治理工作指南（试行）》　《环境应急资源调查指南》　《尾矿库污染隐患排查治理工作指南（试行）》　《流域突发水污染事件环境应急"南阳实践"实施技术指南》

| 《化工建设项目环境
保护设计规范》 | 《应急保障重点
物质分类目录》 | 《现代安全管理学中的事故
预防策略与工程技术措施》 | 《个体防护装备配备规范》
（GB 39800.1—2020） |

🧰 项目实施

一、工作计划

本项目重点学习环境风险隐患排查和调查环境应急物资，根据对企业的环境风险管理工作任务要求，需要定期对企业环境风险隐患进行排查，同时调查环境应急资源，本项目分为两个任务，分别是排查环境风险隐患和调查环境应急物资。工作计划是以某污水处理厂为例，根据材料内容，完成项目实施，并填入表中，完成评价总结。

二、项目实施

任务描述	某城市污水处理厂位于城市下游，主要负责处理该城市的生活污水和部分工业废水。近年来，随着城市人口的增加和工业的快速发展，污水处理厂的处理负荷逐渐增大，环境风险也随之增加。为了确保污水处理厂的安全稳定运行，降低环境风险，决定对该厂进行环境风险排查，同时调查该污水处理厂的环境应急资源。扫码提取任务材料  湖南某污水处理厂突发　　某污水处理厂环境 环境事件应急预案　　　　风险排查任务材料			
工作任务	工作步骤	完成情况	完成人	复核人
任务一　排查 环境风险 隐患	（1）设计该污水处理厂的排查内容和步骤； （2）根据排查出的环境风险隐患，对风险隐患进行分级； （3）整改该污水厂环境风险隐患			
任务二　调查 环境应急 资源	（1）根据"污水处理厂环境应急资源调查报告"设计一个调查方案； （2）描述该污水处理厂环境应急资源调查程序； （3）根据调查报告，填报"企事业单位环境应急资源调查报告表"			

 项目评价

序号	项目实施过程评价	自我评价	企业导师评价
1	相应法规和标准理解与应用能力		
2	任务完成质量		
3	关键内容完成情况		
4	完成速度		
5	参与讨论主动性		
6	沟通协作		
7	展示汇报		
8	项目收获		
9	素质考查		
10	综合能力		
综合评价			

注：表中内容每项 10 分，共 100 分，学生根据任务学习的过程与完成情况，真实、诚信地完成自我评价，企业导师根据项目实施过程、成果和学生自我评价，客观、公正地对学生进行综合评价

项目测试

一、知识测试

1.（单选题）根据《企事业单位突发环境事件应急预案备案管理办法（试行）》（环发〔2015〕4 号）的规定，企事业单位突发环境事件应急预案每（　　）年必须开展一次回顾性评估，否则超期未开展的可视作环境风险隐患的一项内容。

A. 1　　　　　　　　B. 2　　　　　　　　C. 3　　　　　　　　D. 4

2.（单选题）以下区域可作为企事业单位末端事故池最佳建造位置的是（　　）。

A. 厂区最空旷处　　　　　　　　　　B. 厂区最低洼处

C. 厂区最平坦处　　　　　　　　　　D. 厂区最明亮处

3.（多选题）根据《企业突发环境事件隐患排查和治理工作指南（试行）》（环境保护部公告 2016 年第 74 号）的规定，重大环境风险隐患的特征有（　　）。

A. 情况复杂，短期内难以完成治理并可能造成环境危害的隐患

B. 可能产生较大环境危害的隐患

C. 无法治理的隐患

D. 容易引发环境污染事故的隐患

E. 企事业单位周边群众十分关心的环境隐患

4. （多选题）企事业单位环境风险防控措施指针对环境污染事故危险源特性，对其进行监控和控制环境污染事故危害蔓延等的设备（设施）外，以及对环境污染事故实施应急救援所依托的（　　　）。

A. 应急救援预案　　　　　　　　　　B. 应急监测

C. 应急装备　　　　　　　　　　　　D. 应急物资

E. 应急队伍

5. （判断题）环境隐患在狭义上是指诱发环境污染事故危险源发生环境污染事故的各种不安全因素。（　　　）

6. （单选题）关于外部支援资源，以下描述正确的是（　　　）。

A. 附近医院、消防、环保等部门不具备相应的支援能力

B. 信息沟通不畅，无法及时获取外部支援资源信息

C. 与外部支援部门建立了紧密的合作关系，能够迅速响应支援请求

D. 外部支援资源非常充足，无须担忧应对突发事件的能力

7. （单选题）对于环境应急资源的建议，以下描述正确的是（　　　）。

A. 应持续关注环境风险变化，及时调整和完善环境应急资源储备

B. 环境应急资源已经足够完善，无须再进行任何改进工作

C. 应减少环境应急资源的储备量，以降低运营成本

D. 应将所有环境应急资源进行外包处理，减轻自身负担

二、技能测试

指出下列情景中存在的环境风险隐患。

环境风险隐患：（　　　　　　　）　　　环境风险隐患：（　　　　　　　）

三、素质测试

1. （单选题）企事业单位要做好环境风险防范工作，不仅要建设针对环境污染事故危险源特性进行监控和控制环境污染事故危害蔓延等的设备（设施），还要并制定和落实相应的管理制度，如硫酸罐围堰的排水阀门，在正常状态下应处于（　　　）。

A. 常开状态　　　　　　　　　　　　B. 常闭状态

C. 常开常闭均可　　　　　　　　　　D. 常闭常开也可

2. （单选题）在进行环境应急资源调查时，以下（　　　）素质最重要。

A. 专业知识　　　　　　　　　　　　B. 团队协作能力

C. 沟通能力　　　　　　　　　　　　D. 领导能力

项目五　处置环境风险

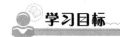

学习目标

知识目标

1. 熟悉应急响应的基本原则和流程。

2. 掌握常用应急处置技术特点、适用范围及使用步骤。

能力目标

1. 能够根据不同环境事件特征污染物的理化特征，合理选择具有针对性的应急处置措施和应急资源。

2. 能够组织协调各方应急力量，有效开展应急处置工作。

素养目标

1. 增强安全意识，树立预防为主的思想观念，培养严谨细致的工作态度和科学精神。

2. 提升责任心和使命感，勇于担当责任，具备良好的沟通协调能力和团队合作精神。

项目导入

假设你是某化工企业安全环保部门负责人，某天接到报告，本企业液氨罐区或氯气仓库发生液氨或氯气泄漏事故，有可能对周边环境和居民身体健康造成危害。作为企业安全环保部门负责人，需要迅速作出决策，组织应急处置工作，确保人员安全和环境安全。

1. 在接到事故报告后，应该如何迅速启动应急响应程序？

2. 为了掌握液氨或氯气泄漏的影响范围和程度，该如何组织开展环境应急监测工作？

3. 应该如何协调各方资源，包括应急救援队伍、医疗救护、应急监测等，确保应急处置工作的顺利开展？

4. 在应急处置过程中，如何确保居民的安全，避免恐慌和混乱？

5. 事故处置完成后，如何进行效果评估和总结经验教训，提升未来应对环境风险事件的能力？

接下来，一起学习本项目内容，处置环境风险事件！

项目分析

本项目是处置环境风险事件，主要包括四个核心内容：环境应急响应、环境应急措施、应急环境监测和应急救援技术。应急响应是指根据事前制定的应急预案和在对风险事故状态研判的基础上，确定应急响应级别，启动相应级别应急行动，调动应急人员、设备和资源，有序开展应急处置工作。应急监测是指对突发环境事件事故排放的污染物质进行现场调查，了解其种类、数量、浓度，对大气、地表水等进行实地监测，动态掌握事故污染物质影响范围、变化趋势和可能的危害程度，为应急处理工作决策提供技术支撑。应急处置是指针对项目污染物特征，采取对应的处理方法，减轻或消除污染物质对环境的污染。应急救援是指根据项目污染物的物理和化学性质，结合地质、气象等条件，疏散受影响的人群，营救和救治受伤人员，抢修公共设施，提供必要的生活设施，进行卫生防疫和心理疏导等。通过案例分析与实践，学生能够深入了解实际操作中的挑战和经验教训，提高应对环境风险事件的综合能力。

知识结构

本项目从三个方面介绍处置环境风险事件，知识网络框图如下：

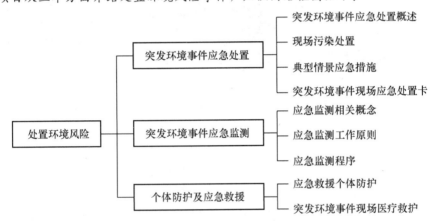

任务一　突发环境事件应急处置

任务引入

2015 年 8 月 12 日，天津滨海新区一处危险化学品堆垛发生爆炸。事故发生后，当地政府和有关部门迅速启动应急响应机制，组织力量开展救援处置工作。这起事故造成了严重的人员伤亡和财产损失，也对周边环境造成了不同程度的污染。

这起事故再次提醒我们，突发环境事件对人类和环境安全构成了巨大的威胁。应急响应是应对突发环境事件的关键环节，及时、有效的应急响应能够最大限度地减少人员伤亡和财产损失，保护环境安全。因此，了解和掌握突发环境事件应急响应的知识和技能至关重要。本任务将引导我们深入了解突发环境事件应急响应的基本概念、原则、流程和措施。

请扫码观看"医疗垃圾侧翻突发环境事件应急演练"视频，完成课前思考：

1. 初判该突发环境事件级别是什么。

2. 假设你是一名生态环境保护部门接警员，如何响应该事件？

待学习本任务后，完成以下任务：

1. 突发环境事件发生后，如何上报？

2. 突发环境事件发生后，企业如何行动？

3. 应急响应的程序是怎样的？哪些部门参与应急响应？各自的职责是什么？

4. 应急响应重点是什么？

5. 应急响应终止条件是什么？

视频：医疗垃圾侧翻突发
环境事件应急演练

⌨ 知识准备

一、突发环境事件应急处置概述

突发环境事件发生后，责任企事业单位应按照相应的应急预案进行先期处置工作。事发地人民政府应立即派出有关部门及应急救援队伍赶赴现场，迅速开展处置工作。开展应急监测，迅速查明污染源，确定污染范围和污染状态。迅速组织、实施控制或切断污染源，收集、转移和清除污染物，清洁受污染区域和介质等消除和减轻污染物危害，严防二次污染和次生、衍生事件发生。

为确保在突发环境事件发生时能够迅速、有效地进行应急处置，根据《国家突发环境事件应急预案》（国办函〔2014〕119 号）整理了表 5-1-1，可以快速了解应急处置的关键步骤和要点。

表 5-1-1　突发环境事件应急处置

序号	步骤	任务描述
1	先期处置	突发环境事件发生后，责任企事业单位应按照相应的应急预案进行先期处置工作
2	政府响应	当事故态势超出企事业单位应急处置能力时，事发地人民政府应立即派出有关部门及应急救援队伍赶赴现场，迅速开展处置工作
3	应急监测	开展应急监测，迅速查明污染源，确定污染物种类、污染范围和污染程度

序号	步骤	任务描述
4	人员撤离疏散与安置	根据突发环境事件影响及事发当地的气象、地理环境、人员密集度等，建立现场警戒区、交通管制区域和重点防护区域，确定受威胁人员疏散的方式和途径，有组织、有秩序地及时疏散转移受威胁人员和可能受影响地区居民
5	医学救援	迅速组织当地医疗资源和力量，对伤病员进行诊断治疗，根据需要及时、安全地将重症伤病员转运到有条件的医疗机构加强救治；指导和协助开展受污染人员的去污洗消工作；做好受影响人员的心理援助
6	现场污染处置	迅速组织、实施控制或切断污染源，收集、转移和清除污染物，清洁受污染区域和介质等消除和减轻污染物危害的措施，严防二次污染和次生、衍生事件发生
7	查明涉事单位	当涉事企事业单位或其他生产经营者不明时，由当地生态环境保护主管部门组织对污染来源开展调查，查明涉事单位，确定污染物种类和污染范围，切断污染源
8	综合治污方案	事发地人民政府应组织制定综合治污方案，采用监测和模拟等手段追踪污染气体扩散途径和范围，采取拦截、导流、疏浚等形式防止水体污染扩大
9	市场监管和调控	密切关注受事件影响地区市场供应情况及公众反应，加强对重要生活必需品等商品的市场监管和调控。禁止或限制受污染食品和饮用水的生产、加工、流通和食用
10	信息发布与舆论引导	通过政府授权发布、发新闻稿、接受记者采访、举行新闻发布会、组织专家解读等方式，借助电视、广播、报纸、互联网等多种途径，主动、及时、准确、客观地向社会发布突发环境事件和应对工作信息，回应社会关切，澄清不实信息，正确引导社会舆论
11	社会稳定维护	加强受影响地区社会治安管理，严厉打击借机传播谣言制造社会恐慌、哄抢救灾物资等违法犯罪行为；加强转移人员安置点、救灾物资存放点等重点地区治安管控；做好受影响人员与涉事单位、地方人民政府及有关部门矛盾纠纷化解和法律服务工作
12	国际通报和援助	如需向国际社会通报或请求国际援助时，生态环境部协商外交部、商务部提出需要通报或请求援助的国家（地区）和国际组织、事项内容、时机等，按照有关规定由指定机构向国际社会发出通报或呼吁信息

二、现场污染处置

在应对突发环境事件的过程中，现场污染处置是至关重要的环节。它主要涉及截断污染源、控制污染物的扩散和传播、处置污染物三个部分。然而，这三个部分在实际操作中是紧密相联、不可分割的。首先，迅速截断污染源是防止事态恶化的关键，它能够遏制污染物的进一步释放。其次，控制污染物的扩散和传播至关重要，这需要采取一系列措施来限制污染范围扩大。最后，科学合理地处置污染物是整个过程的收尾工作，它能够确保污染物得到妥善处理，降低对环境和人员的危害。在整个处置过程中，这三个环节相互配合、协同作用，共同确保环境安全和公众健康。

1. 截断污染源

在事故现场，及时截断污染源是防止污染物扩散的重要措施。对于液体泄漏事故，可以采用围堰、堵漏等手段来截断污染源。对于气体泄漏事故，可以使用密封垫、密封胶等材料对泄漏口进行封堵。常见截断污染源的方法见表5-1-2。

表 5-1-2　常见截断污染源的方法

方法	描述	适用情况
关闭或停产措施	关闭涉事单位或设施，停止生产或运行活动，以切断污染源	当涉事单位或设施是污染源的主要来源时，应立即关闭，切断污染源的继续排放
围堰法	在泄漏点周围设置围堰，以截断液体的扩散	适用于液体泄漏，特别是大量液体泄漏的情况
堵漏法	使用专门的堵漏工具或材料进行堵漏	适用于管道、储罐等设备的泄漏，尤其是可关闭的部位
引流法	将泄漏的液体引向安全区域，减少泄漏对环境的危害	适用于持续泄漏的液体，尤其是可以引流的情况
封堵法	将泄漏源封住，减少气体的扩散	适用于气体泄漏，尤其是可封堵的部位
喷淋措施	使用喷淋设备对受污染区域或设施进行冲洗，降低污染物浓度	当受污染区域或设施表面有大量污染物时，可采用喷淋措施降低其浓度

这些方法并非孤立使用，而是可以根据实际情况进行组合使用，以达到最佳的处理效果。同时，截断污染源的方法也需要根据泄漏物的性质、泄漏量和地形等实际情况进行选择和调整。在采取截断污染源的措施时，还需要考虑安全因素和环境因素，采取适当的防护措施，确保人员安全和环境质量得到保障。

对于具有阀门的泄漏源要立刻关闭阀门，没有阀门的泄漏源要及时将泄漏源控制住。常见的管线、储罐、储槽等堵漏方法见表5-1-3。

表 5-1-3　管线、储罐、储槽等堵漏方法一览表

部位	形式	方法
罐体	砂眼	螺钉加黏合剂旋紧堵漏
	缝隙	使用外封式堵漏袋、电磁式堵漏工具组、粘贴式堵漏密封胶（适用于高压）或堵漏夹具、金属堵漏锥堵漏
	孔洞	使用各种木楔、堵漏夹具、粘贴式堵漏密封胶（适用于高压）、金属堵漏锥堵漏
	裂口	使用外封式堵漏袋、电磁式堵漏工具组、粘贴式堵漏密封胶（适用于高压）堵漏

部位	形式	方法
管道	砂眼	螺钉加黏合剂旋紧堵漏
	缝隙	使用外封式堵漏袋、金属封堵套管、电磁式堵漏工具组、潮湿绷带冷凝法或堵漏夹具堵漏
	孔洞	使用各种木楔、堵漏夹具、粘贴式堵漏密封胶（适用于高压）堵漏
	裂口	使用外封式堵漏袋、电磁式堵漏工具组、粘贴式堵漏密封胶（适用于高压）堵漏
阀门	—	使用阀门堵漏工具组、注入式堵漏胶、堵漏夹具堵漏
法兰	—	使用专用法兰夹具、注入式堵漏胶堵漏
装卸时发生泄漏	—	装卸泄漏，大多数是由于人为操作失误或不小心，应立即关闭罐体或装卸罐车的阀门，防止物料继续泄漏

2. 清理泄漏物

对于已经泄漏的污染物，需要及时清理，以减少对环境的危害。根据污染物的性质和泄漏量，可以采用吸附、中和、稀释等方法进行清理。对于重金属、有害化学物质等难以清理的污染物，需要采用专业的化学清洗剂或中和剂进行处理。当然，对于清理泄漏物的方法，表 5-1-4 列举了一些更具体的示例。

表 5-1-4　突发环境事件清理泄漏物方法

方法	描述	适用情况
吸附法	使用吸附剂吸收泄漏的液体或气体	适用于各种泄漏物，尤其是液体和气体泄漏
中和法	使用中和剂将酸碱物质中和为无害物质	适用于酸碱物质泄漏，特别是可以中和的物质
稀释法	使用稀释剂降低有害物质的浓度	适用于气体和液体泄漏，尤其是可以稀释的物质
收集法	使用专门的收集工具和材料将泄漏物收集起来	适用于各种泄漏物，尤其是可以收集的物质

3. 设置围堰或沙袋

在事故现场周围设置围堰或沙袋，可以防止污染物扩散到周边环境。围堰或沙袋的设置需要根据污染物的性质、泄漏量及地形等因素进行合理规划。设置围堰或沙袋是应急处置中的重要环节，可以有效防止泄漏物的扩散，减少对环境和人员的危害。以下是具体设置围堰或沙袋的方法。

（1）选择合适的材料。根据泄漏物的性质和泄漏量，选择合适的围堰或沙袋材料。常用的围堰材料包括土袋、石块、混凝土等，沙袋则一般使用装满沙土的编织袋或麻袋。

（2）确定围堰或沙袋的位置。在泄漏物的周围设置围堰或沙袋，应尽量靠近泄漏点，同时考虑地形、水流等因素，确保围堰或沙袋能够有效阻止泄漏物的扩散。

（3）构建围堰或沙袋。根据选定的材料和位置，开始构建围堰或沙袋。构建时应注意夯实基础，确保围堰或沙袋的稳定性，同时注意控制填筑速度，避免因填筑过快导致围堰或沙袋崩塌。

（4）检查并加固。完成围堰或沙袋的设置后，应进行检查和加固，确保其能够承受泄漏物的压力和冲刷，防止泄漏物的渗漏和逃逸。

4. 化学药剂处理

对于气态污染物和某些容易分解的液态污染物，采用化学药剂进行喷淋降解处理，可以有效地减少污染物对外传播的浓度，有效地减少污染物的传播面积。环境应急处理处置过程中常用的污染物降解药剂见表 5-1-5。

表 5-1-5　常用污染物降解药剂一览表

药剂类型	常用药剂
吸附剂	活性炭、硅胶、矾土、白土、膨润土、沸石
中和剂	硫酸、盐酸、硝酸、碳酸钠、碳酸氢钠、氢氧化钙、氢氧化钠、氧化钙
絮凝剂	聚丙烯酰胺、三氯化铁、聚合氯化铝、聚合硫酸铁
氧化还原剂	双氧水、高锰酸钾、次氯酸钠、焦亚硫酸钠、亚硫酸氢钠、硫酸亚铁
沉淀剂	硫化钠

（1）吸附法。对于液体泄漏事故，可以采用吸附剂对污染物进行吸附处理。吸附剂可以有效地吸附泄漏的液体，将其从泄漏区域清除。

吸附剂应根据泄漏液体的性质进行选择。常见的吸附剂包括活性炭、硅胶、分子筛等。这些吸附剂具有较大的表面积和吸附能力，能够有效地吸附液体，并将其固定在吸附剂的表面。在处理液体泄漏事故时，可以将吸附剂撒在泄漏区域，使其与泄漏液体接触。处理后的吸附剂可以收集起来，进行后续处理或处置。

需要注意的是，吸附剂只适用于处理小规模的液体泄漏事故，对于大规模的液体泄漏事故，可能需要采取其他措施（如围堰、中和等）来控制泄漏源。同时，吸附剂的处理和处置应符合相关法律法规和标准的要求，避免二次污染。

（2）中和法。对于酸碱等有害化学物质，可以采用中和法进行处理。中和剂需要根据污染物的性质进行选择，同时需要注意中和剂本身对环境的影响。选择中和剂时需要考虑泄漏物的性质、中和剂的适用范围和安全性等因素。同时，使用中和剂时需遵循安全操作规程，佩戴防护用具，防止发生人员伤害和环境污染。应急处置中常用的酸碱中和剂及其适用情况见表 5-1-6。

表 5-1-6　常用应急处置中常用的酸碱中和剂及其适用情况

中和剂	适用情况
氢氧化钠（NaOH）	用于中和酸性物质，如酸液泄漏
氢氧化钙［Ca（OH）$_2$］	用于中和酸性物质，特别是当需要生成沉淀物时，如硫酸泄漏
碳酸钠（Na$_2$CO$_3$）	用于中和酸性物质，特别是当需要生成气体时，如盐酸泄漏
碳酸氢钠（NaHCO$_3$）	用于中和酸性物质，特别是当需要生成气体时，如硝酸泄漏
稀盐酸（HCl）	用于中和碱性物质，如氢氧化钠泄漏
稀硫酸（H$_2$SO$_4$）	用于中和碱性物质，特别是当需要生成沉淀物时，如氢氧化钙泄漏
有机酸	通常用于中和特定的碱泄漏物，常用的有乙酸（CH$_3$COOH）、丙酸（CH$_3$CH$_2$COOH）等

请注意，这只是一份简化的示例表格，实际情况可能更加复杂。在实际应用中，需要根据具体情况选择合适的酸碱中和剂，并遵循安全操作规程。具体选择及处理过程如下所述。

1）选择中和剂。根据泄漏物的性质，选择适当的中和剂。常用的中和剂包括酸碱中和剂、有机酸等，需要注意的是，选择的中和剂应不会产生有害的副产物。

2）准备中和剂。根据需要，准备足够的中和剂，确保能够完全中和泄漏物。同时，需要注意中和剂的储存和使用安全。

3）中和处理。将准备好的中和剂加入泄漏物中，进行中和反应。在中和过程中，需要控制好反应速度，避免因反应过快导致溢出或爆炸等危险情况。

4）检查和清理。完成中和后，应检查泄漏物是否已被完全中和，并进行清理工作。清理时应小心处理可能产生的废水和废物，避免对环境造成二次污染。

（3）絮凝法。絮凝法是一种常用的水处理方法，通过投加絮凝剂使水中的悬浮颗粒和胶体物质发生絮凝沉淀，从而实现水质净化的目的。操作步骤和适用情景见表 5-1-7。

表 5-1-7　絮凝法处理突发环境事件

处理方法	操作步骤	适用情景
絮凝法	（1）选择合适的絮凝剂：根据水体中悬浮颗粒和胶体物质的性质选择合适的絮凝剂。常用的絮凝剂包括无机盐类和高分子聚合物等。 （2）投加絮凝剂：将絮凝剂按比例加入受污染的水体中，并充分混合使其与污染物接触。絮凝剂通过吸附和桥接作用促使悬浮颗粒和胶体物质聚集成较大的絮凝体。 （3）沉淀与分离：经过一段时间的静置或搅拌后，絮凝体会逐渐沉降到水底。通过排泥或过滤等方法将沉淀物从水体中分离出来，分离出的沉淀物应进行妥善处理和处置。 （4）后处理：处理后的水体可能仍含有少量残余的悬浮颗粒和胶体物质，需要进行进一步的处理以达到水质指标的要求。这可能包括过滤、消毒或其他适当的后处理技术	（1）河流、湖泊的突发性污染：当河流、湖泊遭受突发性污染时，如意外排放的工业废水导致悬浮物和胶体物质大量增加，利用絮凝法可以迅速降低污染物浓度并改善水质。 （2）污水处理厂的应急措施：在污水处理厂中，若发生设备故障或超标排放等情况导致水质恶化，可以使用絮凝法作为紧急措施来稳定水质并降低污染物含量。 （3）自然灾害后的水质恢复：在发生洪水、泥石流等自然灾害后，水源可能受到悬浮颗粒和胶体物质的污染

（4）氧化还原法。氧化还原法是一种通过添加氧化剂或还原剂来转化或去除污染物的化学处理方法。在突发环境事件中，这种方法可以迅速应对多种污染物，特别是对于有机物和重金属离子等。操作步骤和适用情景见表5-1-8。

表 5-1-8　氧化还原法处理突发环境事件

处理方法	操作步骤	适用情景
氧化还原法	（1）选择合适的氧化剂或还原剂：根据污染物的性质和应急处置的需求，选择具有强氧化或还原能力的试剂。例如，对于有机物污染，可以选择次氯酸钠、臭氧等作为氧化剂；对于重金属离子，可以选择硫酸亚铁、亚硫酸氢钠等作为还原剂。 （2）控制反应条件：确保反应在适当的pH值、温度和接触时间下进行，以促进氧化还原反应的进行并提高处理效果。 （3）后处理与残余物处理：反应后的废水或土壤需要进行进一步的处理，以确保污染物被彻底去除或降低到安全水平。对于产生的沉淀物或残余物，应妥善处理和处置，避免二次污染	（1）化工泄漏事故：在化工生产过程中，若发生原料或产品的泄漏，可以使用氧化还原法迅速处理泄漏造成的有机物或重金属离子污染，降低其对水源和土壤的危害。 （2）有毒有害物质运输事故：在有毒有害物质的运输过程中，如果发生事故导致物质泄漏，可利用氧化还原法控制污染物的扩散，减轻对环境和生态系统的破坏

（5）化学沉淀法。化学沉淀法是指通过向水体中投加沉淀剂，使污染物与沉淀剂反应生成难溶的沉淀物，随后从水体中分离出沉淀物以达到净化目的。操作步骤和适用情景见表5-1-9。

表 5-1-9　化学沉淀法处理突发环境事件

处理方法	操作步骤	适用情景
化学沉淀法	（1）选择合适的沉淀剂：根据目标污染物的性质选择适当的沉淀剂，使其与污染物发生化学反应形成不溶性沉淀。例如，针对重金属离子，可以选择硫化物、氢氧化物等为沉淀剂。 （2）调节沉淀条件：通过调节水体的pH值、温度等条件，促进沉淀物的生成和分离。控制适当的pH值是关键，以确保沉淀物能够完全形成并易于沉降或过滤。 （3）分离与后处理：利用沉降、过滤等方法将沉淀物从水体中分离出来。对于过滤后的沉淀物，需要进行妥善处理和处置，避免造成二次污染	（1）采矿事故：在采矿过程中，若发生矿洞垮塌或废水泄漏，化学沉淀法可用于处理受污染的水体，去除其中的重金属离子和其他有害物质。 （2）废水处理设施故障：在废水处理设施中，若发生故障导致废水超标排放，可以使用化学沉淀法迅速降低污染物浓度，确保废水达标排放或减轻对环境的危害

5. 稀释

对于气体泄漏事故，可以采用稀释的方法降低污染物的浓度。稀释剂需要根据气体的性质进行选择，同时需要注意稀释剂本身对环境的影响。

稀释处理技术是一种紧急处置方法，主要用于降低气体泄漏事故中污染物的浓度。

稀释的原理是通过加入大量的清洁空气或惰性气体，使原有气体混合物的浓度降低，从而减少对环境和人员的危害。对于有毒、有害、易燃、易爆的气体泄漏，需要选择不会与泄漏气体发生化学反应、不会加剧泄漏气体的危险性、无害且容易获取的稀释剂。同时，需要注意稀释剂本身对环境的影响，即选择对环境影响较小的稀释剂。稀释处理技术的实施需要考虑稀释剂的供应量、注入速度、稀释比等因素。稀释剂的供应量需要根据泄漏气体的性质、泄漏量、环境条件等因素进行计算；注入速度要适当，过快或过慢都可能影响稀释效果；稀释比需要根据具体情况进行选择，一般需要通过实验验证稀释效果。

需要注意的是，稀释处理技术只用于降低气体泄漏事故中污染物的浓度，不能消除泄漏源。对于大量的气体泄漏事故，仅靠稀释处理技术是不够的，还需要采取其他措施如围堰、中和等来控制泄漏源。

6. 收集

对于已经泄漏的污染物，可以采用收集的方法进行处理。收集方法的选择需要根据污染物的性质和泄漏量进行合理规划。对于已经泄漏的污染物，收集是一种重要的处理方法。通过收集泄漏的污染物，可以将其从泄漏区域移除，减少对环境和人员的危害。

在选择收集方法时，需要考虑污染物的性质和泄漏量。不同性质的污染物需要采用不同的收集方法，液体和固体污染物的收集方法是不同的。同时，泄漏量的大小也决定了收集的规模和所需的收集设备。对于液体泄漏，常用的收集方法包括铺设吸附材料、使用吸液材料和排水沟等，这些方法可以将泄漏的液体收集起来，减少对环境的污染。在收集液体泄漏时，需要注意防止泄漏液体扩散和渗透，尽量将其限制在泄漏区域内。对于固体泄漏物，常用的收集方法包括使用铲子、夹具和吸尘器等工具，这些方法可以将固体泄漏物收集起来，避免其散播和污染环境。在收集固体泄漏物时，需要注意防止其破碎或产生粉尘，以减少对环境和人员的危害。除了以上方法，还可以采用其他特殊的收集技术，如真空吸附、压缩空气等，这些技术可以根据具体情况进行选择，以提高收集效率和效果。

需要注意的是，收集的污染物需要进行后续处理或处置，以避免对环境造成二次污染。对于不同类型的污染物，需要采用不同的处理或处置方法，如焚烧、填埋、回收利用等。因此，在选择收集方法时，需要考虑后续处理或处置的需求和可行性。

7. 治污其他措施

在突发环境事件应急处置中，除了上述措施外，还有一些其他的关键措施用于处理污染物。这些措施在应对不同类型和情况的污染物时发挥重要作用，并与先前措施相结合，共同构成了一套全面的应急处置方案。针对特定污染物的特性，选择合适的收集、储存和处理方法至关重要。针对有毒有害物质、放射性物质等特殊污染物，应采取专门的收集容器和储存设施，确保其安全运输和处置。同时，对于危险废物的处理，应遵循相关法规和标准，确保废物得到合法、安全和环保的处理。其他治理污染措施见表5-1-10。

表 5-1-10 其他治理污染措施

序号	措施名称	描述	适用情况
1	导流措施	利用导流渠道或设备，将受污染的水体引导至安全区域或处理设施，防止污染物扩散	当受污染的水体需要被引导至特定区域进行处理时，如河流、湖泊或水库的水质污染
2	疏浚措施	对受污染的河道、湖泊或水库进行疏浚作业，清除底泥中的污染物，减少对水体的影响	当底泥中积累的污染物威胁到水体质量时，如黑臭水体治理和湖泊蓝藻爆发等
3	消防废水、废液处理	对消防活动中产生的废水和废液进行收集、处理和处置，确保不对环境造成二次污染	当消防废水、废液中含有有毒有害物质，直接排放可能对环境造成二次伤害时
4	隔离措施	在受污染区域周围设置隔离带或屏障，限制人员和动物进入，减少污染物暴露风险	当受污染区域存在安全隐患，可能对人员和动物造成伤害时
5	打捞措施	对漂浮在水面上的污染物进行打捞作业，包括使用打捞工具和设备，将其从水体中移除	当水面上出现大量的漂浮物，如油污、垃圾等，影响水质和景观时
6	消毒措施	使用消毒剂对受污染的水体进行消毒处理，杀灭其中的有害微生物，保障水质安全	当水体受到细菌、病毒等有害微生物的污染时
7	去污洗消措施	对受污染的设备、工具、表面等进行清洗和消毒处理，去除污染物和有害微生物，恢复其正常使用功能	当设备和物品表面受到油污、化学物质或其他有害物质污染时
8	微生物消解措施	利用微生物的降解作用，对有机污染物进行生物处理，将其转化为无害物质或降低其毒性	当有机污染物需要利用生物降解进行净化处理时

这些措施在突发环境事件应急处置中起着重要作用，能够有效控制污染物的扩散和传播，降低对环境和人员的危害。在实际操作中，应根据具体情况选择合适的措施，并进行合理配置和协调，以确保处置效果最大化。

8. 尾矿库突发环境事件污染处置方法

尾矿库是矿山企业的重大危险单元，一旦发生事故，将会对周边环境和人民生命财产造成严重危害。针对尾矿库突发环境事件，除采取氧化还原、化学沉淀和絮凝等应急处置方法外，还需结合实际情况，采取更有针对性的措施。典型尾矿库常见特征污染物处置方法见表 5-1-11。

表 5-1-11　典型尾矿库常见特征污染物处置方法一览表

典型尾矿库	常见特征污染物	处理办法
金、银矿	砷	一般利用絮凝沉淀－吸附法或离子变换吸附法，还可利用高铁酸盐的氧化絮凝双重水处理功能取代氧化铁盐法
	铬（六价）	硫酸亚铁絮凝沉淀分离铬
	镉	投加硫化钠生成硫化镉沉淀去除
	汞	投加硫化钠生成硫化汞沉淀去除
	氰化钠	加入过量 NaClO 或漂白粉分解氰化物
铅、锌矿	铅	投加硫化钠生成硫化铅沉淀去除
	锌	投加硫化钠生成硫化锌沉淀去除
	铜	投加硫化钠生成硫化铜沉淀去除
	汞	投加硫化钠生成硫化汞沉淀去除
	丁基钠黄药	投加活性炭粉末吸附
	2 号油	投加活性炭粉末吸附
	煤油	投加活性炭粉末吸附
铜矿	铜	投加硫化钠生成硫化铜沉淀去除
	锌	投加硫化钠生成硫化锌沉淀去除
	硫离子	加石灰处理
	2 号油	投加活性炭粉末吸附
	丁基钠黄药	投加活性炭粉末吸附
铝矿	铝	加絮凝剂和石灰等沉淀去除
	氟化物	加石灰生成氟化钙沉淀去除
	盐酸	用石灰、碎石灰石或碳酸钠中和
	硝酸	用石灰、碎石灰石或碳酸钠中和

三、典型情景应急措施

突发环境事件有多种分类方法，按照生态环境部环境应急指挥领导小组办公室编制的《突发环境事件典型案例选编（第二辑）》，将突发环境事件分为生产安全事故类、交通运输事故类、海上钻井平台和油轮漏油类、企事业单位违法排污类、自然灾害类五类，以生产安全事故类突发环境事件占多数。

典型行业企业突发环境
事件情景设置及现场处置

1. 生产安全事故类突发环境事件应急处理措施

生产安全事故类突发环境事件，可能由于管道或阀门破裂、密封破损、储罐开裂、罐口外溢、废旧液氯钢瓶泄漏、储液池墙体开裂、原料高温分解、违规操作、废矿渣库漫坝决口、尾矿库溃坝等导致污染物泄漏。部分事件泄漏的污染物经管道或渠流入河流，导致水体污染，可能污染下游饮用水水源，威胁居民日常用水安全，部分事件伴随火灾、爆炸。该类事件发生后，应根据可能危害程度，采取如下应急处理措施：

（1）迅速切断污染源。防止污染物持续向外泄漏。

（2）截流降污。采用拦截坝拦截泄漏污染物，防止外排。若已经外排至受纳水体，根据污染程度和水流状况，在水体下游构筑拦截坝，根据污染物性质，投放药剂处理或活性炭吸附处理，以降低水中污染物浓度。对潜流、地下径流溢出的污染物，用清水进行稀释，以降低污染物浓度。对已污染的河流或水库，用水泵抽至应急处理设备处理后排放。

（3）防止二次污染。对污染河流的底泥进行清淤处理，并制定危险废物处置方案，有效收集清除的淤泥，安全转移，妥善处置，严防二次污染。

（4）做好土壤修复和生态赔偿。对污染的土地做好土壤修复和生态赔偿。

（5）对于不溶于水的油类泄漏污染水体，可采用多种措施除油。

1）设置围堰和移动刮油栏，将浮油撇除。

2）用泵抽取涵洞内油水混合物，分段隔离注水冲洗、清理涵洞。

3）抛洒少量凝油剂，然后人工打捞。

4）对河道较窄断面，用围油栏将流域分段隔离，每段截断，逐段聚油、撇油，防止油污下移。

5）用吸油毡、稻草等吸油材料吸油。应对废吸附材料进行安全处置，避免二次污染。

（6）有毒气体泄漏应急措施。

1）立即启动应急预案，一旦发现气体泄漏，应立即启动相应的应急预案，组织应急响应人员赶赴现场进行处置。

2）迅速撤离泄漏污染区人员至上风处，并立即进行隔离，严格限制出入，至气体散尽。

3）尽可能切断泄漏源，防止气体进入下水道，合理通风，加速扩散。喷雾状水稀释、溶解。如果可能，将泄漏的气体导至收集系统或中和溶液，或将漏气钢瓶浸入石灰乳液中。

①堵：封堵泄漏钢瓶，方法见表 5-1-2，表 5-1-3。

②撒：用具有中和作用的酸性和碱性粉末抛撒在泄漏地点的周围，使之发生中和反应，降低危害程度。

③喷：根据酸碱中和原理，将稀酸（碱）喷洒在泄漏部位，形成隔离区域。常见的毒气与可使用的中和剂见表 5-1-12。

表 5-1-12　常见的毒气与可使用的中和剂

毒气名称	中和剂
氨气	酸性物质，如稀盐酸（HCl）或稀硫酸（H_2SO_4）或水
氯气	碱性物质，如氢氧化钠（NaOH）或氢氧化钙［Ca（OH）$_2$］溶液
氯化氢	苏打等碱性溶液

毒气名称	中和剂
氯甲烷	可以使用碱性溶液，如氢氧化钠（NaOH）、氢氧化钾（KOH）溶液、氨水来吸收氯甲烷
氰化氢	苏打等碱性溶液
硫化氢	碱性物质，如氢氧化钠（NaOH）或氢氧化钙 $[Ca(OH)_2]$ 溶液
氟	水
氯气	碱性物质，如氢氧化钠（NaOH）或氢氧化钙 $[Ca(OH)_2]$ 溶液
光气、一氧化碳	无特定的中和剂，重要的是迅速撤离泄漏区域并通风
二氧化氮	碱性溶液或水
二氧化硫	氢氧化钠（NaOH）或氢氧化钙 $[Ca(OH)_2]$ 溶液

4）污染洗消，利用喷洒洗消液、抛撒粉状消毒剂等方式消除毒气污染，如在源头处洗消、隔离洗消、延伸洗消等。

（7）对其他气体泄漏，应根据泄漏气体性质，采取合适的应急措施，迅速撤离泄漏污染区的人员至上风处，并进行隔离，以确保安全。根据泄漏气体的特性和浓度，调整隔离和疏散距离。尽可能切断泄漏源，以防止气体继续泄漏。如果可能，使用合适的工具或设备来关闭泄漏源，以减少泄漏量。合理通风，加速扩散。打开窗户、门等通风设施，增加空气流通，有助于降低泄漏气体的浓度，减少其对环境和人员的影响。

如果泄漏的气体具有易燃或易爆性质，务必消除所有点火源，禁止吸烟和使用手机等物品，避免产生静电火花，确保安全。对于大量泄漏，可以考虑使用吸附剂、吸收剂或中和剂来减少泄漏气体的扩散和危害。选择适当的吸附剂或吸收剂，根据泄漏气体的性质进行选择和使用。

及时通知专业人员和相关部门，如环保、消防等部门，进行进一步的处理和监测。遵循专业人员的指导和建议，配合他们的工作，确保应急处理的有效性。

（8）对因泄漏产生火灾、爆炸的事件，应将消防废水收集进事故应急池或其他池内暂存，严禁消防废水流出厂外。

（9）对尾矿库泥浆泄漏，可采取如下应急措施。

1）查漏、补漏。

2）泄漏的泥浆，投加絮凝剂PAM，进行絮凝沉淀，在下游建缓冲拦截坝，将拦截坝内的淤泥回抽至排泥库库区。

（10）泄漏污染事件后续处理措施如下所述。

1）按规范要求建设事故应急池，事故应急池处于常空状态，事故应急池进口阀门处于常开状态，保证事故发生时产生的污染物能够排入事故应急池。

2）建设与生产规模相适应的污水处理设施，并妥善收集与处理工厂内初期雨水。

3）应按规范要求建设储罐围堰，在储罐泄漏时，能保证污染物不外流。

4）做好管道、阀门、输送泵、管道的日常巡检、维护与保养，紧抓日常安全管理，降低液体泄漏的概率。

5）车间地面冲洗水、储罐及生产环节的"跑冒滴漏"液体，必须收集到污水处理设施调节池或事故应急池内，经处理达标后才能排放。

6）在容易发生泄漏的装置上安装检测探头、液位计、摄像头等，并进行 AI 识别，若发生泄漏，则在中控系统和手机 App 上出现报警提示，实时报警，提醒管理人员注意，察觉风险苗头，及时应对处理，争取在尽量短的时间内将风险降低在可控范围。

2. 交通运输事故类突发环境事件应急处理措施

交通运输事故分为陆路交通事故和水上交通事故两类。陆路交通运输可能因为翻车、追尾、相撞、列车脱轨，装载物起火、爆炸等导致化学品泄漏与扩散。若交通运输事故发生在桥上或河流附近，污染物会通过排水沟、小溪流入河流，导致河流污染。水上交通运输可能因为沉船、起火、爆炸等引发突发环境事件。交通运输事故类突发环境事件应急处理措施如下所述。

（1）陆路交通事故应急处理措施。

1）应采用拦、截、导、稀、除措施，防止污染扩大。可构筑紧急导流沟，设置活性炭吸附坝，吸附污染物。若活性炭吸附坝水头压力不够，可以考虑调用移动式车载可再生活性炭吸附塔进行吸附处理。

2）对特殊危险化学品泄漏，如苯酚泄漏，可用双氧水或 Na_2O_2 等氧化剂氧化；氰化物，可加次氯酸钠或漂白粉，并加石灰调至碱性，氧化去除氰根，减少外溢风险。

3）对苯及苯系物泄漏，受污染土壤可用焚烧炉焚烧处理，水体可构筑围堰拦截，用活性炭、干草、锯末等吸附污染物苯。若发生火灾，不应用水冲消防，减少消防废水冲洗污染物导致量的增加。

4）对其他有机物泄漏，应先了解泄漏物的毒性，如丙烯腈类高毒性物质，在处置过程中要做好个人防护，同时应及时疏散周围 3 000 m 范围居民，保障人群生命安全。

5）特殊情况下，也可调取其他河流清水稀释污染河流，或将受污染的水体截流后运至流量较大的水体排放，但此方法并未削减污染物，要慎重选择。

6）对受污染的土壤和沙土，应挖掘和装运至危险废物处置单位进行无害化处理或就地处置。

7）若污染物污染了集中式饮用水水源取水口，则通知自来水厂暂停取水，告知下游居民禁止人畜饮用污染的河水，并对污染河段分段检测水质，采取相应的治理措施削减污染物。同时，采取措施，保障人畜日常饮用水。

8）公安、交通部门应加强事前防范，限制或禁止危险化学品车辆在饮用水水源地上游通行，或设立交通标志，提醒司机降速通过大桥，减少危险化学品泄漏造成水污染事件的可能。

（2）水上交通事故应急处理措施。

1）水上交通事故发生溢油事件，应在打捞沉船的同时，开展清理水面油污的工作。水面油污清理常用的工具是清污船和拖船，还可使用吸油毡、木糠、围油栏、围油绳、围油拖栏、清油剂等。投入大量人力，快速清理受污染水域和沿岸滩涂的油污，减少对水生生态的危害。若泄漏的污染物是硫酸或盐酸，可在污染物区域投加石灰，确保河水pH 值平衡。

2）对废油毡、废活性炭、废草帘和被污染的含油泥沙、废油等，应按国家有关规定进行处置，防止二次污染。

3）若靠近饮用水水源取水点，应确保饮用水供水安全。水源污染要根据污染物特征，确定是否增加苯系物、多环芳烃、挥发酚、总氰化物、镍、铅、汞、镉、砷等的监测。

3. 海上钻井平台和油轮漏油类突发环境事件应急处理措施

随着石油产业的发展和生产规模的日渐扩大，海洋石油勘探技术取得了巨大进步，海上石油设施也逐渐增多，钻井平台、油井等造成的漏油事故也与日俱增，大量原油溢入海洋，严重破坏海洋生态平衡。海洋漏油事件应急处理措施如下所述。

（1）组织野生动物保护。应急反应小组通过与政府内外的野生动物专家紧密合作，加快应急反应能力，尽可能保护野生动物及敏感栖息地，最大限度地减少溢油对野生动物的影响。

（2）井喷漏油治理。有水下控油罩、顶部压井法等多种控油堵油方法，安装吸油管回收部分原油，采用切管盖帽法引流漏油，利用静态压井法封住油井，依靠救援井实现彻底封堵。

（3）海面及海岸清污。将漏油点海面到海岸线划分为多个区域，动用大量人力、船只、使用围油栏围油，喷洒分散剂、消油剂减小油的黏度；采用可控燃烧法处置水面集结的油；采用撇油、水面扫油、机械收油等方法，将水表面浮油收集；在海岸线清污与防护方面，主要采用围油栏防止海面浮油侵入海岸线；在沿岸建立沙护堤，在海滩上使用稻草堆垛成稻草围墙，沙滩清油机就地进行油砂分离；在外海清污方面，通过控制燃烧，清除富集浮油，出动无人机寻找漏油带，利用渔船拖动防火围油栏隔离聚集溢油，方便燃烧。

（4）沼泽清污。通过清污，使沼泽生态系统修复以达到保护脆弱湿地生态系统的目的。采用的技术有：用固定式泵机械臂，对湿地的油污注水冲刷；用浅水驳船清理油污；清理沼泽的砂石、杂草等杂物；采用沙滩油污清洁车，清除油污，减少砂粒拖带。

油轮漏油处置方法与钻井平台溢油类似，如分散、隔离、集中、吸附、燃烧。另外，由于海洋气候复杂，溢油漂移面广，识别困难，应强化溢油卫星遥感技术，加强雷达卫星数据解译，辅助无人机，强化海上溢油鉴别，为清污提供强力支持。

4. 企事业单位违法排污类突发环境事件应急处理措施

企事业单位违法排放未经处理的污染物，会对环境造成极大的危害，严重影响周围居民健康和水源安全，应属于杜绝类行为。企事业单位违法排放手段有非法生产产生的污染物未经处理直排、非法倾倒危废和工业废渣、溶洞偷排、私设暗管恶意偷排、操作人员违规操作排放、尾矿库泄漏和渗漏漫坝、消防废水直排、水产养殖清塘使用化学药剂产生严重污染的池水外排、水产养殖投毒等。这些违法手段花样百出，监管困难，一般在环境出现异常后，才暴露出违法事实。偷排导致的环境异常有水面漂浮死鱼、水体颜色异常、水面漂浮油类、环境异味、动物死亡等。等到发现后，已经给环境造成了重大损害。

此类事件的应急处理措施，应根据污染物特征和排污状况，采用相应的应对办法，主要内容如下所述。

（1）对偷排重金属污染物而产生的水体污染，如镉、铊、锑、铬、镍、锌等，首先排查出污染企业，勒令企业停产，切断污染源头。其次构筑拦截坝（因河流情况设置），拦截污染水源。再次投加碱、混凝剂和絮凝剂，使重金属变为金属氢氧化物沉入水底；对六价铬污染物，应先加还原剂将六价铬变为三价铬，然后混凝沉淀处理；上清液如果还超标，可调水稀释，降低重金属浓度，或用活性炭吸附处理降低金属浓度。最后评估污染事件对河水生态系统造成的长期影响，分析河道底泥中絮凝沉淀沉积的重金属氢氧化物的环境变化，评估沉积物在水环境中长期释放对生态系统可能带来的危害，并提出有效的生态修复措施，进行生态修复。另外，要考虑伴生污染物的排放，镉伴生铅、汞、砷等，应监测和削减这些污染物。

（2）对偷排高浓度有机污染物产生的水体污染，可修筑拦水坝拦截，抽至临时处理站，处理达标后才能外排。

（3）对偷排浮油类污染物，可设置拦截坝，用吸油毡、木糠、稻草等应急物资吸附水中污染物质，减少污染物扩散。

（4）在监管方面，环境监察人员应定期到企业生产现场查看，生产工艺和原辅材料使用是否与原环评批复和验收项目的内容一致，是否存在改变生产工艺、违法上新生产工艺的情况；应核查企业所有水表，核实水平衡，估算是否存在日常偷排行为；应定期监测企业排水水质，是否存在不同于环评项目的污染因子。

（5）在生态损害鉴定与生态赔偿方面，应开展污染损害评估，系统评估污染事件造成的环境损害和影响，通过法律援助等形式追究肇事企业的民事法律责任，维护受影响群众的合法权益。

（6）在环境宣传方面，向企业重点介绍刑法中关于污染环境犯罪及两高对办理环境污染刑事案件的具体界定，明确污染环境违法犯罪成本，增强企业人员的守法意识，规范企业环保运营，保证不偷排、不超标排放。

5. 自然灾害类突发环境事件应急处理措施

由台风、强降雨、洪涝、泥石流、地震等不可抗拒自然力引发的突发环境事件，对生态环境、人居环境、人类及生命财产造成破坏和危害，应根据各类自然灾害的特点，按照应急预案，迅速采取措施，控制污染扩散，消除风险隐患，保障社会稳定和人民群众生命财产安全。

（1）疏散群众。例如，因台风强降雨发生洪涝，某公司药品库发生浸水事故，存放的磷化铝遇水发生化学反应，释放剧毒、易燃、易爆的磷化氢气体，污染周边大气环境，威胁居民健康，政府立即组织转移疏散周围 3 km 范围内的 2.7 万名群众，防止发生中毒事件。

（2）果断控制污染。采用现场浇注混凝土，对药品库进行固化处理，隔断磷化铝与水的接触，有效防止磷化氢有毒气体溢出，确保周边无一人中毒。

（3）做好善后处置工作。采取切割、分解等方法，清运被封固的有害物质，运送到危险废物处置企业，进行无害化处理。

（4）强降雨导致洪涝，把禽畜、木头、树枝、垃圾等冲入水体，应及时组织人手打捞，分类处置打捞物，禽畜尸体可运至垃圾填埋场卫生填埋；木头、树枝等可利用漂浮物由当地群众就地分散处理；不可利用固体可送至填埋场填埋处理，防止二次污染。

（5）规范有毒化学品储存场所建设。任何一次突发环境事件的发生都存在着客观或主观的因素。客观上讲，只要有环境风险源存在，就有可能发生环境污染事故，一旦不确定性因素影响加剧，就可能发生环境污染事故。主观上讲，人为因素也可能导致突发环境事件，如违反自然规律的经济、社会活动和行为等。如果及早发现和消除突发环境事件的隐患，及时做好充分的防患和应对准备，就可以避免或降低环境灾害。针对有毒化学品储存仓库或暂存库等，首先，应论证仓库选址的合理性，不应选在低洼地带，也不应选在饮用水水源上游等；其次，仓库应按规范要求建设，做到设计合理、基础牢固，钢筋、水泥、防腐防渗材料应达到设计的要求，施工期间应严格监理，规范施工，以建成高质量的、经得起洪涝考验的有毒化学品仓库。

（6）洪涝灾害严重的地区，在洪涝季节来临前，应做好安全隐患排查，对重点污染源、危险化学品企业、尾矿库、污水处理厂、垃圾填埋场等进行严格排查，针对存在的问题，提出整改要求，严格监督整改；对存在重大环境安全隐患的企业，建议地方政府依法予以停产或关闭，消除危险源。

（7）地震灾害会导致各类化工厂、化学品仓库、化工商店、农资商店、家庭存放的农药、尾矿库等暴露在环境中，易造成水源污染；若有污水、垃圾、粪便排入水源，会造成水源污染。应强化地震多发地区涉重金属、危险化学品、危险废物及尾矿库等企业的环境风险排查，消除环境安全隐患。震后，应采取措施，保证群众健康安全。设置生活垃圾过渡性存放区，定时收集生活垃圾并及时清运到生活垃圾填埋场，对垃圾存放区进行消毒处理；医疗废物，统一收集，用医疗垃圾焚烧炉焚烧处理；做好环境卫生清理和消毒、杀虫、灭蟑、灭鼠等工作，严防重大传染病疫情和其他突发公共卫生事件发生；对死亡的畜禽全部进行无害化处理；加强灾区动物及其产品应急管理；集中救治点的医疗废水在排放之前必须进行严格消毒等。

四、突发环境事件现场应急处置卡

针对不同情景的现场处置措施制定突发环境事件现场处置应急处置卡（简称应急处置卡）。应急处置卡是指针对各种突发环境事件情景，指导现场处置措施及时有效实施，减缓或避免有毒有害物质扩散进入环境，而对处置流程、操作步骤、应急处置措施、岗位职责、所需应急资源等内容事前规定并反复演练后公开周知的操作卡片。突发环境事件现场应急处置卡包括规定人员职责的岗位卡和按事件演变的情景卡。岗位责任人员在工作时间应携带突发环境事件现场应急处置卡。

应急处置卡应明确特定环境事件的现场处置措施的整一套流程及相应部门，包括风险描述、报告程序、上报内容、预案启动、排查、控源截污、监测、后勤保障、后期处置、恢复处置和注意事项等方面内容。

突发环境事件现场应急处置方案一般以预案应急处置卡的方式给出，企事业单位突发环境事件现场应急处置卡基本格式和要求详见表5-1-13，以某火电厂油品泄漏事件为例。

表 5-1-13　油品泄漏及其次生环境事件现场应急处置卡（示例）

事故特征	主要风险源项	柴油储罐、汽轮机和变压器油箱等
	主要风险物质	柴油、透平油、液压油等
	事故特征表述	公司油品储存装置（柴油罐、油箱）、管道、阀门受到腐蚀，可能发生油品泄漏，油品遇到明火或火花，则可能发生火灾、爆炸，则对周围人体、动植物、土壤、水源造成危害
响应等级		油品泄漏不进入外界，执行二级响应；油品泄漏进入外界水体，执行一级响应
应急程序		1. 发生事故后，根据事故现场情况，现场人员立即进行自救或疏散撤离。 2. 事故现场人员应立即报告部门负责人，部门成立现场应急处置小组，根据现场实际情况同时进行应急处置，并根据事故的大小及发展态势向公司领导、生产调度部、安监部报告和扩大应急救援级别。 3. 超出公司处置能力时，应及时向 12369、119 或 120 等报警求援，并向环保部门报告
应急组织		组长：姜×× （指挥长）(138×××××××××)； 成员：现场处置领导小组及下设的职能小组
应急报告		报告内容：事故发生的时间、地点、性质、影响范围、前期处理等基本情况等，并应有续报、处理结果报告等。联系人及联系电话：公司应急办 0731－85×××××××；应急总指挥：姜×× (138×××××××××)；应急副总指挥：王×× (135×××××××××)
撤离和疏散		进行危险区隔离、无须疏散。特别需要注意雨水排口下游 10 km 范围内的××××水厂取水口湘江河段的水面浮油情况
应急处置措施		（1）柴油火灾爆炸事故现场处置措施： 1）应急办人员接到报告后应立即赶到事发现场，确定事故类型后立即通知联络组人员，使其告知消防队、急救中心、应急指挥部、毗邻单位和群众，做好联防和自救工作；及时向应急指挥部反馈现场信息，向现场应急小组传达应急指挥部的建议和命令，指挥监控室值班员及时将厂区末端事故池阀切换至污水能排入事故应急池的状态。 2）现场应急小组根据现场情况，启动消防泵房泡沫灭火系统对相关油罐油品进行覆盖，同时启动消防水泵，并协助灭火组对毗邻油罐进行冷却降温处理。 3）抢险组人员立即关闭所有开启的管线进出口阀门，同时开启膨胀阀门，停止所有作业，对破裂管线及时用木塞、盲板进行封堵。 4）警戒组负责关闭或封堵油品可能流入毗邻地区的一切通道；负责事故现场警戒、人员疏散；疏通应急通道，引导外部救援车辆及人员。 5）后勤保障组负责事故现场所需抢险救灾物资供应；救护、转移负伤人员；收集、保护与事故现场相关数据、资料等。 6）应急指挥部现场火灾无法控制时，指挥救援人员撤离火灾现场，并做好周边的警戒和控制火灾蔓延工作，立即报告市应急办公室，寻求外部支援，待应急指挥部或消防人员到来后，移交指挥权。同时还应通知下游××××水厂采取深层取水或调整制水工艺，确保出水水质达标，另外，也需要通知××××水电站及时减少或终止××××水电站大坝放水。 （2）柴油泄漏未着火的现场应急措施： 1）柴油储罐发生泄漏：泄漏柴油会被周围围堰拦挡收集，一般情况下不会进入外界水体。可将围堰内收集的柴油用泵抽出回用。若柴油进入雨水管线，参照 "②输油管道发生泄漏" 中应急。

应急处置措施	2）输油管道发生泄漏：立即关闭管道阀门。若阀门关闭后无法停止漏油，将漏油用空桶收集，同时抓紧时间腾空储罐内柴油，切断柴油来源。若漏油通过土壤下渗或雨水管线进入湘江，应用麻袋装活性炭在渗油处或雨水排口堆筑坝对油进行拦截吸附，还可用非化纤棉被、吸油毡辅助吸附水上浮油。若漏油量较大，根据情况在湘江下游不同断面设置吸油栏，用吸油材料（吸油毡、非化纤棉被等）吸附浮油，"三级防控"关键节点如图5-1-1所示。对于吸附饱和的材料，应定期更换。 （3）变压器油和汽轮机油泄漏现场应急措施： 1）在不影响其他设备（设施）及工作的情况下，停止该设备的运转，防止油泄漏对变压器、汽轮机正常运行造成影响。 2）切断扩散途径、泄漏物料的收集、泄漏物料的处理：厂内有主变压器、高厂变压器、脱硫变压器、启备变压器，油均能进入变压器事故油池。汽轮机油均能进入汽轮机事故油坑。一般情况下都装得下。但应准备能装油的空桶，若多个设施漏油，可将油转入空桶暂存。 3）准备灭火器材，密切注意是否发生火灾爆炸。 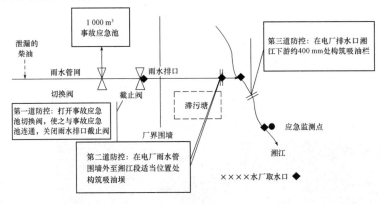 图 5-1-1　"三级防控"示意
应急监测方案	若柴油进入水体中，对水环境进行质量监测，监测方案如下： （1）监测因子：石油类。 （2）监测方法：具体参见应急监测章节。 （3）监测布点：4个监测点位，详见"三级防控"示意图。 （4）监测频次：参见应急监测章节

应急资源	应急物资	能装油的空桶、装油槽车（需调拨）、防爆泵、灭火器材、活性炭（麻袋装）、非化纤棉被、吸油毡	存放地点	应急物资库
	联系人	李××	联系电话	139××××××××

任务二　突发环境事件应急监测

任务引入

"8·12"天津滨海新区爆炸发生后，在应急抢险救援过程中，为确定污染物种类、污染范围和程度，应急抢险人员以事故点为核心，在半径3 km范围内，分别布设了地表水、雨污水和海水监测点，并对pH、COD、氨氮、氰化物、三氯甲烷、苯、甲苯、二甲苯、乙苯和苯乙烯等多种污染物进行检测，根据水体中超标污染物对水环境和人体的危害程度，确定本次事故主要污染物为氰化物。

认真观看"天津港'8·12'特别重大火灾爆炸事故应急监测"，完成课前思考：

1. 突发环境事件处置为什么必须开展环境应急监测？

2. 突发环境事件应急监测方案应包括哪些主要内容？

待学习本任务后，完成以下任务：

1. 如何确定突发环境事件应急监测污染物指标？

2. 突发环境事件环境应急监测如何布点？开展环境应急监测时应注意什么？

3. 突发环境事件应急监测报告包括哪些内容？

视频：天津港"8·12"特别重大火灾爆炸事故应急监测

知识学习

一、应急监测相关概念

1. 应急监测

应急监测是指突发环境事件发生后至应急响应终止前，对污染物、污染物浓度、污染范围及其动态变化进行的监测。应急监测包括污染态势初步判别和跟踪监测两个阶段。

2. 应急监测启动

应急监测启动是指突发环境事件发生后，根据应急组织指挥机构应急响应指令，启动应急监测预案，开展应急监测工作。

3. 污染态势初步判别

污染态势初步判别是突发环境事件应急监测的第一阶段，是指突发环境事件发生后，确定污染物种类、监测项目及大致污染范围和污染程度的过程。

4. 跟踪监测

跟踪监测是突发环境事件应急监测的第二阶段，是指污染态势初步判别阶段后至应急响应终止前，开展的确定污染物浓度、污染范围及其动态变化的环境监测活动。

5. 突发环境事件固定污染源

突发环境事件固定污染源是指固定场所如工业企业或其他单位由于突发事件，在瞬时或短时间内排放有毒、有害污染物，造成对环境污染的源。

6. 突发环境事件移动污染源

突发环境事件移动污染源是指在运输过程中由于突发事件，在瞬时或短时间内排放有毒、有害污染物，造成对环境污染的源。

7. 采样断面（点）

采样断面（点）是指突发环境事件发生后，对地表水、大气、土壤和地下水等样品进行采集的整个剖面（点）。

8. 瞬时样品

瞬时样品是指从大气、地表水、地下水和土壤中不连续地随机采集的单一样品，一般在一定的时间和地点随机采取。

9. 应急监测终止

应急监测终止是指当突发环境事件条件已经排除、污染物质已降至规定限值以内、所造成的危害基本消除时，由启动响应的应急组织指挥机构终止应急响应，同时终止应急监测。

二、应急监测工作原则

1. 及时性

接到应急响应指令时，应做好相应记录并立即启动应急监测预案，开展应急监测工作。

2. 可行性

突发环境事件发生后，应急监测队伍应立即按照相关预案，在确保安全的前提下，开展应急监测工作。

3. 代表性

开展应急监测工作，应尽可能以足够的时空代表性的监测结果，尽快为突发环境事件应急决策提供可靠依据。在污染态势初步判别阶段，应以第一时间确定污染物种类、监测项目、大致污染范围及程度为工作原则；在跟踪监测阶段，应以快速获取污染物浓度及其动态变化信息为工作原则。

三、应急监测程序

1. 应急监测流程

根据《突发环境事件应急监测技术规范》（HJ 589—2021）的规定，突发环境事件应急监测流程如图 5-2-1 所示。

2. 污染态势初步判别

（1）现场调查。现场调查可包括如下内容：事件发生的时间和地点，必要的水文气象及地质等参数，可能存在的污染物名称及排放量，污染物影响范围，周围是否有敏感点，可能受影响的环境要素及其功能区划等；污染物特性的简要说明；其他相关信息，如盛放有毒有害污染物的容器、标签等信息。同时填写突发环境事件应急监测现场调查信息表，表格样式见表 5-2-1。

表 5-2-1　突发环境事件应急监测现场调查信息表

单位名称			
突发环境事件地点 （如涉水，需明确水体名称）		地理坐标	东经： 北纬：
到达现场时间		气象参数	风向：　　　风速： 温度：　　　大气压： 降水：
调查人员：	记录人：		
突发环境事件发生时间、起因、受影响环境要素及大致范围			
主要污染物、特性及流失量			
环境敏感点情况			
可能的伴生物质、衍生污染物或次生污染物			
现场初步判别结果（特征污染物和监测项目）			
现场环境及敏感点示意图			
其他相关信息			

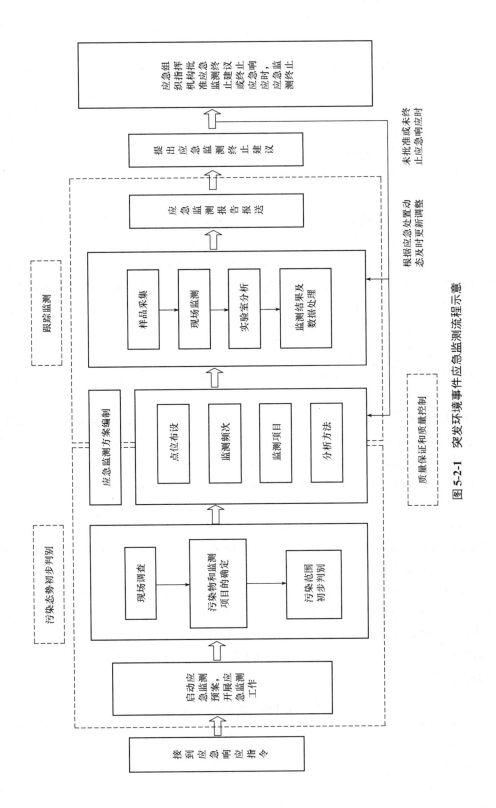

图 5-2-1 突发环境事件应急总监测流程示意

（2）污染物和监测项目的确定。

1）污染物和监测项目的确定原则。优先选择特征污染物和主要污染因子作为监测项目，根据污染事件的性质和环境污染状况确认在环境中积累较多、对环境危害较大、影响范围广、毒性较强的污染物，或者为污染事件对环境造成严重不良影响的特定项目，并根据污染物性质（自然性、扩散性或活性、毒性、可持续性、生物可降解性或积累性、潜在毒性）及污染趋势，按可行性原则（尽量有监测方法、评价标准或要求）进行确定。

2）已知污染物监测项目的确定。根据已知污染物及其可能存在的伴生物质，以及可能在环境中反应生成的衍生污染物或次生污染物等确定主要监测项目。

对固定污染源引发的突发环境事件，了解引发突发环境事件的位置、设备、材料、产品等信息，采集有代表性的污染源样品，确定特征污染物和监测项目。

对移动污染源引发的突发环境事件，了解运输危险化学品或危险废物的名称、数量、来源、生产或使用单位，同时采集有代表性的污染源样品，确定特征污染物和监测项目。

3）未知污染物监测项目的确定。可根据现场调查结果，结合突发环境事件现场的一些特征及感官判断，如气味、颜色、挥发性、遇水的反应特性、人员或动植物的中毒反应症状及对周围生态环境的影响，初步判定特征污染物和监测项目。

可通过事件现场周围可能产生污染的排放源的生产、运输、安全及环保记录，初步判定特征污染物和监测项目。

可利用相关区域或流域的环境自动监测站和污染源在线监测系统等现有仪器设备的监测结果，初步判定特征污染物和监测项目。

可通过现场采样分析，包括采集有代表性的污染源样品，利用检测试纸、快速检测管、便携式监测仪器、流动式监测平台等现场快速监测手段，初步判定特征污染物和监测项目。若现场快速监测方法的定性结果为检出，需进一步采用不同原理的其他方法进行确认。

可现场采集样品（包括有代表性的污染源样品）送实验室进行分析，确定特征污染物和监测项目。

4）初步判别方法的选用。为迅速查明突发环境事件污染物的种类（或名称）、污染程度和范围及污染发展趋势，在已有调查资料的基础上，充分利用现场快速监测方法和实验室现有的分析方法进行鉴别、确认。

可采用检测试纸、快速检测管、便携式监测设备、移动监测设备（车载式、无人机、无人船）及遥感等多手段监测技术方法；采用现有的空气自动监测站、水质自动监测站和污染源在线监测系统等在用的监测方法；采用现行实验室分析方法。

应急监测是做好污染事故处置的前提和关键，也是善后工作的基础。常用的环境应急监测方法详见表 5-2-2。

表 5-2-2　常用的应急监测方法一览表

监测方法	监测对象	应用范围	特点
传感器监测	环境参数（如空气质量、水质等）	实时监测	实时监测、数据准确、可连续监测

监测方法	监测对象	应用范围	特点
移动监测	环境参数	实时监测	覆盖面广、可移动、快速响应
遥感监测	环境参数	大面积监测	覆盖面广、实时性强、可远程监测
生物监测	环境参数（如植物生长、动物行为等）	长期监测	对环境影响小、直观性强
试纸法	气体、水体、无机/有机污染物	现场快速检测	操作简便、快速出结果、成本低
检测管法	气体、水体、无机/有机污染物	现场快速检测	操作简便、结果直观、可定量或半定量
化学比色法	水体、无机/有机污染物	现场快速检测	结果直观、可定量或半定量、需一定操作技巧
便携式仪器分析法	气体、水体、无机/有机污染物	现场快速检测	结果准确、可定量、操作简便
实验室仪器分析法	气体、水体、无机/有机污染物	实验室分析	结果准确、可定量、需专业操作人员

这些环境应急监测方法各有优缺点，选择哪种方法取决于监测对象的性质、监测环境的特点及监测需求。在实际应用中，应根据具体情况合理选择和应用。

当上述分析方法不能满足要求时，可根据各地具体情况和仪器设备条件，选用其他适宜的方法。

5）污染范围及程度初步判别。根据现场调查收集的基础数据、文献资料及分析结果，借助遥感、地理信息系统、动力学模型等技术方法，必要时可依靠专家支持系统，初步判别突发环境事件可能影响的时空范围、污染程度。

3. 制定应急监测方案

（1）应急监测方案内容。根据污染态势初步判别结果，编制跟踪监测阶段的应急监测方案。这一方案全面而细致，旨在确保我们能够迅速、准确地掌握突发环境事件的进展和影响。应急监测方案应包括但不限于突发环境事件概况、监测布点及距事发地距离、监测断面（点位）经纬度及示意图、监测频次、监测项目、监测方法、评价标准或要求、质量保证和质量控制、数据报送要求、人员分工及联系方式、安全防护等方面内容。应急监测方案应根据相关法律法规、规章、标准及规范性文件等要求进行编写，并在突发环境事件应急监测过程中及时更新调整。

（2）应急监测布点。

1）布点原则。采样断面（点）的设置一般以突发环境事件发生地及可能受影响的环境区域为主，同时应注重人群和生活环境、事件发生地周围重要生态环境保护目标及环境敏感点，重点关注对饮用水水源地、人群活动区域的空气、农田土壤、自然保护区、风景名胜区及其他需要特殊保护的区域的影响，合理设置监测断面（点），判断污染团

（带）位置，反映污染变化趋势，了解应急处置效果。应根据突发环境事件应急处置情况动态及时更新调整布设点位。

对被突发环境事件所污染的地表水、大气、土壤和地下水应设置对照断面（点）、控制断面（点），对地表水和地下水还应设置削减断面（点），布点要确保能够获取足够的有代表性的信息，同时应考虑采样的安全性和可行性。

对突发环境事件固定污染源和移动污染源的应急监测，应根据现场的具体情况布设采样断面（点）。

2）采样断面（点）的布设。水和废水、空气和废气、土壤和固体废物等采样断面（点）的布设可参照《地表水和污水监测技术规范》（HJ/T 91—2002）、《污水监测技术规范》（HJ 91.1—2019）、《地下水环境监测技术规范》（HJ 164—2020）、《水质采样 样品的保存和管理技术规定》（HJ 493—2009）、《水质 采样技术指导》（HJ 494—2009）、《环境空气气态污染物（SO_2、NO_2、O_3、CO）连续自动监测系统安装验收技术规范》（HJ 193—2013）、《环境空气质量手工监测技术规范》（HJ 194—2017）、《大气污染物无组织排放监测技术导则》（HJ/T 55—2000）、《土壤环境监测技术规范》（HJ/T 166—2004）和《工业固体废物采样制样技术规范》（HJ/T 20—1998）等标准执行。

3）采样断面（点）的编号。采样断面（点）应当设置编号。因应急监测方案调整变更采样断面（点）的，在原断面（点）之间的新设断面（点）应依序以下级编号形式插号。

（3）监测频次。监测频次主要根据现场污染状况确定。事件刚发生时，监测频次可适当增加，待摸清污染变化规律后，可适当减少监测频次。依据不同的环境区域功能和现场具体污染状况，力求以最合理的监测频次，取得具有足够时空代表性的监测结果，做到既有代表性、能满足应急工作要求，又切实可行。

（4）应急监测方法。应急监测方法的选择以支撑环境应急处置需求为目标，根据监测能力、现场条件、方法优缺点等选择适宜的监测方法，保障监测效率和数据质量。

在满足环境应急处置需要的前提下，优先选择国家或行业标准规定的监测方法，同一应急阶段尽量统一监测方法。

样品不易保存或处于污染追踪阶段时，优先选用现场快速测定方法。采用现场快速测定方法测定的结果应在监测报告中注明。对于现场快速测定方法，除了自校准或标准样品测定外，亦可采用与不同原理的其他方法进行对比确认等方式进行质量控制。

可利用相关环境质量自动监测系统和污染源在线监测系统等作为补充监测手段。

（5）评价标准或要求。突发环境事件应急监测按照相关生态环境质量标准、生态环境风险管控标准、污染物排放标准或其他相关标准进行评价。若所监测项目尚无评价标准，可参考国内外及国际组织的相关评价标准或要求，并在方案和报告中注明。

4. 样品采集及管理

根据突发环境事件应急监测方案制订有关采样计划，包括采样人员及分工、采样器材、安全防护设备（设施）、必要的简易快速检测器材等。必要时，根据事件现场具体情况制订更详细的采样计划。采样器材主要包括采样器和样品容器，常见的采样器材材质及洗涤要求可参照相应的大气、水、土壤等监测技术规范，有条件的应专门配备一套用于应急监测的采样设备。此外，还可以利用当地的大气或水质自动在线监测设备、无人机（船）等新型采样设备进行采样。

现场采样记录应如实记录并在现场完成，内容全面，可充分利用常规例行监测表格进行规范记录，至少应包括以下信息。

（1）采样断面（点）地理信息及点位布设图，如有必要，应对采样断面（点）及周围情况进行现场录像和拍照，特别注明采样断面（点）所在位置的标识性构筑物，如建筑物、桥梁等名称。

（2）必要的水文气象及地质等参数、周围环境敏感点信息及样品感官特征。

（3）监测项目、采样时间、样品数量、空白及平行样等信息。

（4）采样人员及校核人员的签名。

具体采样方法及采样量可参照《地表水和污水监测技术规范》（HJ/T 91—2002）、《污水监测技术规范》（HJ 91.1—2019）、《地下水环境监测技术规范》（HJ 164—2020）、《水质 采样 样品的保存和管理技术规定》（HJ 493—2009）、《水质 采样技术指导》（HJ 494—2009）、《环境空气气态污染物（SO_2、NO_2、O_3、CO）连续自动监测系统安装验收技术规范》（HJ 193—2013）、《环境空气质量手工监测技术规范》（HJ 194—2017）、《大气污染物无组织排放监测技术导则》（HJ/T 55—2000）、《土壤环境监测技术规范》（HJ/T 166—2004）和《工业固体废物采样制样技术规范》（HJ/T 20—1998）等标准执行。

做好样品管理，保证样品的采集、保存、运输、接收、分析、处置工作有序进行，确保样品在传递过程中始终处于受控状态。

5. 现场监测

（1）现场监测仪器设备。

1）现场监测仪器设备的确定原则。现场监测仪器设备的选用宜以便携式、直读式、多参数的现场监测仪器为主，要求能够通过定性半定量的监测结果，对污染物进行快速鉴别、筛查及监测。

2）现场监测仪器设备的准备。可根据本地实际和全国环境监测站建设标准要求，配置常用的现场监测仪器设备，如检测试纸、快速检测管和便携式监测仪器等快速检测仪器设备。需要时，配置便携式气相色谱仪、便携式红外光谱仪、便携式气相色谱/质谱分析仪等应急监测仪器。有条件的可使用整合便携式/车载式监测仪器设备的水质和大气应急监测车等装备。

使用后的检测试纸、快速检测管、试剂及废弃物等应按相关要求妥善处置。

（2）现场监测记录。应及时进行现场监测记录，并确保信息完整。可利用日常监测记录表格进行记录，主要包括监测时间、监测断面（点位）、监测断面（点位）示意图、必要的环境条件、样品类型、监测项目、监测分析方法、仪器名称、仪器型号、仪器编号、仪器校准或核查、监测结果、监测人员及校核人员的签名等，同时记录必要的水文气象及地质等参数。

（3）实验室分析。

1）样品到达实验室后应及时按照应急监测方案开展实验室分析。在实验室分析过程中应保持样品标识的唯一性。

2）在实验室分析过程中做好相应的原始记录，遇特殊情况和有必要说明的问题，应进行备注。

（4）监测结果及数据处理。突发环境事件应急监测结果可用定性、半定量或定量的监测结果来表示。定性监测结果可用"检出"或"未检出"来表示；半定量监测结果可给出测定结果或测定结果范围；定量监测结果应给出测定结果并注明其检出限，超出相应评价标准或要求的，还应明确超标倍数。

突发环境事件应急监测的数据处理参照相应的分析方法及监测技术规范执行。数据修约规则按照《数值修约规则与极限数值的表示和判定》（GB/T 8170—2008）的相关规定执行。

6. 撰写应急监测报告

（1）报告形式。突发环境事件应急监测报告按当地突发环境事件应急监测预案或应急监测方案要求的形式进行报送。

（2）报告内容。突发环境事件应急监测报告内容为应急监测工作的开展情况和计划，分析监测数据和相关信息，判断特征污染物种类、污染团分布情况和迁移扩散趋势等，为环境应急事态研判和应对提出科学、合理的参考建议。

突发环境事件应急监测报告编制原则：内容准确，重点突出；结论严谨，建议合理；要素全面，格式规范。

按应急监测开展时间，可分为应急监测报告和应急监测总结报告。其中，应急监测报告适用于应急监测期间，应急监测组向环境应急组织指挥机构报送监测工作情况；应急监测总结报告是应急监测结束后，相关应急监测队伍对所参与应急监测工作的总结。

应急监测报告结构和内容总体上分为事件基本情况、监测工作开展情况、监测结论和建议及监测报告附件 4 个部分。

应急监测工作结束后，应编写应急监测总结报告，主要包含事件基本情况、应急监测工作开展情况、经验和不足、报告附件 4 个部分的内容。

（3）报送范围。按当地突发环境事件应急监测预案或应急监测方案要求进行报送。

（4）保密及材料归档。应急监测报告及相关材料应按照相关规定进行保密和归档。

7. 质量保证和质量控制

应急监测的质量保证和质量控制，可参照《环境监测质量管理技术导则》（HJ 630—2011）的相关规定执行，应覆盖突发环境事件应急监测全过程，重点关注方案中点位、项目、频次的设定，采样及现场监测，样品管理，实验室分析，数据处理和报告编制等关键环节。针对不同的突发环境事件类型和应急监测的不同阶段，应有不同的质量管理要求及质量控制措施。污染态势初步判别阶段质量控制重点在于真实与及时，跟踪监测阶段质量控制重点在于准确与全面。力求在短时间内，用有效的方法获取最有用的监测数据和信息，既能满足应急工作的需要，又切实可行。

8. 应急监测终止

当应急组织指挥机构终止应急响应或批准应急监测终止建议时，方可终止应急监测。

凡符合下列情形之一的，可向应急组织指挥机构提出应急监测终止建议。

（1）对于突发水环境事件，最近一次应急监测方案中，全部监测点位特征污染物的48 h连续监测结果均达到评价标准或要求；对于其他突发环境事件，最近一次应急监测方案中全部监测断面（点位）特征污染物的连续3次以上监测结果均达到评价标准或要求。

（2）对于突发水环境事件，最近一次应急监测方案中，全部监测点位特征污染物的48 h连续监测结果均恢复到本底值或背景点位水平；对于其他突发环境事件，最近一次应急监测方案中全部监测断面（点位）特征污染物的连续3次以上监测结果均恢复到本底值或背景点位水平。

（3）应急专家组认为可以终止的情形。

任务三　个体防护及应急救援

📋 任务引入

"8·12"天津滨海新区爆炸发生后，事故现场涉及氰化物、三氯甲烷、苯、甲苯、乙苯和苯乙烯等多种有毒有害的危险化学品。事故现场受困人员、抢险救援人员及环境应急监测人员等如何加强自身防护，由此防止抢险救援和应急监测过程中，发生中毒窒息等二次伤害事故。

认真观看"天津港'8·12'特别重大火灾爆炸事故"视频，完成课前思考：

1. 天津港"8·12"特别重大火灾爆炸事故现场涉及哪些个体防护用品？

2. 天津港"8·12"特别重大火灾爆炸事故现场涉及的个体防护用品各有什么功能和用途？

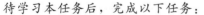

视频：天津港"8·12"
特别重大火灾爆炸事故

待学习本任务后，完成以下任务：

1. 什么是个体防护用品？个体防护用品有何功能和作用？

2. 个体防护用品有哪些类型？如何选型及使用？

3. 什么是现场急救？现场受伤、受困人员如何开展现场急救？

视频：辐射事故综合应急
演练个体防护及医疗急救

📖 知识学习

一、应急救援个体防护

应急救援前，抢险救援人员需穿戴个体防护用品装备，确保救援人员安全。这些个体防护装备，不仅能够帮助救援人员抵御各种潜在危险，如防御物理、化学、生物等外界因素伤害，还能够提高他们在救援现场的工作效率和效果。因此，在应急救援行动中，合理选择和正确使用个体防护用品至关重要，这将为救援人员的安全提供坚实的保障。

1. 个体防护装备配备原则

在应急救援时，救援人员个体防护装备的配备原则主要基于以下几点：

（1）优先保障安全。必须确保救援人员的安全。根据事故现场的潜在危害和风险，选择能够提供足够防护的个体防护装备，如防火、防毒、防爆等。

（2）适应现场环境。个体防护装备的选择应根据现场的具体环境进行。例如，在有毒气体泄漏的环境中，应选择具有防毒功能的呼吸器；在高温火灾现场，应选择具有防火功能的防护服。

（3）快速穿戴与脱卸。应急救援时，时间非常宝贵。因此，个体防护装备应设计得易于快速穿戴和脱卸，以节省时间并提高救援效率。

（4）轻便与便携。考虑到救援人员可能需要在现场长时间活动，个体防护装备应尽可能轻便和便携，以减少对救援人员的负担。

（5）足够的备用装备。为确保救援的连续性，应准备足够的备用个体防护装备。这包括替换损坏的装备、为新增救援人员提供装备等。

在应急救援前，应对救援人员进行个体防护装备使用的培训和演练。这包括正确穿戴、使用和维护装备的方法，以及在紧急情况下的应急处理措施。通过合理的装备选择和有效的培训演练，确保救援人员能够安全、高效地完成救援任务。

2. 个体防护装备的选择

应根据辨识的作业场所危害因素和危害评估结果，结合个体防护装备的防护部位、防护功能、适用范围、防护装备对作业环境和使用者的适合性，选择合适的个体防护装备。

常用个体防护装备的分类、防护功能及适用范围见表5-3-1。

表5-3-1 常用个体防护装备的分类、防护功能及适用范围

防护分类	个体防护装备的类别	防护装备说明
头部防护	安全帽	对人头部受坠物及其他特定因素引起的伤害起防护作用的装备。还可包含防静电、阻燃、电绝缘、侧向刚性、耐低温等一种或一种以上特殊功能
	防静电工作帽	以防静电织物为主要原料，为防止帽体上的静电荷积聚而制成的工作帽

防护分类	个体防护装备的类别	防护装备说明
眼面防护	焊接眼护具	保护佩戴者免受由焊接或其他相关作业所产生的有害光辐射及其他特殊危害的防护用具（包括焊接眼护具和滤光片）
	激光防护镜	衰减或吸收意外激光辐射能量
	强光源防护镜	用于强光源（非激光）防护
	职业眼面部防护具	具有防护不同程度的强烈冲击、光辐射、热、火焰、液滴、飞溅物等一种或一种以上的眼面部伤害风险的防护用品
听力防护	耳塞	塞入外耳道内，或堵住外耳道入口，避免佩戴者的听力损伤
	耳罩	由压紧耳廓或围住耳廓四周并紧贴头部的罩杯等组成，避免佩戴者的听力损伤
呼吸防护	长管呼吸器	使佩戴者的呼吸器官与周围空气隔绝，通过长管输送清洁空气供呼吸的防护用品，其进风口必须放置在有害作业环境外
	动力送风过滤式呼吸器	靠电动风机提供气流克服部件阻力的过滤式呼吸器，用于防御有毒有害气体或蒸气、颗粒物等对呼吸系统的伤害
	自给闭路式压缩氧气呼吸器	利用面罩使佩戴者的呼吸器官与外界有害环境空气隔离，依靠呼吸器本身携带的压缩氧气或压缩氧－氮混合气作为呼吸气源，将佩戴者呼出气体中的二氧化碳吸收，补充氧气后再供佩戴者呼吸，形成完整的呼吸循环
	自给闭路式氧气逃生呼吸器	将佩戴者的呼吸器官与大气环境隔绝，采用化学生氧剂或压缩氧气为供气源，并将呼出的二氧化碳吸收，形成一个完整的呼吸循环，供佩戴者在缺氧或有毒有害气体环境下逃生使用
	自给开路式压缩空气呼吸器	利用面罩与佩戴者面部周边密合，使佩戴者呼吸器官、眼睛和面部与外界染毒空气或缺氧环境完全隔离，自带压缩空气源供给佩戴者呼吸所用的洁净空气，呼出的气体直接排入大气
	自吸过滤式防毒面具	靠佩戴者呼吸克服部件阻力，防御有毒有害气体或蒸气、颗粒物等对呼吸系统或眼面部的伤害
	自给开路式压缩空气逃生呼吸器	具有自带的压缩空气源，能供给佩戴者呼吸所用的洁净空气，呼出的气体直接排入大气，用于逃生的一种呼吸器
	自吸过滤式防颗粒物呼吸器	又称防尘口罩，靠佩戴者呼吸克服部件气流阻力的过滤式呼吸器，用于防御颗粒物的伤害
防护服装	防电弧服	用于保护可能暴露于电弧和相关高温危害中人员的防护服
	防静电服	以防静电织物为面料，按规定的款式和结构制成的以减少服装上静电积聚为目的的防护服，可与防静电工作帽、防静电鞋、防静电手套等配套穿用
	职业用防雨服	用于减小作业过程中的降水（雨、雪、雾等）对人体的影响

防护分类	个体防护装备的类别	防护装备说明
防护服装	高可视性警示服	利用荧光材料和反光材料进行特殊设计制作,以增强穿着者在可见性较差的高风险环境中的可视性并起警示作用的服装
	隔热服	按规定的款式和结构缝制以避免或减轻工作过程中的接触热、对流热和热辐射对人体的伤害
	焊接服	用于防护焊接过程中的熔融金属飞溅及其热伤害
	化学防护服	用于防护化学物质对人体伤害的服装
	抗油易去污防静电防护服	具有抗油和易去污功能的防静电服
	冷环境防护服	用于避免低温环境对人体的伤害
	熔融金属飞溅防护服	用于防护工作过程中的熔融金属等对人体的伤害
	微波辐射防护服	在微波波段具有屏蔽作用的防护服,可衰减或消除作用于人体的电磁能量
	阻燃服	在接触火焰及烘热物体后,在一定时间内能阻止本体被点燃、有焰燃烧和无焰燃烧
手部防护	带电作业用绝缘手套	具有良好的绝缘和耐高压功能
	防寒手套	用于避免低温环境对人员手部的伤害
	防化学品手套	能够对各类化学品和不包括病毒在内的其他各类微生物形成有效屏障,从而避免化学品和微生物对手部或手臂的伤害
	防静电手套	用于需要佩戴手套操作的防静电环境,用防静电针织物为面料缝制或用防静电纱线编织而成的手套
	防热伤害手套	用于防护火焰、接触热、对流热、辐射热、少量熔融金属飞溅或大量熔融金属泼溅等一种或多种形式热伤害的手套
	电离辐射及放射性污染物防护手套	具有电离屏蔽作用的防护手套,保护穿戴者的手部免遭作业区域电离辐射及放射性污染物危害
	焊工防护手套	保护手部和腕部免遭熔融金属滴、短时接触有限火焰、对流热、传导热和弧光的紫外线辐射及机械性伤害,而且其材料能耐受高达 100 V（直流）的电弧焊的最小电阻
	机械危害防护手套	用于保护手或手臂免受摩擦、切割、穿刺或能量冲击等至少一种机械危害
足部防护	安全鞋	具有保护足趾、防刺穿、防静电、导电、电绝缘、隔热、防寒、防水、保护、耐油、耐热接触、防滑等一种或多种功能
	防化学品鞋	防护足部免受酸、碱及相关化学品的腐蚀或刺激

防护分类	个体防护装备的类别	防护装备说明
坠落防护	安全带	在高处作业、攀登及悬吊作业中，将作业人员绑定在固定构造物附近、限制作业人员活动范围或在发生坠落时将作业人员安全悬挂
	安全绳	可与缓冲器配合使用，通过约束作业人员活动范围、缓解冲击能量，实现对作业人员的防护功能
	缓冲器	串联在系带和挂点之间，发生坠落时吸收部分冲击能量，降低作业人员受到的冲击力
	缓降装置	可供作业人员以一定速度自行或由他人辅助从高处作业平面降落地面的装置
	连接器	可以将两种或两种以上元件连接在一起，具有常闭活门的环状零件
	水平生命线装置	以两个或多个挂点固定且任意两挂点间连线的水平角度不大于15°的，由钢丝绳、纤维绳、织带等柔性导轨或不锈钢、铝合金等刚性导轨构成的，用于连接坠落防护装备与附着物（墙、地面、脚手架等固定设施）的装置，通过与其他坠落防护装备配套使用实现坠落防护
	速差自控器	安装在挂点上，装有可伸缩长度的绳（带、钢丝绳），串联在系带和挂点之间，在坠落发生时因速度变化引发制动作用的装备
	自锁器	附着在刚性或柔性导轨上，可随使用者的移动沿导轨滑动，由坠落动作引发制动作用，从而防止作业人员坠落
	安全网	安全平网：安装平面不垂直于水平面，宽度不小于3 m，防止人、物坠落，或避免、减轻坠落及物击伤害
		安全立网：安装平面垂直于水平面，宽（高）度不小于1.2 m，防止人、物坠落，或避免、减轻坠落及物击伤害
		密目式安全立网：网眼孔径不大于ϕ12 mm，垂直于水平面安装，防止人、物坠落，或避免坠物伤害
	登杆脚扣	穿戴于脚部，供作业人员从事电杆攀登作业的专用工具
	挂点装置	由一个或多个挂点和部件组成的，用于连接坠落防护装备与附着物（墙、脚手架、地面等固定设施）的装置

3. 佩戴和使用个体防护装备

佩戴和使用个体防护装备是确保救援人员安全的关键步骤。以下是一些关于佩戴和使用个体防护装备的指导原则。

（1）正确选择装备：根据风险评估和现场环境，选择适合的个体防护装备。确保装备符合相关标准和规范，并且适用于特定的危害和风险。

（2）熟悉装备：在使用前，救援人员应熟悉个体防护装备的使用说明、功能特点及注意事项。了解如何正确穿戴、调整和使用装备，以确保其发挥最大的防护作用。

（3）检查装备：在使用前，对个体防护装备进行全面的检查。确保装备没有损坏、磨损或过期。如果发现问题，应及时更换或修理。

（4）正确穿戴装备：按照使用说明和培训要求，正确穿戴个体防护装备。确保装备紧密贴合身体，没有松动或不适。特别注意穿戴顺序和配合使用的装备之间的协调性。

（5）注意舒适度：虽然防护效果是首要考虑的因素，但舒适度也不容忽视。如果装备过紧或过松，可能会影响救援人员的灵活性和工作效率。因此，在佩戴装备时，要注意调整松紧度，以确保既安全又舒适。

（6）维护装备：个体防护装备需要定期维护和保养。救援人员应按照制造商的推荐，进行清洁、消毒和维修。避免使用过期或损坏的装备，以免降低防护效果。

佩戴和使用个体防护装备是确保救援人员安全的重要措施。通过正确选择装备、熟悉装备、检查装备、正确穿戴装备、注意舒适度、维护装备，以及接受培训和教育，可以最大限度地发挥个体防护装备的作用，提高救援人员的安全性和工作效率。

二、突发环境事件现场医疗救护

1. 现场急救原则

当意外事故发生时，因为很多人缺乏急救知识，往往很容易错过最初 4～6 min 的"急救黄金时间"。参与救护的人员不要被混乱的场面所干扰，应尽快使伤员平静下来，沉着、镇静地观察其病情，在短时间内作出初步判断，并坚持"先抢后救、先重后轻、先急后缓"的原则开展现场应急救援工作，具体按照以下原则开展现场急救。

（1）对窒息或心跳、呼吸刚停止不久的伤员，必须先复苏，后搬运。

（2）对于出血的伤员，必须先止血，后搬运。

（3）对于骨折的伤员，必须先固定，后搬运。

2. 现场简单检查

（1）神志。如果伤员对问话、拍打、推动等刺激无反应，可能已意识不清或丧失意识，病情危重。

（2）心跳检查。正常人每分钟心跳为 60～80 次。将耳朵贴近伤员的左胸壁可听到心跳，用手指可以触摸到心跳。当严重创伤、大出血时，心跳无法听清甚至停止。此时应该立即对伤员进行心肺复苏的抢救。

（3）呼吸检查。正常人每分钟呼吸数为 16～18 次，重危伤员，呼吸变快、变浅、不规则。当伤员临死前，呼吸变得缓慢、不规则，直到呼吸停止。通过观察伤员胸廓起伏可知有无呼吸。有呼吸但极其微弱，不易看到胸廓明显的起伏，可以用一小片棉花或薄纸片、较轻的小树叶等放在伤员鼻孔旁，看这些物体是否随呼吸飘动。

（4）瞳孔检查。正常人两眼的瞳孔等大等圆，遇光线能迅速收缩。受到严重伤害的伤员，两瞳孔大小不一，可能缩小或放大，用电筒光线刺激时，瞳孔不收缩或收缩迟钝。当其瞳孔逐步散大、固定不动、对光的反应消失时，伤员便死亡。呼吸、心跳停止，颈动脉搏动消失，双侧瞳孔固定散大，对光反应消失可以作为紧急时判断死亡的依据。

3. 病情轻重判断

在伤病人员较多的情况下，判断病情轻重是十分重要的，如果不分病情轻重而盲目处理，有可能会出现危重病人因抢救不及时而导致伤员病情恶化，甚至死亡。在一般现场急救中，应首先抢救危重病人，然后处理病情较轻的病人，为此必须迅速对病情作出判断。有以下情况之一者属于危重病人。

（1）神志昏迷、精神萎靡者。

（2）呼吸浅快、极度缓慢、不规则或停止。

（3）心率显著过速、过缓，心律不规则或心跳停止。

（4）血压显著升高、严重降低或测不出。

（5）瞳孔散大或缩小，两侧不等大，对光反射迟钝或消失。

对上述情况的病人，必须迅速抢救，并密切观察呼吸、心跳和血压等生命体征的变化。

4. 现场急救措施

在突发环境事件现场，应急医疗措施至关重要，特别是对于皮肤接触、眼睛接触、吸入和食入有害物质的情况，针对不同环境风险物质，有不同的应对方案，但对于有毒有害物质通常采取的急救措施见表 5-3-2。

表 5-3-2　突发环境事件现场应急医疗措施

暴露途径	应急医疗措施	注意事项
皮肤接触	（1）立即脱去污染的衣着	避免进一步接触有害物质
	（2）用大量清水或适当的清洁剂彻底清洗受污染的皮肤	去除残留的有害物质
	（3）佩戴适当的防护装备	防止救援人员进一步接触有害物质
眼睛接触	（1）立即用大量清水或生理盐水冲洗眼睛至少 15 min	保持眼皮张开，避免揉眼
	（2）尽快就医，评估眼部损伤情况	接受进一步治疗
吸入	（1）迅速离开污染区域，转移到空气新鲜的地方	保持呼吸道通畅
	（2）密切观察症状，如咳嗽、呼吸困难等	立即就医
	（3）提供氧气治疗（如有需要）	针对严重呼吸困难或低氧血症
食入	（1）切勿催吐	避免进一步伤害
	（2）立即就医，告知医生有害物质的种类和摄入量	迅速采取适当的治疗措施
	（3）保留样本（如有可能）	便于医院迅速进行毒物鉴定和针对性治疗

表 5-3-2 简洁明了地展示了针对不同暴露途径的应急医疗措施及其注意事项。在实际操作中，救援人员应根据具体情况迅速采取相应的措施，确保受害者的安全。

5. 急性中毒与慢性中毒应急医疗诊断

在突发环境事件的应急医疗诊断中，急性中毒与慢性中毒占据至关重要的地位。急性中毒往往源于短时间内对有毒物质的大量暴露，这种暴露可能导致剧烈且迅速发展的症状，因而对及时、准确的诊断和治疗提出了迫切要求。相对而言，慢性中毒则源于长期、持续地与低浓度有毒物质接触，其症状可能相对隐匿，容易被忽视。然而，这种长期累积的暴露可能给人体多个系统带来深远影响，甚至造成不可逆的损害。因此，我们必须深刻认识并熟练掌握急性中毒与慢性中毒的诊断要点，以更好地应对突发环境事件，保护人们的生命安全和健康。急性中毒与慢性中毒应急医疗诊断要点见表 5-3-3。

表 5-3-3　急性中毒与慢性中毒应急医疗诊断要点

项目	急性中毒	慢性中毒
病史	询问患者是否有可能接触到毒物、药物或化学品的历史。 了解接触的时间、剂量、方式及可能的暴露途径（如皮肤、眼睛、吸入或食入）	询问患者长期接触某种毒物或有害物质的历史。 了解接触的剂量、频率、持续时间及可能的暴露途径
临床表现	常见的中毒症状包括恶心、呕吐、腹痛、头晕、头痛、呼吸困难、意识障碍等。 根据不同的毒物，还可能出现特定的症状，如瞳孔缩小、肌肉震颤、抽搐、心律失常等	慢性中毒的症状往往较为隐匿，可能出现神经衰弱、记忆力减退、头痛、头晕、乏力等。 根据不同的毒物，还可能出现特定的症状，如肝损害、肾损害、血液系统异常等
体格检查	检查患者的生命体征，如体温、脉搏、呼吸、血压。 观察患者的皮肤、黏膜、瞳孔、肺部听诊等，寻找中毒的体征	检查患者的生命体征，注意有无异常的体征。 观察患者的皮肤、黏膜、神经系统等，寻找中毒的体征
实验室检查	可能需要进行血液、尿液、胃内容物等样本的化验，以检测毒物的存在和浓度。 某些特定的毒物可能需要特殊的检测手段，如气相色谱、质谱等	可能需要进行血液、尿液等样本的化验，以检测毒物的存在和浓度。 根据中毒原因，还可能需要进行特殊的检查，如肝功能、肾功能、骨髓穿刺等
毒物鉴定	尽快获取中毒物质的样本，进行毒物鉴定，以确定中毒原因	尽可能获取患者长期接触的毒物或有害物质的样本，进行毒物鉴定
处理原则	立即脱离毒物，将患者迅速转移到安全区域，避免继续接触毒物。 支持治疗，维持患者的生命体征，如呼吸、循环等。 解毒治疗，根据中毒原因，给予相应的解毒剂或对抗剂。 对症治疗，针对患者的具体症状，给予相应的治疗措施	停止接触毒物，将患者脱离毒物暴露环境，避免继续接触。 解毒治疗，根据中毒原因，给予相应的解毒剂或对抗剂。 对症治疗，针对患者的具体症状，给予相应的治疗措施。 预防再次接触，对患者进行教育，避免再次接触相同或类似的有害物质

表 5-3-3 简洁明了地展示了急性中毒和慢性中毒的应急医疗诊断要点和处理原则。在实际操作中，医生应根据患者的具体情况和诊断结果，制定相应的治疗方案。

6. 人工呼吸法

（1）人工呼吸的目的。人工呼吸的目的是用人工的方法来代替肺的呼吸活动，使气体有节律地进入和排出肺部，供给体内足够的氧气，充分排出二氧化碳，维持正常的通气功能。人工呼吸的方法有很多，目前认为口对口人工呼吸法效果最好。

（2）操作要领。

1）一放，就是将病人仰卧，解开衣领，松开紧身衣着，放松裤带，以免影响呼吸时胸廓的自然扩张。然后将病人的头偏向一边，张开其嘴，用手指清除口中的假牙、血块和呕吐物，使呼吸道畅通，如图 5-3-1（a）、（b）所示。

2）二站，就是抢救者在病人的一边，以靠近其头部的一手紧捏病人的鼻子（避免漏气），并将手掌外缘压住其额部，另一只手托在病人的颈后，将颈部上抬，使其头部充分后仰，以解除舌下坠所致的呼吸道梗阻。

3）三吹，就是抢救者先深吸一口气，然后用嘴紧贴病人的嘴或鼻孔大口吹气，同时观察胸部是否隆起，以确定吹气是否有效和适度，如图 5-3-1（c）所示。

4）四松，就是吹气停止后，抢救者头稍侧转，并立即放松捏紧鼻孔的手，让气体从病人的肺部排出，此时应注意胸部复原的情况，倾听呼气声，观察有无呼吸道梗阻，如图 5-3-1（d）所示。

5）五续，就是如此反复进行，每分钟吹气 12 次，即每 5 s 吹一次。

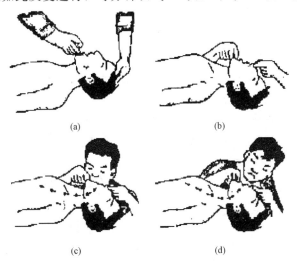

(a)　　　　　　　　　　(b)

(c)　　　　　　　　　　(d)

图 5-3-1　人工呼吸法

（3）注意事项。

1）口对口吹气的压力需掌握好，刚开始时可略大一点，频率稍快一些，经 10～20 次后可逐步减小压力，维持胸部轻度隆起即可。对幼儿吹气时，不能捏紧鼻孔，应让其自然漏气，为了防止压力过高，抢救者仅用颊部力量即可。

2）吹气时间宜短，约占一次呼吸周期的三分之一，但也不能过短，否则影响通气效果。

3）如遇到牙关紧闭者，可采用口对鼻吹气，方法与口对口基本相同。此时可将病人嘴唇紧闭，抢救者对准鼻孔吹气，吹气时压力应稍大，时间也应稍长，以利于气体进入肺内。

7. 体外心脏按压法

（1）心脏按压的目的。体外心脏按压是指有节奏地以手对心脏挤压，用人工的方法代替心脏的自然收缩，从而达到维持血液循环的目的，此法简单易学，效果好，不需要设备，易于普及推广。

（2）操作要领。

1）使伤者仰卧在比较硬实的地面或地板（或木板）上，解开衣服，清除口内异物，然后进行急救。

2）救护人员蹲跪在伤者腰部一侧，或跨腰跪在其腰部，两手相叠，如图 5-3-2（a）所示。将掌根部放在伤者胸骨下 1/3 的部位，即把中指尖放在其颈部凹陷的下边缘，手掌的根部就是正确的压点，如图 5-3-2（b）所示。

3）救护人员两臂肘部伸直，掌根略带冲击地用力垂直下压，压陷深度为 3～5 cm，如图 5-3-2（c）所示。成人每秒按压一次，太快和太慢效果都不好。

4）按压后，掌根迅速全部放松；让伤者胸部自动复原，放松时掌部也不必完全离开胸部，如图 5-3-2（d）所示。

5）按以上步骤连续不断地进行操作，每秒一次。按压时定位必须准确，压力要适当，不可用力过大、过猛，以免挤压出伤者胃中的食物，堵塞气管，影响呼吸，或造成肋骨折断、气血胸和内脏损伤等；也不能用力过小，否则起不到按压作用。

6）一旦伤者呼吸和心跳均已停止，应同时进行口对口（鼻）人工呼吸和体外心脏按压。如果现场仅有 1 人救护，两种方法应交替进行，每吹气 2～3 次，再按压 10～15 次。进行人工呼吸和体外心脏按压急救，在救护人员体力允许的情况下，应连续进行，尽量不要停止，直到伤员恢复呼吸与脉搏跳动，或有专业急救人员到达现场。

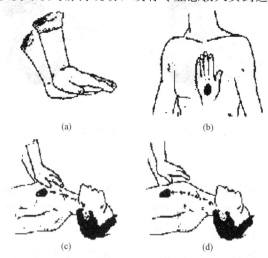

(a)　　　　　　　　　　　(b)

(c)　　　　　　　　　　　(d)

图 5-3-2　体外心脏按压法

（3）注意事项。

1）挤压时位置要正确，一定要在胸骨下 1/2 处的压区内，接触胸骨应只限于手掌根部，手掌不能平放，手指向上与肋保持一定的距离。

2）用力一定要垂直，并要有节奏、有冲击性。

3）对儿童只用一个手掌根部即可。

4）挤压的时间与放松的时间应大致相同。

5）为提高效果，应增加挤压频率，最好能达到每分钟 100 次。

6）当病人心跳、呼吸完全停止，而抢救者只有一人时，也必须同时进行体外心脏按压及口对口人工呼吸。此时可先吹气 2 次，立即进行挤压 5 次，然后再吹气 2 次，进行挤压 5 次，反复交替进行，不能停止。

8. 外伤救护

止血、包扎、固定、搬运是外伤救护的四项基本技术。实施现场外伤救护时，现场人员要沉着、迅速地开展急救工作，原则是：先抢后救，先重后轻，先急后缓，先近后远；先止血后包扎，先固定后搬运。

（1）止血。

1）出血种类。

①出血的种类。出血可分为外出血和内出血两种。

a. 外出血。体表可见到。血管破裂后，血液经皮肤损伤处流出体外。

b. 内出血。体表见不到。血液由破裂的血管流入组织、脏器或体腔内。

②根据出血的血管种类，还可分为动脉出血、静脉出血及毛细血管出血三种。

a. 动脉出血。血色鲜红，出血呈喷射状，与脉搏节律相同，危险性大。

b. 静脉出血。血色暗红，血流较缓慢，呈持续状，不断流出，危险性较动脉出血小。

c. 毛细血管出血。血色鲜红，血液从整个伤口创面渗出，一般不易找到出血点，常可自动凝固而止血，危险性小。

2）失血的表现。一般情况下，一个成年人失血量在 500 mL 时，没有明显的症状。当失血量在 800 mL 以上时，伤者会出现面色、口唇苍白，皮肤出冷汗，手脚冰冷，无力，呼吸急促，脉搏快而微弱等症状。当失血量达 1 500 mL 以上时，会引起大脑供血不足，伤者会出现视物模糊、口渴、头晕、神志不清或焦躁不安，甚至昏迷症状。

3）外出血的止血方法。

①指压止血法。指压止血法是一种简单有效的临时性止血方法。它根据动脉的走向，在出血伤口的近心端，通过用手指压迫血管，使血管闭合而达到临时止血的目的，然后选择其他的止血方法。指压止血法适用于头、颈部和四肢的动脉出血。

②加压包扎止血法。加压包扎止血法是急救中最常用的止血方法之一，适用于小动脉、静脉及毛细血管出血。

方法：用消毒纱布或干净的手帕、毛巾、衣物等敷于伤口上，然后用三角巾或绷带加压包扎。压力以能止住血而又不影响伤肢的血液循环为合适。若伤处有骨折，须另加夹板固定。关节脱位及伤口内有碎骨存在时不用此法。

③加垫屈肢止血法。其适用于上肢和小腿出血，在没有骨折和关节伤时可采用。

④止血带止血法。当遇到四肢大动脉出血，使用上述方法止血无效时可采用止血带止血法。常用的止血带有橡皮带、布条止血带等。不到万不得已时不要采用止血带止血。

4）注意事项。

①上止血带时，皮肤与止血带之间不能直接接触，应加垫敷料、布垫或将止血带上在衣裤外面，以免损伤皮肤。

②上止血带要松紧适宜，以能止住血为度。扎松了不能止血，扎得过紧容易损伤皮肤、神经、组织，引起肢体坏死。

③上止血带时间过长，容易引起肢体坏死。因此，止血带上好后，要记录上止血带的时间，并每隔 40～50 min 放松一次，每次放松 1～3 min。为防止止血带放松后大量出血，放松期间应在伤口处加压止血。

④运送伤者时，上止血带处要有明显的标志，不要用衣物等遮盖伤口，以免妨碍观察，并用标签注明上止血带的时间和放松止血带的时间。

（2）包扎。常用的包扎材料有绷带、三角巾、四头带及其他临时代用品（如干净的手帕、毛巾、衣物、腰带、领带等）。绷带包扎一般用于支撑受伤的肢体和关节，固定敷料或夹板和加压止血等。三角巾包扎主要用于包扎、悬吊受伤肢体，固定敷料，固定骨折等。

1）环形绷带包扎法。此法是绷带包扎法中最基本的方法，多用于手腕、肢体、胸、腹等部位的包扎。方法：将绷带作环形重叠缠绕，最后用扣针将带尾固定，或将带尾剪成两头打结固定。注意事项如下所述。

①缠绕绷带的方向应是从内向外，由下至上，从远端至近端。开始和结束时均要重复缠绕一圈以固定。打结、扣针固定应在伤口的上部、肢体的外侧。

②包扎时应注意松紧度。不可过紧或过松，以不妨碍血液循环为宜。

③包扎肢体时不得遮盖手指或脚趾尖，以便观察血液循环情况。

④检查远端脉搏跳动，触摸手脚有否发凉等。

2）三角巾包扎法。三角巾全巾：三角巾全幅打开，可用于包扎或悬吊上肢。三角巾宽带：将三角巾顶角折向底边，然后对折一次，可用于下肢骨折固定或加固上肢悬吊等。三角巾窄带：将三角巾宽带再对折一次，可用于足、踝部的"8"字固定等。

（3）骨折固定。

1）骨折的种类。

①闭合性骨折：骨折处皮肤完整，骨折断端与外界不相通。

②开放性骨折：外伤伤口深及骨折处或骨折断端刺破皮肤露出体表外。

③复合性骨折：骨折断端损伤血管、神经或其他脏器，或伴有关节脱臼等。

④不完全性骨折：骨的完整性和连续性未完全中断。

⑤完全性骨折：骨的完整性和连续性完全中断。

2）骨折的症状。疼痛、肿胀、畸形、骨擦音、功能障碍、大出血。

3）骨折的固定材料。可采用夹板。

4）急救原则和注意事项。

①要注意伤口和全身状况，如果伤口出血，应先止血，包扎固定。如果有休克或呼吸、心跳骤停，应立即进行抢救。

②在处理开放性骨折时，局部要做清洁消毒处理，用纱布将伤口包好，严禁把暴露

在伤口外的骨折断端送回伤口内，以免造成伤口污染和再度刺伤血管和神经。

③对于大腿、小腿、脊椎骨折的伤者，一般应就地固定，不要随便移动伤者，不要盲目复位，以免加重损伤程度。

④固定骨折所用的夹板的长度与宽度要与骨折肢体相称，其长度一般应超过骨折上下两个关节为宜。

⑤固定用的夹板不应直接接触皮肤。在固定时可用纱布、三角巾垫、毛巾、衣物等软材料垫在夹板和肢体之间，特别是夹板两端、关节骨头凸起部位和间隙部位，可适当加厚垫，以免引起皮肤磨损或局部组织压迫坏死。

⑥固定、捆绑的松紧度要适宜，过松达不到固定的目的，过紧影响血液循环，导致肢体坏死。固定四肢时，要将指（趾）端露出，以便随时观察肢体血液循环情况。如果发现指（趾）苍白、发冷、麻木、疼痛、肿胀、甲床青紫，说明固定、捆绑过紧，血液循环不畅，应立即松开，重新包扎固定。

⑦对四肢骨折固定时，应先捆绑骨折断处的上端，后捆绑骨折断处的下端。如果捆绑次序颠倒，则会导致再度错位。上肢固定时，肢体要屈着绑（屈肘状）；下肢固定时，肢体要伸直绑。

（4）搬运。

1）搬运的方法。常用的搬运方法有徒手搬运和担架搬运两种。可根据伤者的伤势轻重和运送的距离远近选择合适的搬运方法。徒手搬运适用于伤势较轻且运送距离较近的伤者，担架搬运适用于伤势较重，不宜徒手搬运，而且需运送距离较远的伤者。

2）注意事项。

①移动伤者时，首先应检查伤者的头、颈、胸、腹和四肢是否有损伤，如果有损伤，应先做急救处理，再根据不同的伤势选择不同的搬运方法。

②病（伤）情严重、路途遥远的伤者，要做好途中护理，密切注意伤者的神志、呼吸、脉搏及病（伤）势的变化。

③上止血带的伤者，要记录上止血带和放松止血带的时间。

④搬运脊椎骨折的伤者，要保持伤者身体的固定。颈椎骨折的伤者除了身体固定外，还要有专人牵引固定头部，避免移动。

⑤用担架搬运伤者时，一般头略高于脚，休克的伤者则脚略高于头。行进时伤者的脚在前，头在后，以便观察伤者情况。

⑥用汽车、大车运送时，床位要固定，防止启动、刹车时晃动使伤者再度受伤。

🖮 **职场提示**

环境风险应急处置宝典

环境风险突来袭，冷静应对莫慌张。

熟悉预案心有数，行动有序不慌忙。

团队沟通不可少，角色责任要明了。
防护装备要齐全，健康安全第一要。

异常情况及时报，记录事件助分析。
持续学习跟潮流，提升能力不掉队。

救援装备常关注，助力工作更高效。
演练模拟常参与，真实应对有信心。

社区联系常保持，支持提供更有力。
环境资源须保护，持续发展是目标。

长期影响要考虑，恢复计划要制订。
部门协作要加强，资源共享信息畅。

反馈改进要及时，应急处置更完善。
公众意识要增强，环保意识共提升。

责任奖惩要落实，奖惩分明更有序。
安全环保同努力，共创美好新环境。

⌨ 知识拓展

生态环境应急
监测报告编制指南

事故状态下水体污染的预防和
控制规范（Q SY 08190—2019）

重特大突发环境事件空气
应急监测工作规程

环境保护部突发环境事件信息
报告情况通报办法（试行）

突发环境事件
应急监测技术规范

🧰 项目实施

一、工作计划

本项目以某有色金属冶炼为例，要实现企业环境风险事件应对措施，包括三个任务：突发环境事件应急处置、突发环境事件应急监测和个体防护及应急救援。请根据材料内容，完成任务内容，并填入表中，并完成评价总结。

二、项目实施

任务描述	某化工厂主导产品为电解锌锭和硫酸，截至 2023 年 4 月，企业形成电解锌规模 10.0 万 t/a，硫酸规模 18 万 t/a，次氧化锌规模 1.2 万 t/a，金属镉锭规模 800 t/a。 该企业生产及环保部门主要为电解锌厂、硫酸厂和污水处理站。电解锌厂下设制液、镉回收、电解、铸型车间、机修车间、酸浸渣库、危废暂存库，硫酸厂下设原料、焙烧、制酸车间、机修车间等。该公司生产过程中的原料、中间品、产品、废弃物等涉及铅、锌、镉、硫酸等重金属或有毒、易燃易爆物质。 若制酸工段间发生制酸烟气泄漏突发环境风险事件，应该实施怎样的应急响应、应急处置、应急监测和应急救援			
工作任务	工作步骤	完成情况	完成人	复核人
任务一 突发环境事件应急处置	1. 切断污染源； 2. 现场处置措施			
任务二 突发环境事件应急监测	1. 确定监测因子； 2. 确定监测范围； 3. 确定监测频次			
任务三 个体防护及应急救援	1. 应急物资确定与领取； 2. 人群疏散方法确定； 3. 现场人员防护； 4. 对受伤人员的处置			

🧰 项目评价

序号	项目实施过程评价	自我评价	企业导师评价
1	相应法规和标准理解与应用能力		
2	任务完成质量		
3	关键内容完成情况		
4	完成速度		
5	参与讨论主动性		

序号	项目实施过程评价	自我评价	企业导师评价
6	沟通协作		
7	展示汇报		
8	项目收获		
9	素质考查		
10	综合能力		
综合评价			

注：表中内容每项 10 分，共 100 分，学生根据任务学习的过程与完成情况，真实、诚信地完成自我评价，企业导师根据项目实施过程、成果和学生自我评价，客观、公正地对学生进行综合评价

 项目测试

一、知识测试

1.（单选题）突发环境事件发生后，应该在（　　　）的统一领导下进行应急处置工作。

　　A. 生态环境部门　　　　　　　　　　B. 交通部门

　　C. 突发环境事件所在地人民政府　　　D. 消防部门

2.（单选题）下列不是应急响应程序中的一个环节的选项是（　　　）。

　　A. 报告　　　　　　　　　　　　　　B. 提出生态赔偿诉讼

　　C. 应急终止　　　　　　　　　　　　D. 启动应急预案

3.（单选题）应急响应分为四级，其中Ⅰ级响应表示为（　　　）。

　　A. 重大　　　　　　B. 特别重大　　　　　C. 较大　　　　　　D. 一般

4.（单选题）应急预警分为四级，分别用不同颜色表示，其中橙色表示（　　　）。

　　A. Ⅰ级　　　　　　B. Ⅱ级　　　　　　　C. Ⅲ级　　　　　　D. Ⅳ级

5.（单选题）应急预警分为四级，其中预警级别最高的是（　　　）。

　　A. Ⅰ级　　　　　　B. Ⅱ级　　　　　　　C. Ⅲ级　　　　　　D. Ⅳ级

6.（单选题）下列不是突发环境事件信息发布和传播的合适方式的是（　　　）。

　　A. 政府官方渠道　　　　　　　　　　B. 手机短信和 App 推送

　　C. 社交媒体和互联网　　　　　　　　D. 小道消息

7.（单选题）下列不属于应急处理措施的是（　　　）。

　　A. 勒令发生环境应急事件的企业停产　　B. 拦截污染物

　　C. 中和泄漏的酸碱　　　　　　　　　　D. 疏散周围群众

8.（单选题）对于液氯泄漏，下列应急处理措施不当的是（　　　）。

　　A. 封堵泄漏钢瓶

B. 用硫酸中和

C. 用水枪喷水溶解，稀释泄漏氯气，降低空气中氯气浓度

D. 将罐体中剩余液氯安全放气，引入池中，加碱中和，消除隐患

9. （单选题）对偷排重金属污染物而产生的水体污染，应该采取的措施是（　　）。

A. 燃烧

B. 喷洒分散剂

C. 投加碱、混凝剂和絮凝剂，使重金属变为金属氢氧化物沉入水底

D. 打捞漂浮物

10. （单选题）应急监测工作的原则不包括（　　）。

A. 及时性　　　　　B. 可行性　　　　　C. 代表性　　　　　D. 高效性

11. （单选题）应急处置期间，事发地县级以上地方生态环境保护主管部门应当组织开展事件信息的分析、评估，提出应急处置方案和建议报告的是（　　）。

A. 本级人民政府　　　　　　　　　　B. 上级人民政府

C. 企业　　　　　　　　　　　　　　D. 上级生态环境保护主管部门

12. （判断题）由于海洋气候复杂，溢油漂移面广，识别困难，应强化溢油卫星遥感技术，加强雷达卫星数据解译，辅助无人机，强化海上溢油鉴别，为清污提供强力支持。（　　）

13. （判断题）有毒化学品储存场所建设选址，不应选在低洼地带，也不应选在饮用水水源上游。（　　）

14. （判断题）地震灾害造成的死亡畜禽应全部进行无害化处理。（　　）

15. （判断题）应强化地震多发地区涉及重金属、危险化学品、危险废物及尾矿库等企业环境风险排查，消除环境安全隐患。（　　）

二、技能测试

山西某地油罐车泄漏事件

2023 年 7 月 26 日凌晨 5 时 20 分，一辆油罐车在 306 国道跨松溪河大桥途中发生侧翻事故。油罐内 67.7 t 洗油（主要成分为萘、二甲苯、苯并芘、酚类等）沿松溪河流入距事故地点约 2 km 的杨家坡水库，该水库为饮用水水源地，库容 400 万 m^3，现存水约 200 万 m^3，事故造成约 1.8 万人的饮用水安全受到威胁。试根据以上事故信息制定该事件的环境应急监测方案。

三、素质测试

1. （判断题）消防废水可直接经雨水管道排入周围水体。（　　）

2. （判断题）工业企业应急，应按规范要求建设事故应急池，事故应急池处于常空状态，事故应急池进口阀门处于常开状态，保证事故发生时产生的污染物能够排入事故应急池。（　　）

3. （判断题）火电厂液氨站发生液氨泄漏事故时，应将撤离疏散可能受影响的人员作为应急响应的首要工作。（　　）

4. （判断题）在实施应急处置时，应根据现场情况，结合所学知识，选择合适的处置方法。（　　）

项目六　防范环境风险

知识目标

1. 初步了解我国突发环境事件应急管理体制和机制。

2. 掌握突发环境应急事件预案编写的依据、流程、内容和要求。

3. 掌握突发环境应急预案评审的依据、类型、方式、步骤及要求。

4. 熟悉突发环境应急预案演练的形式、内容及其要求。

能力目标

1. 初步具备编制突发环境事件应急预案的能力。

2. 初步具备预案评审前期资料准备、评审汇报、现场答辩等能力。

素养目标

1. 培养团队合作和协调的能力，能够有效沟通和合作，共同应对复杂的挑战。

2. 培养持续学习能力和创新精神，不断更新知识和技能，适应不断变化的环境保护需求。

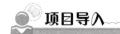 项目导入

我们身处一个绚烂多彩的世界，享受着大自然丰厚的馈赠。然而，在这片富饶的土地上，突发环境事件如同隐形的炸弹，常常在不经意间降临，给我们的生活和环境带来严重的影响。你是否曾经想过，在某个繁华都市的清晨，阳光洒满街道，突然间，一声巨响打破了宁静，化工厂的浓烟弥漫在空中，有毒物质泄漏，生态平衡受到严重破坏，居民的健康受到威胁。

作为环保的守护者，我们不禁要深思：

1. 为什么突发环境事件如此难以预测？

2. 我们身边潜藏着哪些不为人知的环境风险？

3. 如何建立高效的应急响应机制，以便科学、高效、有序地处置突发环境事件？

我们将在本项目中共同探寻这些问题的答案，学习如何防范环境风险，为我们的家园筑起一道坚固的防线。让我们共同努力，创造一个安全、和谐的环境。

项目分析

在预防突发环境事件的课程内容中，首先，我们深入探讨环境应急管理的机制、体制和法制，这是构建有效防范体系的基础。不同国家因独特的管理特色和国情，形成了

各异的应急管理模式。其次，我们强调编制突发环境事件应急预案的重要性，这是根据各企事业单位自身环境风险特点量身定制的应对策略。预案的编制需要紧密结合实际，科学评估潜在风险，并明确应对措施。再次，为确保预案的实用性和有效性，应急预案的评审环节必不可少。通过严格的内外部评审，可以及时发现预案中的不足并进行修正。最后，应急预案的培训和演练是提升应急响应能力的关键环节。通过培训，可以增强相关人员的应急意识和技能水平；而演练是对预案的实战检验，有助于发现问题并进一步完善预案。这四大内容相互关联、层层递进，共同构成了预防突发环境事件的完整课程体系。通过学习这些内容，我们可以更好地理解和应对环境风险，为构建安全、和谐的环境贡献力量。

知识结构

本项目从两个方面介绍防范环境风险，知识网络框图如下：

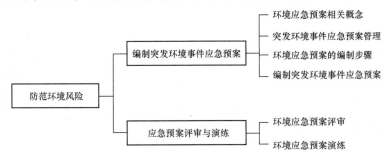

任务一　编制突发环境事件应急预案

任务引入

生态环境安全是国家安全的重要组成部分，是经济社会持续健康发展的重要保障。习近平总书记高度重视生态环境安全，多次作出重要指示批示，为做好环境应急管理工作、加快推进环境应急管理体系和能力现代化指明了根本方向，提供了强大动力。近年来，全国环境应急战线的同志们克服各种困难，以高度的政治责任感和事业心，持续加强应急准备，不断提升应急能力，切实强化应急值守，妥善应对处置突发环境事件，牢牢守住了环境安全底线。

通过扫码观看"环保管理须知——环境应急篇"视频，完成课前思考：

1. 什么是突发环境事件应急管理？

2. 突发环境事件应急管理体系包括哪些？

3. 如何提升风控能力？

待学习本任务后，完成以下任务：

1. 什么样的单位需要编制突发环境事件应急预案？

2. 应急预案评审流程是什么？应急演练的基本流程是什么？

视频：环保管理须知
——环境应急篇

📖知识学习

处置危险废物的企事业单位，以及其他可能发生突发环境事件的企事业单位，应当编制环境应急预案。

一、环境应急预案相关概念

1. 突发环境事件应急预案

突发环境事件应急预案简称"环境应急预案"，是指各级人民政府及其部门、基层组织、企事业单位和社会组织等为依法、迅速、科学、有序应对突发事件，最大限度地减少突发事件及其造成的损害而预先制定的方案。

精品微课：突发
环境事件应急预案

2. 企业环境应急预案

企业环境应急预案是指企业为了在应对各类事故、自然灾害时，采取紧急措施，避免或最大限度地减少污染物或其他有毒有害物质进入厂界外大气、水体、土壤等环境介质，而预先制定的工作方案。

二、突发环境事件应急预案管理

依据《国家突发环境事件应急预案》（国办函〔2014〕119号）、《突发环境事件应急预案管理暂行办法》（环发〔2010〕113号）、《企事业单位突发环境事件应急预案备案管理办法（试行）》（环发〔2015〕4号）的规定，向环境排放污染物的企事业单位，生产、储存、经营、使用、运输危险物品的企事业单位，产生、收集、储存、运输、利用、处置危险废物的企事业单位，以及其他可能发生突发环境事件的企事业单位（包括污水、生活垃圾集中处理设施的运营企业）、尾矿库企业（包括湿式堆存工业废渣库、电厂灰渣库企业）和他应当纳入适用范围的企业，应当编制环境应急预案。生态环境保护部对全国环境应急预案管理工作实施统一监督管理，县级以上地方人民政府生态环境保护主管部门负责本行政区域内环境应急预案的监督管理工作。

核与辐射环境应急预案的备案工作应由相关的核能管理机构负责，而非生态环境保护主管部门承担。在进行备案时，需要确保遵守特定的核安全和辐射保护标准。

1. 环境应急预案分类

按照制定主体划分，应急预案分为政府及其部门应急预案、单位和基层组织应急预案两大类。

（1）政府及其部门应急预案。政府及其部门应急预案包括总体应急预案、专项应急预案、部门应急预案等。总体应急预案是指人民政府组织应对突发事件的总体制度安排。总体应急预案围绕突发事件事前、事中、事后全过程，主要明确应对工作的总体要求、事件分类分级、预案体系构成、组织指挥体系与职责，以及风险防控、监测预警、处置救援、应急保障、恢复重建、预案管理等内容。专项应急预案是指人民政府为应对某一类型或某几种类型的突发事件，或针对重要目标保护、重大活动保障、应急保障等重要专项工作而预先制定的涉及多个部门职责的方案。

部门应急预案是指人民政府有关部门根据总体应急预案、专项应急预案和部门职责，为应对本部门（行业、领域）突发事件，或针对重要目标保护、重大活动保障、应急保障等涉及部门工作而预先制定的方案。针对突发事件应对的专项和部门应急预案，主要规定县级以上人民政府或有关部门相关突发事件应对工作的组织指挥体系和专项工作安排，不同层级预案内容各有侧重，涉及相邻或相关地方人民政府、部门、单位任务的应当沟通一致后明确。

国家层面专项和部门应急预案侧重明确突发事件的应对原则、组织指挥机制、预警分级和事件分级标准、响应分级、信息报告要求、应急保障措施等，重点规范国家层面应对行动，同时体现政策性和指导性。

省级专项和部门应急预案侧重明确突发事件的组织指挥机制、监测预警、分级响应及响应行动、队伍物资保障及市县级人民政府职责等，重点规范省级层面应对行动，同时体现指导性和实用性。

市县级专项和部门应急预案侧重明确突发事件的组织指挥机制、风险管控、监测预警、信息报告、组织自救互救、应急处置措施、现场管控、队伍物资保障等内容，重点规范市（地）级和县级层面应对行动，落实相关任务，细化工作流程，体现应急处置的主体职责和针对性、可操作性。

为突发事件应对工作提供通信、交通运输、医学救援、物资装备、能源、资金，以及新闻宣传、秩序维护、慈善捐赠、灾害救助等保障功能的专项和部门应急预案，侧重明确组织指挥机制、主要任务、资源布局、资源调用或应急响应程序、具体措施等内容。

针对重要基础设施、生命线工程等重要目标保护的专项和部门应急预案，侧重明确关键功能和部位、风险隐患及防范措施、监测预警、信息报告、应急处置和紧急恢复、应急联动等内容。

重大活动主办或承办机构应当结合实际情况组织编制重大活动保障应急预案，侧重明确组织指挥体系、主要任务、安全风险及防范措施、应急联动、监测预警、信息报告、应急处置、人员疏散撤离组织和路线等内容。

相邻或相关地方人民政府及其有关部门可以联合制定应对区域性、流域性突发事件的联合应急预案，侧重明确地方人民政府及其部门间信息通报、组织指挥体系对接、处置措施衔接、应急资源保障等内容。

国家有关部门和超大特大城市人民政府可以结合行业（地区）风险评估实际，制定巨灾应急预案，统筹本部门（行业、领域）、本地区巨灾应对工作。

（2）单位和基层组织应急预案。单位和基层组织应急预案包括企事业单位、村民委员会、居民委员会、社会组织等编制的应急预案。

乡镇（街道）应急预案重点规范乡镇（街道）层面应对行动，侧重明确突发事件的预警信息传播、任务分工、处置措施、信息收集报告、现场管理、人员疏散与安置等内容。村（社区）应急预案侧重明确风险点位、应急响应责任人、预警信息传播与响应、人员转移避险、应急处置措施、应急资源调用等内容。乡镇（街道）、村（社区）应急预案的形式、要素和内容等，可结合实际灵活确定，力求简明实用，突出人员转移避险，体现先期处置特点。

单位应急预案侧重明确应急响应责任人、风险隐患监测、主要任务、信息报告、预警和应急响应、应急处置措施、人员疏散转移、应急资源调用等内容。大型企业集团可根据相关标准规范和实际工作需要，建立本集团应急预案体系。安全风险单一、危险性小的生产经营单位，可结合实际简化应急预案要素和内容。

应急预案涉及的有关部门、单位等可以结合实际编制应急工作手册，内容一般包括应急响应措施、处置工作程序、应急救援队伍、物资装备、联络人员和电话等。应急救援队伍、保障力量等应当结合实际情况，针对需要参与突发事件应对的具体任务编制行动方案，侧重明确应急响应、指挥协同、力量编成、行动设想、综合保障、其他有关措施等具体内容。

2. 环境应急预案编制要求

环境应急预案的编制应当符合以下要求。

（1）国务院应急管理部门会同有关部门编制应急预案制修订工作计划，报国务院批准后实施。县级以上地方人民政府应急管理部门应当会同有关部门，针对本行政区域多发易发突发事件、主要风险等，编制本行政区域应急预案制修订工作计划，报本级人民政府批准后实施，并抄送上一级人民政府应急管理部门。

精品微课：编制突发
环境事件应急预案

县级以上人民政府有关部门可以结合实际制定本部门（行业、领域）应急预案编制计划，并抄送同级应急管理部门。县级以上地方人民政府有关部门应急预案编制计划同时抄送上一级相应部门。应急预案编制计划应当根据国民经济和社会发展规划、突发事件应对工作实际，适时予以调整。

（2）县级以上人民政府总体应急预案由本级人民政府应急管理部门组织编制，专项应急预案由本级人民政府相关类别突发事件应对牵头部门组织编制。县级以上人民政府部门应急预案，乡级人民政府、单位和基层组织等应急预案由有关制定单位组织编制。

（3）应急预案编制部门和单位根据需要组成应急预案编制工作小组，吸收有关部门和单位人员、有关专家及有应急处置工作经验的人员参加。编制工作小组组长由应急预案编制部门或单位有关负责人担任。

（4）编制应急预案应当依据有关法律、法规、规章和标准，紧密结合实际，在开展风险评估、资源调查、案例分析的基础上进行。

风险评估主要是识别突发事件风险及其可能产生的后果和次生（衍生）灾害事件，评估可能造成的危害程度和影响范围等。

资源调查主要是全面调查本地区、本单位应对突发事件可用的应急救援队伍、物资装备、场所和通过改造可以利用的应急资源状况，合作区域内可以请求援助的应急资源状况，重要基础设施容灾保障及备用状况，以及可以通过潜力转换提供应急资源的状况，为制定应急响应措施提供依据。必要时，也可根据突发事件应对需要，对本地区相关单位和居民所掌握的应急资源情况进行调查。

案例分析主要是对典型突发事件的发生演化规律、造成的后果和处置救援等情况进行复盘研究，必要时构建突发事件情景，总结经验教训，明确应对流程、职责任务和应对措施，为制定应急预案提供参考借鉴。

（5）政府及其有关部门在应急预案编制过程中，应当广泛听取意见，组织专家论证，做好与相关应急预案及国防动员实施预案的衔接。涉及其他单位职责的，应当书面征求意见。必要时，向社会公开征求意见。

单位和基层组织在应急预案编制过程中，应根据法律法规要求或实际需要，征求相关公民、法人或其他组织的意见。

3. 环境应急预案的审批、发布、备案

（1）环境应急预案的审批。应急预案编制工作小组或牵头单位应当将应急预案送审稿、征求意见情况、编制说明等有关材料报送应急预案审批单位。因保密等原因需要发布应急预案简本的，应当将应急预案简本一并报送审批。

应急预案审核内容主要包括：

1）预案是否符合有关法律、法规、规章和标准等规定；

2）预案是否符合上位预案要求并与有关预案有效衔接；

3）框架结构是否清晰合理，主体内容是否完备；

4）组织指挥体系与责任分工是否合理明确，应急响应级别设计是否合理，应对措施是否具体简明、管用可行；

5）各方面意见是否一致；

6）其他需要审核的内容。

国家总体应急预案按程序报党中央、国务院审批，以党中央、国务院名义印发。专项应急预案由预案编制牵头部门送应急管理部衔接协调后，报国务院审批，以国务院办公厅或有关应急指挥机构名义印发。部门应急预案由部门会议审议决定，以部门名义印发，涉及其他部门职责的可与有关部门联合印发；必要时，可以由国务院办公厅转发。

地方各级人民政府总体应急预案按程序报本级党委和政府审批，以本级党委和政府名义印发。专项应急预案按程序送本级应急管理部门衔接协调，报本级人民政府审批，以本级人民政府办公厅（室）或有关应急指挥机构名义印发。部门应急预案审批印发程

序按照本级人民政府和上级有关部门的应急预案管理规定执行。

重大活动保障应急预案、巨灾应急预案由本级人民政府或其部门审批，跨行政区域联合应急预案审批由相关人民政府或其授权的部门协商确定，并参照专项应急预案或部门应急预案管理。

单位和基层组织应急预案须经本单位或基层组织主要负责人签发，以本单位或基层组织名义印发，审批方式根据所在地人民政府及有关行业管理部门规定和实际情况确定。

（2）备案受理。应急预案审批单位应当在应急预案印发后的 20 个工作日内，将应急预案正式印发文本（含电子文本）及编制说明，依照下列规定向有关单位备案并抄送有关部门。

1）县级以上地方人民政府总体应急预案报上一级人民政府备案，径送上一级人民政府应急管理部门，同时抄送上一级人民政府有关部门。

2）县级以上地方人民政府专项应急预案报上一级人民政府相应牵头部门备案，同时抄送上一级人民政府应急管理部门和有关部门。

3）部门应急预案报本级人民政府备案，径送本级应急管理部门，同时抄送本级有关部门。

4）联合应急预案按所涉及区域，依据专项应急预案或部门应急预案有关规定备案，同时抄送本地区上一级或共同上一级人民政府应急管理部门和有关部门。

5）涉及需要与所在地人民政府联合应急处置的中央单位应急预案，应当报所在地县级人民政府备案，同时抄送本级应急管理部门和突发事件应对牵头部门。

6）乡镇（街道）应急预案报上一级人民政府备案，径送上一级人民政府应急管理部门，同时抄送上一级人民政府有关部门。村（社区）应急预案报乡镇（街道）备案。

7）中央企业集团总体应急预案报应急管理部门备案，抄送企业主管机构、行业主管部门、监管部门；有关专项应急预案向国家突发事件应对牵头部门备案，抄送应急管理部、企业主管机构、行业主管部门、监管部门等有关单位。中央企业集团所属单位、权属企业的总体应急预案按管理权限报所在地人民政府应急管理部门备案，抄送企业主管机构、行业主管部门、监管部门；专项应急预案按管理权限报所在地行业监管部门备案，抄送应急管理部门和有关企业主管机构、行业主管部门。

国务院履行应急预案备案管理职责的部门和省级人民政府应当建立应急预案备案管理制度。县级以上地方人民政府有关部门落实有关规定，指导、督促有关单位做好应急预案备案工作。

政府及其部门应急预案应当在正式印发后 20 个工作日内向社会公开。单位和基层组织应急预案应当在正式印发后 20 个工作日内向本单位及可能受影响的其他单位和地区公开。对内容符合要求，并通过评估小组评估的，予以备案并出具《突发环境事件应急预案备案登记表》，见表 6-1-1；对不符合管理规定的，不予备案并复函说明理由，由申请备案的生态环境保护主管部门或企事业单位自行纠正后重新报送备案。

表 6-1-1　突发环境事件应急预案备案登记表

备案编号：

单位名称			
法定代表人		经办人	
联系电话		传真	
单位地址			

你单位上报的：

经形式审查，符合要求，予以备案。

（盖　章）

_____年_____月_____日

注：环境应急预案备案编号由县及县以上行政区划代码、年份和流水序号组成

企事业单位应急预案，受理部门收到企业提交的环境应急预案备案文件后，应当在5个工作日内进行核对。文件齐全的，出具加盖行政机关印章的《突发环境事件应急预案备案登记表》。提交的环境应急预案备案文件不齐全的，受理部门应当责令企业补齐相关文件，并按期再次备案。再次备案的期限，由受理部门根据实际情况确定。受理部门应当一次性告知需要补齐的文件。

（3）备案报送材料。政府生态环境保护主管部门环境应急预案和群体性活动环境应急预案，报送备案应当提交下列材料（一式二份）：《突发环境事件应急预案备案申请表》（表 6-1-2）、环境应急预案评估意见、环境应急预案的纸质文件和电子文件。

表 6-1-2　突发环境事件应急预案备案申请表

单位名称			
法定代表人		资产总额	万元
行业类型		从业人数	人
联系人		联系电话	
传真		电子信箱	
单位地址			

根据《突发环境事件应急预案管理办法》，现将我单位编制的：

等预案报上，请予以备案。

（单位公章）

_____年_____月_____日

企业环境应急预案首次备案，现场办理时应当提交下列文件：《企事业单位突发环境事件应急预案备案表》（表 6-1-3）、环境应急预案及编制说明的纸质文件和电子文件。环境应急预案包括环境应急预案的签署发布文件。环境应急预案文本。编制说明包括：编制过程概述、重点内容说明、征求意见及采纳情况说明、评审情况说明；环境风险评估报告的纸质文件和电子文件；环境应急资源调查报告的纸质文件和电子文件；环境应急预案评审意见的纸质文件和电子文件。提交备案文件也可以通过信函、电子数据交换等方式进行。通过电子数据交换方式提交的，可以只提交电子文件。

表 6-1-3 企事业单位突发环境事件应急预案备案表

单位名称		机构代码	
法定代表人		联系电话	
联系人		联系电话	
传真		电子邮箱	
地址		中心经度　　　　　　　中心纬度	
预案名称			
风险级别			
本单位于　　年　　月　　日签署发布了突发环境事件应急预案，备案条件具备，备案文件齐全，现报送备案。本单位承诺，本单位在办理备案中所提供的相关文件及其信息均经本单位确认真实，无虚假，且未隐瞒事实。 　　　　　　　　　　　　　　　　　　　　　　　　　　　预案制定单位（公章）			
预案签署人		报送时间	
突发环境 事件应急 预案备案 文件目录	（1）突发环境事件应急预案备案表。 （2）环境应急预案及编制说明： 　　环境应急预案（签署发布文件、环境应急预案文本）； 　　编制说明（编制过程概述、重点内容说明、征求意见及采纳情况说明、评审情况说明）。 （3）环境风险评估报告。 （4）环境应急资源调查报告。 （5）环境应急预案评审意见		
备案意见	该单位的突发环境事件应急预案备案文件已于　　年　　月　　日收讫，文件齐全，予以备案。 　　　　　　　　　　　　　　　　　　　　　　　　　　　备案受理部门（公章） 　　　　　　　　　　　　　　　　　　　　　　　　　　　　年　　月　　日		
备案编号			

报送单位			
受理部门 负责人		经办人	

注：备案编号由企业所在地县级行政区划代码、年份、流水号、企业环境风险级别（一般 L、较大 M、重大 H）及跨区域（T）表征字母组成。例如，河北省永年县重大环境风险非跨区域企业环境应急预案 2015 年备案，是永年县环境保护局当年受理的第 26 个备案，则编号为 130429－2015－026－H。如果是跨区域的企业，则编号为 130429－2015－026－HT

4. 环境应急预案的培训、宣传、演练

（1）环境应急预案的培训。应急预案发布后，其编制单位应做好组织实施和解读工作，并跟踪应急预案落实情况，了解有关方面和社会公众的意见建议。

应急预案编制单位应当通过编发培训材料、举办培训班、开展工作研讨等方式，对与应急预案实施密切相关的管理人员、专业救援人员等进行培训。

各级人民政府及其有关部门应将应急预案培训作为有关业务培训的重要内容，纳入领导干部、公务员等日常培训内容。

（2）环境应急预案的宣传。对需要公众广泛参与的非涉密的应急预案，编制单位应当充分利用互联网、广播、电视、报刊等多种媒体广泛宣传，制作通俗易懂、好记管用的宣传普及材料，向公众免费发放。

（3）应急预案演练。应急预案编制单位应当建立应急预案演练制度，采取形式多样的方式方法，组织应急预案所涉及的单位、人员、装备、设施等进行演练。通过演练发现问题、解决问题，进一步修改完善应急预案。

专项应急预案、部门应急预案每三年至少进行一次演练。

地震、台风、风暴潮、洪涝、山洪、滑坡、泥石流、森林草原火灾等自然灾害易发区域所在地人民政府，重要基础设施和城市供水、供电、供气、供油、供热等生命线工程经营管理单位，矿山、金属冶炼、建筑施工单位和易燃易爆物品、化学品、放射性物品等危险物品生产、经营、使用、储存、运输、废弃处置单位，公共交通工具、公共场所和医院、学校等人员密集场所的经营单位或管理单位等，应当有针对性地组织开展应急预案演练。

应急预案演练组织单位应当加强演练评估，主要内容包括演练的执行情况，应急预案的实用性和可操作性，指挥协调和应急联动机制运行情况，应急人员的处置情况，演练所用设备装备的适用性，对完善应急预案、应急准备、应急机制、应急措施等方面的意见和建议等。

各地区各有关部门加强对本行政区域、本部门（行业、领域）应急预案演练的评估

指导。根据需要，应急管理部门会同有关部门组织对下级人民政府及其有关部门组织的应急预案演练情况进行评估指导。

鼓励委托第三方专业机构进行应急预案演练评估。

5. 环境应急预案的评估与修订

（1）评估。应急预案编制单位应当建立应急预案定期评估制度，分析应急预案内容的针对性、实用性和可操作性等，实现应急预案的动态优化和科学规范管理。

县级以上地方人民政府及其有关部门应急预案原则上每三年评估一次。应急预案的评估工作，可以委托第三方专业机构组织实施。

（2）修订。有下列情形之一的，应当及时修订应急预案。

1）有关法律、法规、规章、标准、上位预案中的有关规定发生重大变化的。

2）应急指挥机构及其职责发生重大调整的。

3）面临的风险发生重大变化的。

4）重要应急资源发生重大变化的。

5）在突发事件实际应对和应急演练中发现问题需要作出重大调整的。

6）应急预案制定单位认为应当修订的其他情况。

各级生态环境保护主管部门和企事业单位，应当采取有效形式，开展环境应急预案的宣传教育，普及突发环境事件预防、避险、自救、互救和应急处置知识，增强从业人员环境安全意识和应急处置技能，应当每年至少组织一次预案培训工作，通过各种形式的培训，使有关人员了解环境应急预案的内容，熟悉应急职责、应急程序和岗位应急处置预案。应当按照有关法律法规和《企事业单位突发环境事件应急预案备案管理办法（试行）》（环发〔2015〕4号）的规定，根据实际需要和情势变化，依据有关预案编制指南或编制修订框架指南修订环境应急预案。

企业根据有关要求，结合实际情况，开展环境应急预案的培训、宣传和必要的应急演练，发生或可能发生突发环境事件时及时启动环境应急预案。

三、环境应急预案的编制步骤

环境应急预案体现自救互救、信息报告和先期处置特点，侧重明确现场组织指挥机制、应急队伍分工、信息报告、监测预警、不同情景下的应对流程和措施、应急资源保障等内容。

经过评估确定为较大以上环境风险的企业，可以结合经营性质、规模、组织体系和环境风险状况、应急资源状况，按照环境应急综合预案、专项预案和现场处置预案的模式建立环境应急预案体系。环境应急综合预案体现战略性，环境应急专项预案体现战术性，环境应急现场处置预案体现操作性。

精品微课：编制突发环境事件应急预案流程

环境应急预案的编制流程如图 6-1-1 所示。

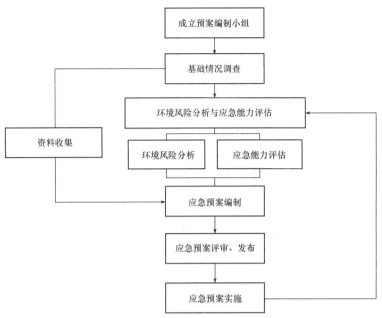

图 6-1-1　突发环境事件应急预案编制流程

1. 成立环境应急预案编制组

成立环境应急预案编制组，明确编制组组长和成员组成、工作任务、编制计划和经费预算。成立以企业主要负责人为领导的应急预案编制工作组，针对可能发生的事件类别和应急职责，结合企业部门职能分工抽调预案编制人员。环境应急预案编制工作涉及面广、专业性强，是复杂的系统工程，必须对预案编制人员进行要求，应包含环境、安全、消防等各方面的专家和人员。确保预案编制人员熟悉现场的实际情况，编制出适合本企业使用的预案。

2. 开展环境风险评估和应急资源调查

环境风险评估包括但不限于：分析各类事故衍化规律、自然灾害影响程度，识别环境危害因素，分析与周边可能受影响的居民、单位、区域环境的关系，构建突发环境事件及其后果情景，确定环境风险等级。应急资源调查包括但不限于：调查企业第一时间可调用的环境应急队伍、装备、物资、场所等应急资源状况和可请求援助或协议援助的应急资源状况。

3. 编制环境应急预案

合理选择类别，确定内容，重点说明可能的突发环境事件情景下需要采取的处置措施，向可能受影响的居民和单位通报的内容与方式，向生态环境保护主管部门和有关部门报告的内容与方式，以及与政府预案的衔接方式，形成环境应急预案。编制过程中，应征求员工和可能受影响的居民和单位代表的意见。

典型行业企业突发环境事件应急预案编制指南

4. 评审和演练环境应急预案

企业组织专家和可能受影响的居民、单位代表对环境应急预案进行评审，开展演练进行检验。评审专家一般应包括环境应急预案涉及的相关政府管理部门人员、相关行业协会代表、具有相关领域经验的人员等。

5. 签署发布环境应急预案

环境应急预案经企业有关会议审议，由企业主要负责人签署发布。

四、编制突发环境事件应急预案

编制应急预案是按照应急管理中预防为主的原则，对应急响应工作做好事前准备，以便于具体指导应急响应活动。所有的应急功能都要明确"做什么""怎么做"和"谁来做"三个问题。它的一个重要前提就是假定某类事件发生了，通过对其进行情况分析，整合现有能力和资源，动员周边力量，进行准备的计划。编制预案，可以发现预防系统的缺陷，更好地促进事故预防工作；预案演习使每一个参加救援的人员都熟知自己的责任、工作内容、周围环境，在事故发生时，能够熟练按照预定的程序和方法进行救援行动，减少突发事件造成的损失。

精品微课：编制
应急预案要素

1. 各级生态环境保护主管部门环境应急预案内容

生态环境保护主管部门编制的环境应急预案应当包括以下内容：

（1）总则。主要包含编制目的、编制依据、适用范围、环境污染事件分级、工作原则等内容。

（2）应急组织指挥体系与职责。主要内容包括领导机构、工作机构、地方机构或现场指挥机构、环境应急专家组等。

相关要求：应急指挥机构的成员、机构、岗位、职责、紧急状态下的联系方式等应明晰、准确。职责应全面、明确、合理，不缺失、模糊或交叉。

应根据项目的规模大小和可能发生的突发环境事件的危害程度，设置分级应急救援组织机构，并以组织机构图的形式列出来。

应成立应急救援指挥部，明确总指挥、副总指挥，以及部门领导组成、指挥部成员。

应根据自身条件和可能发生的突发环境事件的类型建立应急救援专业队伍，如应急环境监测组、环境应急专家组等。

（3）预防与预警机制。主要内容包括应急准备措施、环境风险隐患排查和整治措施、预警分级措施、预警分级指标、预警发布或解除程序、预警响应措施等。

相关要求：环境事件预防措施应结合企业实际情况具体明确，操作性强。

应根据突发环境事件严重性、紧急程度和可能波及的范围，对突发环境事件进行合理预警分级。

明确对环境风险源监测监控的方式、方法，以及采取的预防措施。

说明生产工艺的自动监测、报警、紧急切断及紧急停车系统，可燃气体、有毒气体的监测报警系统，消防及火灾报警系统等。

明确 24 小时有效的内外部联络手段和方式。

（4）应急处置。主要内容包括应急预案启动条件、信息报告、先期处置、分级响应、指挥与协调、信息发布、应急终止等程序和措施。

相关要求：

1）响应流程：根据所编制预案的类型和特点，明确应急响应的流程和步骤，并以流程图表示。

2）分级响应：针对事故危害程度、影响范围和单位控制事态的能力及可以调动的应急资源，将环境污染事故应急行动分为不同的等级［分级标准参照《国家突发环境事件应急预案》（国办函〔2014〕119号）］。按照分级响应的原则，确定不同级别的现场负责人，指挥调度应急救援工作和开展事故应急响应。与环境污染事件分级、预警分级相对应。

（5）后期处置。主要内容包括善后处置、调查与评估、恢复重建等。

相关要求：应制定可行的善后处置措施、事件现场的保护措施、现场清洁净化和环境恢复措施、事件现场洗消工作的负责人和专业队伍、洗消后的二次污染的防治方案。

应调查评估事件发生是否合理，及时查明事件的发生经过和原因，总结应急处置工作的经验教训，作出科学评价，制定改进措施，并向相关部门报告。

（6）应急保障。主要内容包括人力资源保障、财力保障、物资保障、医疗卫生保障、交通运输保障、治安维护、通信保障、科技支撑等。

相关要求：应制定具体可行的应急保障措施，明确保障措施满足本地区、本部门应急工作要求。

（7）监督管理。主要内容包括应急预案演练、宣教培训、责任与奖惩预案的评审发布和更新等具体内容等。

相关要求：根据项目员工能力的评估结果和周边环境、敏感点的情况制定合理的培训方案和计划。

对演练的内容、范围、频次和组织等进行明确规定。

明确规定预案的评审、发布和更新的要求。

在环境风险源显眼位置张贴突发环境事件处置流程图、人员疏散路线图等信息。

明确制订与实施培训计划的具体责任小组或责任人，以及培训对象。

（8）附则。主要内容包括名词术语、预案解释、修订情况和实施日期等。

（9）附件。主要内容：环境影响评价和竣工环保验收文件、安全评价文件、危险废物登记文件、应急救援组织机构名单、组织应急救援有关人员联系电话、外部救援单位联系单位、政府有关部门联系电话、区域位置及周围环境敏感点分布图、重大危险源分布图、应急设施（备）平面布置图等。

评估意见应附专家小组签名表和参会代表签到表［其中应有相邻重点风险源单位、周边社区（乡、镇）代表参加］，评估组织单位应对评估意见和签到表盖章确认。

2. 企事业单位应急预案主要内容

企事业单位是制定环境应急预案的责任主体，根据应对突发环境事件的需要，开展环境应急预案制定工作，对环境应急预案内容的真实性和可操作性负责。企业可以自行编制环境应急预案，也可以委托相关专业技术服务机构编制环境应急预案。委托相关专业技术服务机构编制的企业应指定有关人员全程参与。

企事业单位编制的环境应急预案中除各级生态环境保护主管部门环境应急预案内容

外，还应当包括以下内容。

（1）本单位的概况、周边环境状况、环境敏感点等。

（2）本单位的环境危险源情况分析，主要包括环境危险源的基本情况及可能产生的危害后果和严重程度。

（3）应急物资储备情况，针对单位危险源数量和性质应储备的应急物资品名和基本储量等。

3. 应急预案编制指南

编制突发环境事件应急预案可参照以下指南：《典型行业企业突发环境事件应急预案编制指南（征求意见稿）》《油气管道突发环境事件应急预案编制指南（征求意见稿）》《尾矿库环境应急预案编制指南》（环办〔2015〕48号）、《石油化工企业环境应急预案编制指南》（环办〔2010〕10号）、《集中式地表水饮用水水源地突发环境事件应急预案编制指南（试行）》（生态环境部公告2018年第1号）、《城市大气重污染应急预案编制指南》《危险废物经营单位编制应急预案指南》（国家环境保护总局公告2007年第48号）。

4. 目前很多预案存在的主要问题

（1）缺乏规范性：基本要素缺失，结构混乱，体系不清。

（2）定位不准：侧重安全事故的防控，缺乏对外环境影响的关注。

（3）照搬照抄，针对性不强：仅关注形式，定性内容多，定量内容少，过于笼统，风险分析不准确，分级响应模糊，部门职责不够细化，应急措施不够具体（导致体系单一，偏重综合性预案的编制）。

（4）缺乏衔接性：缺少与上级政府、部门预案或其他单位预案的衔接，如事件分级标准、信息报告时限等不符合相关要求等，不利于信息及时互通，应急时容易错过有利时机，现场应急时容易造成各行其是的局面，不利于内外协调形成合力。

任务二　应急预案评审与演练

🧰 任务引入

原环境保护部2015年1月8日印发的《企事业单位突发环境事件应急预案备案管理办法（试行）》（环发〔2015〕4号）的第3条，规定了需要编制环境应急预案的企业类型，同时根据所学我们已经知道企业是制定环境应急预案的责任主体。那么，如何判断环境应急预案风险评估、措施、应急物资等是否设定合理？企业又应如何开展文本质量审核工作呢？

认真预习《企事业单位突发环境事件应急预案评审工作指南（试行）》（环办应急〔2018〕8号），完成课前思考，待学习本任务后，完成以下任务：

1. 环境应急预案评审程序有哪些？应急预案评审方法是什么？

2. 如何准备环境应急预案评审专家签到表、评审意见表、评审汇报PPT？

3. 应急演练目的、类型和基本流程分别是什么？

一、环境应急预案评审

1. 环境应急预案评审概述

环境应急预案评审是指制定环境应急预案的企业，组织专家和可能受影响的居民代表、单位代表，对环境应急预案及其相关文件进行评议和审查，必要时进行现场查看核实，以发现环境应急预案中存在的缺陷，为企业审议、批准环境应急预案提供依据而进行的活动。

精品微课：预案
评审及备案

（1）评审依据。企事业单位突发环境事件应急预案评审工作一般按照《企事业单位突发环境事件应急预案评审工作指南（试行）》（环办应急〔2018〕8号）的规定开展，如广东省、甘肃省等省级生态环境行政主管部门制定和发布地方相关规定，则按照地方规定执行。

（2）评审主体及时间。企业需在环境应急预案审签发布前组织环境应急预案评审工作。

（3）环境应急预案评审人员。评审人员及其数量由企业自行确定。

1）评审人员，一般包括具有相关领域专业知识、实践经验的专家和可能受影响的居民代表、单位代表。其中，评审专家可以选自监管部门专家库、企业内部专家库、相关行业协会、同行业或周边企业具有环境保护、应急管理知识经验的人员，与企业有利害关系的一般应当回避。

2）评审人员数量，原则上较大以上突发环境事件风险（以下简称环境风险）企业不少于5人，一般环境风险企业不少于3人。其中，较大以上环境风险企业评审专家不少于3人，可能受影响的居民代表、单位代表不少于2人。

（4）评审方式。评审可以采取会议评审、函审或两者相结合的方式进行。较大以上环境风险企业，一般应采取会议评审方式，并对环境风险物质及环境风险单元、应急措施、应急资源等进行查看核实。会议评审是指企业组织评审人员召开会议集中评审。函审是指企业通过邮件等方式将环境应急预案文件送至评审人员分散评审。

评审同时也分为内部评审与外部评审。内部评审是指企业内部相关人员先自行对编制的环境应急预案进行会审。外部评审是指企业以外的评审人员对环境应急预案进行质量审核。

2. 环境应急预案评审内容

（1）环境应急预案。重点评审环境应急预案的定位及与相关预案的衔接，组织指挥机构的构成及运行机制，信息传递、响应流程和措施等应对工作的方式方法，是否明确、合理、有可操作性，是否体现"先期处置"和"救环境"特点。

（2）突发环境事件风险评估。重点评审风险分析是否合理、情景构建是否全面、完善风险防范措施的计划是否可行。

（3）环境应急资源调查。重点评审调查内容是否全面、调查结果是否可信。《企事业单位突发环境事件应急预案评审工作指南（试行）》中企事业单位突发环境事件应急预案评审表明确了评审具体内容。

3. 环境应急预案评审方法

（1）评审人员定性判断。评审专家依据相关法律法规、技术文件，结合专业知识、实践经验等，对环境应急预案的针对性、实用性和可操作性整体给出定性判断结果；参与评审的居民代表、单位代表，重点评审环境应急预案能否为周边居民和单位提供事件信息、告知如何避险和参与应对，给出定性判断结果。

（2）评审专家定量打分。各评审专家参照企事业单位突发环境事件应急预案评审表，对评审指标逐项给出"符合""部分符合""不符合"的结论，按照赋分原则逐项赋分，相加得出评审得分。结论为"部分符合""不符合"的应说明原因。

评审结论可参照以下原则确定：定量打分结果大于80分（含80分）的，为通过评审；小于60分（不含60分）的，为未通过评审；其他，为原则通过但需进行修改复核。专家定量打分表详见《企事业单位突发环境事件应急预案评审工作指南（试行）》。

4. 评审程序

会议评审，一般按以下程序进行。

（1）企业负责人介绍评审安排、评审人员。

（2）评审人员组成评审组，确定评审组组长。

（3）企业负责人介绍环境应急预案和编修过程，向评审人员说明重点内容。

（4）评审组组长对评审进行适当分工，组织进行资料审核、现场查验、定性判断和定量打分。现场查验可以在会议评审前进行。

（5）评审组开展定性判断和定量打分。定性判断为未通过的，可以结束评审。

（6）评审组组长汇总评审情况，形成初步评审意见。

（7）评审组与企业相关人员进行沟通，形成评审意见。评审意见一般包括评审过程、总体评价、评审结论、问题清单、修改意见建议等内容，附定量打分结果和各评审专家评审表。

二、环境应急预案演练

（一）应急演练定义、目的、工作原则及分类

1. 应急演练的定义

应急演练是指各级人民政府及其部门、企事业单位、社会团体等（以下统称演练组织单位）组织相关单位及人员，依据有关应急预案，模拟应对突发事件的活动。

2. 应急演练的目的

（1）检验预案。发现应急预案中存在的问题，提高应急预案的针

精品微课：
培训和演练

对性、实用性和可操作性。

（2）完善准备。完善应急管理标准制度，改进应急处置技术，补充应急装备和物资，提高应急能力。

（3）磨合机制。完善应急管理部门、相关单位和人员的工作职责，提高协调配合能力。

（4）宣传教育。普及应急管理知识，提高参演和观摩人员风险防范意识和自救互救能力。

（5）锻炼队伍。熟悉应急预案，提高应急人员在紧急情况下妥善处置事故的能力。

3. 应急演练的工作原则

（1）符合相关规定。按照国家相关法律法规、标准及有关规定组织开展演练。

（2）依据预案演练。结合生产面临的风险及事故特点，依据应急预案组织开展演练。

（3）注重能力提高。以提高指挥协调能力、应急处置能力和应急准备能力为目的组织开展演练。

（4）确保安全有序。在保证参演人员、设备（设施）及演练场所安全的条件下组织开展演练。

4. 应急演练的分类

应急演练按照演练内容分为综合演练和单项演练，按照演练形式分为实战演练和桌面演练，按照目的与作用分为检验性演练、示范性演练和研究性演练，不同类型的演练可相互组合。

（1）综合演练。针对应急预案中多项或全部应急响应功能开展的演练活动。注重对多个环节和功能进行检验，特别是对不同单位之间应急机制和联合应对能力的检验。

（2）单项演练。针对应急预案中某一项应急响应功能开展的演练活动。注重对一个或少数几个参与单位（岗位）的特定环节和功能进行检验。

（3）实战演练。实战演练是指参演人员利用应急处置涉及的设备和物资，针对事先设置的突发事件情景及其后续的发展情景，通过实际决策、行动和操作，完成真实应急响应的过程，从而检验和提高相关人员的临场组织指挥、队伍调动、应急处置技能和后勤保障等应急能力。实战演练通常要在特定场所完成。

（4）桌面演练。针对事故情景，利用图纸、沙盘、流程图、计算机模拟、视频会议等辅助手段，进行交互式讨论和推演的应急演练活动。通过桌面演练可促进相关人员掌握应急预案中所规定的职责和程序，提高指挥决策和协同配合能力。桌面演练通常在室内完成。

（5）检验性演练。为检验应急预案的可行性、应急准备的充分性、应急机制的协调性及相关人员的应急处置能力而组织的演练。

（6）示范性演练。为检验和展示综合应急救援能力，按照应急预案开展的具有较强指导宣教意义的规范性演练。

（7）研究性演练。为探讨和解决事故应急处置的重点、难点问题，试验新方案、新技术、新装备而组织的演练。

（二）应急演练实施基本流程

应急演练实施基本流程包括计划、准备、实施、评估总结、持续改进五个阶段。演练组织单位要根据实际情况，并依据相关法律法规和应急预案的规定，制定年度应急演练规划，按照"先单项后综合、先桌面后实战、循序渐进、时空有序"等原则，合理规划应急演练的频次、规模、形式、时间、地点等。

1. 计划

全面分析和评估应急预案、应急职责、应急处置工作流程和指挥调度程序、应急技能和应急装备、物资的实际情况，提出需要通过应急演练解决的内容，有针对性地确定应急演练目标，提出应急演练的初步内容和主要科目。确定应急演练的事故情景类型、等级、发生地域、演练方式、参演单位、应急演练各阶段主要任务、应急演练实施的拟定日期。

2. 准备

演练应在相关预案确定的应急领导机构或指挥机构领导下组织开展。演练组织单位要成立由相关单位领导组成的演练领导小组，通常下设策划部、保障部和评估组；对于不同类型和规模的演练活动，其组织机构和职能可以适当调整。根据需要，可成立现场指挥部。

（1）演练领导小组。演练领导小组负责应急演练活动全过程的组织领导，审批决定演练的重大事项，演练领导小组组长一般由演练组织单位或其上线单位的负责人担任；副组长一般由演练组织单位或主要协办单位负责人担任；小组其他成员一般由各演练参与单位相关负责人担任。在演练实施阶段，演练领导小组组长、副组长通常分别担任演练总指挥、副总指挥。

（2）策划部。策划部负责应急演练策划、演练方案设计、演练实施的组织协调、演练评估总结等工作。策划部设总策划、副总策划，下设文案组、协调组、控制组、宣传组等。

1）总策划。总策划是演练准备、演练实施、演练总结等阶段各项工作的主要组织者，一般由演练组织单位具有应急演练组织经验和突发事件应急处置经验的人员担任；副总策划是协助总策划开展工作，一般由演练组织单位或参与单位的有关人员担任。

2）文案组。在总策划的直接领导下，负责制订演练计划、设计演练方案、编写演练总结报告，以及演练文档归档与备案等；其他成员应具有一定的演练组织经验和突发事件应急处置经验。

3）协调组。负责与演练涉及的相关单位及本单位有关部门之间的沟通协调，其成员一般为演练组织单位及参与单位的行政、外事等部门人员。

4）控制组。在演练实施过程中，在总策划的直接指挥下，负责向演练人员传送各类控制消息，引导应急演练进程按计划进行。其成员最好有一定的演练经验，也可以从文案组和协调组抽调，常称为演练控制人员。

5）宣传组。负责编制演练宣传方案，整理演练信息，组织新闻媒体和开展新闻发布等。其成员一般是演练组织单位及参与单位的宣传部门人员。

（3）保障部。保障部负责调集演练所需物资装备，购置和制作演练模型、道具、场景，准备演练场地，维持演练现场秩序，保障运动车辆，保障人员生活和安全保卫等。其成员一般是演练组织单位及参与单位的后勤、财务、办公等部门人员，常称为后勤保障人员。

（4）评估组。评估组负责设计演练评估方案和演练评估报告，对演练准备、组织、实施及其安全事项进行全过程、全方位评估，及时向演练领导小组、策划部和保障部提出意见、建议。其成员一般是应急管理专家，以及具有一定演练评估经验和突发事件应急处置经验的专业人员，常称为演练评估人员。评估组可由上级部门组织，也可由演练组织单位自行组织。

（5）参演队伍和人员。参演队伍包括应急预案规定的有关应急管理部门（单位）工作人员、各类专兼职应急救援队伍及志愿者队伍等。

参演人员承担具体演练任务，针对模拟事件场景作出应急响应行动，有时也可使用模拟人员替代未现场参加演练的单位人员，或模拟事故的发生过程，如释放烟雾、模拟泄漏等。

（6）编制文件。

1）工作方案。演练方案由文案组编写，通过评审后由演练领导小组批准，必要时还需报有关主管单位同意并备案。演练工作方案内容如下所述。

①目的及要求。明确举办应急演练的原因、演练要解决的问题和期望达到的效果等。在对事先设定事件的风险及应急预案进行认真分析的基础上，确定需调整的演练人员、需锻炼的技能、需检验的设备、需完善的应急处置流程和需进一步明确的职责等。

②事故情景与实施步骤。演练情景要为演练活动提供初始条件，还要通过一系列的情景事件引导演练活动继续，直至演练完成。演练情景包括演练场景概述和演练场景清单。

a. 演练场景概述。要对每一处演练场景进行概要说明，主要说明事件类别、发生的时间地点、发展速度、强度与危险性、受影响范围、人员和物资分布、已造成的损失、后续发展预测、气象及其他环境条件等。

b. 演练场景清单。要明确演练过程中各场景的时间顺序列表和空间分布情况。演练场景之间的逻辑关联依赖于事件发展规律、控制消息和演练人员收到控制消息后应采取的行动。

③参与人员及范围。根据演练需求、经费、资源和时间等条件的限制，确定演练事件类型、等级、地域、参演机构及人数、演练方式等。

④时间与地点。包括各种演练文件编写与审定的期限、物资器材准备的期限、演练实施的日期等。

⑤主要任务及职责。需完成的主要演练任务及其达到的效果，一般说明"由谁在什么条件下完成什么任务，依据什么标准，取得什么效果"。演练任务及职责应明确具体、可量化、可实现。明确各组织机构的职责、权利和义务，以突发事故应急响应全过程为主线，明确事故发生、报警、响应、结束、善后处理处置等环节的主管部门与协作部门；以应急准备及保障机构为支线，明确各参与部门的职责。

⑥技术支撑及保障条件。主要包括人员保障、经费保障、场地保障、物资和器材保

障、安全保障。

⑦评估与总结。对综合性较强、风险较大的应急演练，评估组要对文案制订的演练方案进行评审，确保演练方案科学可行，以确保应急演练工作的顺利进行。

2）脚本。演练一般按照应急预案进行，按照应急预案进行时，根据工作方案中设定的事故情景和应急预案中规定的程序开展演练工作。演练单位根据需要确定是否编制脚本，如果编制脚本，一般采用表格形式，主要内容如下所述。

①模拟事故情景。

②处置行动与执行人员。

③指令与对白、步骤及时间安排。

④视频背景与字幕。

⑤演练解说词。

⑥其他。

3）评估方案。每项演练目标都要设计合理的评估项目方法、标准。根据演练目标的不同，可以用选择项（如：是/否判断，多项选择）、主观评分（如：1－差、3－合格、5－优秀）、定量测量（如：响应时间、被困人数、获救人数）等方法进行评估。

为便于演练评估操作，通常事先设计好评估表格，包括演练信息、评估内容、评估标准、评估程序和相关记录项等。有条件时还可以采用专业评估软件等工具。

4）保障方案。演练保障方案应包括应急演练可能发生的意外情况、应急处置措施及责任部门、应急演练意外情况中止条件与程序。

5）观摩手册。根据演练规模和观摩需要，可编制演练观摩手册。演练观摩手册通常包括应急演练时间、地点、情景描述、主要环节及演练内容、安全注意事项。

6）宣传方案。编制演练宣传方案，明确宣传目标、宣传方式、传播途径、主要任务及分工、技术支持。

7）工作保障。根据演练工作需要，做好演练的组织与实施需要相关保障条件。保障条件主要内容如下。

①人员保障。按照演练方案和有关要求，确定演练总指挥、策划导调、宣传、保障、评估、参演人员参加演练活动，必要时设置替补人员。

②经费保障。明确演练工作经费及承担单位。

③物资和器材保障。明确各参演单位所准备的演练物资和器材。

④场地保障。根据演练方式和内容，选择合适的演练场地；演练场地应满足演练活动需要，应尽量避免影响企业和公众正常生产、生活。

⑤安全保障。采取必要的安全防护措施，确保参演、观摩人员及生产运行系统安全。

⑥通信保障。采用多种公用或专用通信系统，保证演练通信信息通畅。

⑦其他保障。提供其他保障措施。

3. 实施

（1）演练启动。应急演练总指挥宣布开始应急演练，参演单位及人员按照设定的事故情景，参与应急响应行动，直至完成全部演练工作。演练总指挥可根据演练现场情况，决定是否继续或中止演练活动。

（2）演练执行。

1）演练指挥与行动。演练总指挥负责演练实施全过程的指挥控制。当演练总指挥不兼任总策划时，一般由总指挥授权策划对演练全过程进行控制。

按照演练方案要求，应急指挥机构指挥各参演队伍和人员，开展对模拟演练事件的应急处置行动，完成各项演练活动。

演练控制人员应充分掌握演练方案，按总策划的要求，熟练发布控制信息，协调参演人员完成各项演练任务。

参演人员根据控制消息和指令，按照演练方案规定的程序开展应急处置行动，完成各项演练活动。

模拟人员按照演练方案要求，根据未参加演练的单位或人员的行动，作出信息反馈。

2）演练过程控制。

①桌面演练过程控制。在讨论式桌面演练中，演练活动主要围绕对所提出问题进行讨论。由总策划以口头或书面形式，部署引入一个或若干个问题。参演人员根据应急预案及有关规定，讨论应采取的行动。

在角色扮演或推演式桌面演练中，由总策划按照演练方案发出控制消息，参演人员接收到事件信息后，通过角色扮演或模拟操作，完成应急处置活动。通常按照注入信息、提出问题、分析决策及表达结果四个环节循环往复进行。

②实战演练过程控制。在实战演练中，要通过传递控制消息来控制演练进程。总策划按照演练方案发出控制消息，控制人员向参演人员和模拟人员传递控制消息。参演人员和模拟人员接到信息后，按照发生真实事件的应急处置程序，可根据应急行动方案，采取相应的应急处置行动。控制消息可由人工传递，也可以用对讲机、电话、手机、传真机、网络等方式传送，或通过特定的声音、标志、视频等呈现。演练过程中，控制人员应随时掌握演练进展情况，并向总策划报告演练中出现的各种问题。

（3）演练解说及记录。在演练实施过程中，演练组织单位可以安排专人对演练过程进行解说。解说内容一般包括演练背景描述、进程讲解、案例介绍、环境渲染等。对于有演练脚本的大型综合性示范演练，可按照脚本中的解说词进行讲解。

演练实施过程中，安排专门人员采用文字、照片和音像手段记录演练过程。

（4）演练结束。演练完毕，由总策划发出结束信号，演练总指挥宣布演练结束。演练结束后所有人员停止演练活动，按预定方案集合进行现场总结讲评或组织疏散。保障部负责组织人员对演练场地进行清理和恢复。

4. 评估总结

（1）演练评估。演练评估是在全面分析演练记录及相关资料的基础上，对比参演人员表现与演练目标要求，对演练活动及其组织过程作出客观评价，并编写演练评估报告的过程，所有应急演练活动都应进行演练评估。

演练结束后可通过组织评估会议、填写演练评价表和对参演人员进行访谈等方式，也可要求参演单位提供自我评估总结材料，进一步收集演练组织实施的情况。

演练评估报告的主要内容一般包括演练执行情况、预案的合理性与可操作性、应急指挥人员的指挥协调能力、参演人员的处置能力、演练所用设备装备的适用性、演练目标的实现情况、演练的成本效益分析、完善预案的建议等。

（2）演练总结。

1）撰写演练总结报告。应急演练结束后，演练组织单位应根据演练记录、演练评估报告、应急预案、现场总结材料，对演练进行全面总结，并形成演练书面总结报告。报告可对应急演练准备、策划工作进行简要总结分析。参与单位也可对本单位的演练情况进行总结。演练总结报告的主要内容如下所述。

①演练基本概要。

②演练发现的问题、取得的经验和教训。

③应急管理工作建议。

2）演练资料归档。应急演练活动结束后，演练组织单位应将应急演练工作方案、应急演练书面评估报告、应急演练总结报告文字资料，以及记录演练实施过程的相关图片、视频、音频资料归档保存。

5. 持续改进

应急演练结束后，演练组织单位应根据应急演练评估报告、总结报告提出的问题和建议，对应急管理工作（包括应急演练工作）进行持续改进。

演练组织单位应督促相关部门和人员，制订整改计划，明确整改目标，制定整改措施，落实整改资金，并跟踪督查整改情况。

⌨ 职场提示

职场必备防范环境风险技巧

突发环境事件应急预案编制的基本要求体现在"针对性、可行性、可操作性、完整性、可读性和衔接性"六大基本特性，如何才能实现上述目标呢？首先，应认真研读和学习《建设项目环境风险评价技术导则》（HJ 169—2018）、《企业突发环境事件风险分级方法》（HJ 941—2018）、《危险化学品重大危险源辨识》（GB 18218—2018）、《环境应急资源调查指南（试行）》（环办应急〔2019〕17号）和《突发环境事件应急监测技术规范》（HJ 589—2021）等技术规范和标准的内容，做到烂熟于心；其次，博采众家、取长补短，全国各省市区突发环境事件应急预案编制工作一般是从2013年左右开始的，至今也有10年之余，全国各省市区都有比较成熟或质量上乘的突发环境事件应急预案文本，作为初学者应注意收集全国各省市区，特别是所在省市区的预案文本并加以学习和消化；最后，虚怀若谷，扬长避短，寸有所长、人有所短，每位步入职场的初学者都有自己所长，也有自己不足之处，在平常预案现场调研、报告编写、报告评审等环节均要虚心好学。

在防范环境风险的工作中，确保安全和降低潜在风险是每个工作人员的责任。以下是一些关于防范环境风险的职场提示，以便更好地应对和预防潜在的环境风险。

（1）严格遵守安全规程：在工作场所，务必遵守所有安全规程和操作程序。这包括但不限于穿戴适当的防护装备，遵循化学品存储和使用规定，以及正确操作设备等。

（2）了解工作环境：熟悉工作场所及其周围环境，了解存在的潜在环境风险物质和风险源。了解应急出口、安全集合点等位置，以便在紧急情况下迅速撤离。

（3）定期参与安全培训：积极参加安全培训课程，了解如何应对各种紧急情况和事故。增强自身的安全意识和应对能力。

（4）注意个人防护：根据工作需要，选择合适的个体防护用品，如化学防护眼镜、防护鞋、化学防护口罩等。确保个人防护装备符合相关标准和规定。

（5）定期检查和维护设备：定期检查工作环境中的设备、管道和容器，确保其处于良好的工作状态。及时报告发现的异常情况，并配合相关部门进行维修和更换。

（6）及时报告事故和隐患：如果发现任何事故、伤害或潜在的安全隐患，务必及时向上级或相关部门报告。及时采取措施防止事态扩大。

（7）参与应急演练：参与工作场所的应急演练，熟悉应急预案和疏散程序。了解自己的角色和责任，以便在紧急情况下能够迅速采取行动。

（8）保持沟通与协作：与同事保持良好沟通，相互提醒和关心彼此的安全。在工作中相互协作，共同应对和降低环境风险。

（9）提高警惕，保持专注：在工作期间保持高度的警惕和专注，避免分散注意力或疏忽大意导致事故发生。

（10）关注行业动态和法规更新：了解所在行业相关的法规、标准和最佳实践，关注环境风险管理的最新动态，不断更新自己的知识和技能。

📖 知识拓展

《集中式地表水饮用水
水源地环境应急
预案编制技术指南》

《企业事业单位突发
环境事件应急预案
备案管理办法》（试行）

《环境事件应急
预案评审指南》
（2018）

🧰 项目实施

一、工作计划

本项目是防范环境风险，作为应急专家，从管理环境风险，编制应急预案，到评审应急预案与演练，每项工作都需要知识和技能并存，本项目分为两个任务，工作计划是根据表中提供的长沙市雨花区××香樟路加油站相关介绍及学习材料，编制××香樟路加油站突发环境事件应急预案及其相应的评审资料。以小组为单位，最后完成项目评价并填入表中。

二、项目实施

任务描述	长沙市雨花区××香樟路加油站设置1座罩棚、1个站房（含营业间、办公室、值班室、配电房、厕所、便利店等）、5个埋地油罐（30 m³ 0号柴油罐1个、30 m³ 92号汽油罐2个、30 m³ 95号汽油罐2个），配套供配电、给排水、防雷接地、污染处理设施、消防等公用工程建设。年零售石油4 650 t。本加油站现有站长1人、副站长1人、加油员5人；现场调研时发现该加油站主要存在2处环境风险隐患：危废间没有废油流失收集措施，如托盘；隔油池为露天设置，隔油池内浮油较多，存在雨天溢流风险。请参考长沙国盛加油站公司应急预案及其评审资料，编制长沙市雨花区××香樟路加油站突发环境事件应急预案及评审资料			
工作任务	工作步骤	完成情况	完成人	复核人
任务一 编制突发环境事件应急预案	（1）哪些企业需编制环境应急预案？ （2）环境应急预案的编制步骤是什么？ （3）请根据所给材料分组编制××香樟路加油站突发环境事件应急预案			
任务二 应急预案评审与演练	（1）环境应急预案评审程序、内容是什么？ （2）根据提供材料准备××香樟路加油站评审资料（包括汇报PPT、签到表和打分表）。 （3）应急演练定义、分类及基本流程是什么			

🧰 项目评价

序号	项目实施过程评价	自我评价	企业导师评价
1	相应法规、标准理解与应用能力		
2	任务完成质量		
3	关键内容完成情况		
4	完成速度		
5	参与讨论主动性		
6	沟通协作		
7	展示汇报		
8	项目收获		

序号	项目实施过程评价	自我评价	企业导师评价
9	素质考查		
10	综合能力		
	综合评价		

注：表中内容每项 10 分，共 100 分，学生根据任务学习的过程与完成情况，真实、诚信地完成自我评价，企业导师根据项目实施过程、成果和学生自我评价，客观、公正地对学生进行综合评价

 **项目测试**

一、知识测试

1.（多选题）《突发环境事件应急管理办法》适用于各级生态环境保护主管部门和企事业单位组织开展的突发环境事件（　　）等工作。

    A. 风险控制　　　　　　B. 应急准备　　　　　　C. 应急处置

    D. 事后恢复　　　　　　E. 事故调查

2.（多选题）突发环境事件应对，应当在县级以上地方人民政府的统一领导下，建立（　　）的应急管理体制。

    A. 分类管理　　　　　　B. 分级负责　　　　　　C. 属地管理

    D. 责任追究　　　　　　E. 污染担责

3.（多选题）根据《突发环境事件信息报告办法》的规定，突发环境事件报告分为（　　）类型。

    A. 初报　　　　　　　　B. 详报　　　　　　　　C. 续报

    D. 简报　　　　　　　　E. 处理结果报告

4.（单选题）对初步认定为重大（级）或特别重大（级）突发环境事件的，事件发生地设区的市级或县级人民政府生态环境保护主管部门应当在（　　）小时内向本级人民政府和省级人民政府生态环境保护主管部门报告，同时上报环境保护部。

    A. 1　　　　　　　　　　B. 2　　　　　　　　　　C. 3　　　　　　　　　　D. 4

5.（单选题）企业环境应急预案应当在环境应急预案签署发布之日起（　　）个工作日内，向企业所在地县级生态环境保护主管部门备案。受理部门应急在（　　）个工作日内进行核对。

    A. 10、5　　　　　　　　　　　　　　　　B. 20、10

    C. 20、5　　　　　　　　　　　　　　　　D. 30、10

二、技能测试

实例：应急预案编制依据收集与整理。

收集和整理应急预案的编制依据是开展应急预案编制时的基本技能和要求，以下为

某餐厨垃圾处理企业编制公司突发环境事件应急预案时，列出本预案的编制依据，按照"时效性、关联性"的要求，找出至少 10 条与此预案关联不大或未及时更新的编制依据。

1. 法律

（1）《中华人民共和国环境保护法》，2015 年 1 月 1 日起施行；

（2）《中华人民共和国环境影响评价法》，2018 年 12 月 29 日修正；

（3）《中华人民共和国大气污染防治法》，2018 年 10 月 26 日修正；

（4）《中华人民共和国水污染防治法》，2018 年 1 月 1 日起施行；

（5）《中华人民共和国固体废物污染环境防治法》，2020 年 9 月 1 日起施行；

（6）《中华人民共和国土壤污染防治法》，2019 年 1 月 1 日起施行；

（7）《中华人民共和国清洁生产促进法》，2012 年 7 月 1 日起施行；

（8）《中华人民共和国水土保持法》，2011 年 3 月 1 日起施行；

（9）《中华人民共和国土地管理法》，2020 年 1 月 1 日起施行；

（10）《中华人民共和国循环经济促进法》，2018 年 10 月 26 日修正；

（11）《中华人民共和国水法》，2016 年 7 月 2 日修正；

（12）《中华人民共和国城乡规划法》，2019 年 4 月 23 日修正；

（13）《中华人民共和国野生动物保护法》，2023 年 5 月 1 日起施行。

2. 法规和规章

（1）《国务院关于修改〈建设项目环境保护管理条例〉的决定》（国务院令第 682 号令）2017 年 10 月 1 日起施行；

（2）《建设项目环境影响评价分类管理名录（2021 年版）》（生态环境部令第 16 号），2021 年 1 月 1 日起施行；

（3）《环境影响评价公众参与办法》（生态环境部令第 4 号），2019 年 1 月 1 日起施行；

（4）《产业结构调整指导目录（2024 年本）》（国家发改委令第 7 号），2024 年 2 月 1 日起施行；

（5）《国务院关于印发大气污染防治行动计划的通知》（国发〔2013〕37 号）；

（6）《国务院关于印发水污染防治行动计划的通知》（国发〔2015〕17 号）；

（7）《国务院关于印发土壤污染防治行动计划的通知》（国发〔2016〕31 号）；

（8）《国务院关于全国地下水污染防治规划（2011—2020 年）的批复》（国函〔2011〕119 号）；

（9）《国务院关于印发打赢蓝天保卫战三年行动计划的通知》（国发〔2018〕22 号）；

（10）《国务院关于印发循环经济发展战略及近期行动计划的通知》（国发〔2013〕5 号）；

（11）《环境保护部关于进一步加强环境影响评价管理防范环境风险的通知》（环发〔2012〕77 号）；

（12）《关于切实加强风险防范严格环境影响评价管理的通知》（环发〔2012〕98 号）；

（13）《国家危险废物名录》（2025 版），2025 年 1 月 1 日实施；

（14）《城市生活垃圾管理办法》，2015 年 5 月 4 日起施行；

（15）《国务院办公厅关于加强地沟油整治和餐厨废弃物管理的意见》（国办发〔2010〕

36 号）；

（16）《国家工商行政管理总局关于加强地沟油专项整治工作的通知》（工商食字〔2010〕150 号）；

（17）《国务院办公厅关于进一步加强"地沟油"治理工作的意见》（国办发〔2017〕30 号）。

3. 标准和规范

（1）《建设项目环境影响评价技术导则　总纲》（HJ 2.1—2016）；

（2）《环境影响评价技术导则　大气环境》（HJ 2.2—2018）；

（3）《环境影响评价技术导则　地表水环境》（HJ 2.3—2018）；

（4）《环境影响评价技术导则　地下水环境》（HJ 610—2016）；

（5）《环境影响评价技术导则　声环境》（HJ 2.4—2021）；

（6）《环境影响评价技术导则　生态影响》（HJ 19—2022）；

（7）《建设项目环境风险评价技术导则》（HJ 169—2018）；

（8）《环境影响评价技术导则　土壤环境（试行）》（HJ 964—2018）；

（9）《污染源源强核算技术指南准则》（HJ 884—2018）；

（10）《餐厨垃圾自动分选系统　技术条件》（JB/T 13166—2017）；

（11）《危险废物鉴别标准》（GB 5085.1～6—2007、GB 5085.7—2019）；

（12）《危险废物贮存污染控制标准》（GB 18597—2023）；

（13）《一般工业固体废物贮存和填埋污染控制标准》（GB 18599—2020）；

（14）《餐厨垃圾处理技术规范》（CJJ 184—2012）；

（15）《餐厨垃圾车》（QC/T 935—2013）；

（16）《污染源源强核算技术指南 锅炉》（HJ 991—2018）；

（17）《排污许可证申请与核发技术规范 锅炉》（HJ 953—2018）；

（18）《排污单位自行监测技术指南 火力发电及锅炉》（HJ 820—2017）。

三、素质测试

1.（单选题）每年的 6 月 5 日是（　　）。

A. 世界地球日　　　　　　　　　　　B. 世界环境日

C. 世界卫生日　　　　　　　　　　　D. 世界动物日

2.（单选题）全国统一的环境问题举报免费热线电话是（　　）。

A. 12315　　　　　　B. 12360　　　　　　C. 12358　　　　　　D. 12369

测试练习
参考答案

参考文献

[1] 尚建程，桑换新，张舒. 突发环境污染事故典型案例分析 [M]. 北京：化学工业出版社，2019.

[2] 冯辉. 突发环境污染事件应急处置 [M]. 北京：化学工业出版社，2018.

[3] 罗云. 风险分析与安全评价 [M]. 3 版. 北京：化学工业出版社，2016.

[4] 国家市场监督管理总局，中国国家标准化管理委员会. GB 18218—2018 危险化学品重大危险源辨识 [S]. 北京：中国标准出版社，2018.

[5] 宋永会，彭剑峰，袁鹏，等. 环境风险源识别与监控 [M]. 北京：科学出版社，2015.

[6] 中华人民共和国生态环境部. HJ 169—2018 建设项目环境风险评价技术导则 [S]. 北京：中国环境科学出版社，2018.

[7] 中华人民共和国安全生产监督管理总局. AQ/T 3046—2013 化工企业定量风险评价导则 [S]. 北京：煤炭工业出版社，2013.

[8] 中华人民共和国环境保护部，国家质量监督检验检疫总局. HJ 941—2018 企业突发环境事件风险分级方法 [S]. 北京：中国环境科学出版社，2018.

[9] 中华人民共和国环境保护部. HJ 740—2015 尾矿库环境风险评估技术导则（试行）[S]. 北京：中国环境科学出版社，2015.

[10] 中华人民共和国生态环境部. HJ 2.3—2018 环境影响评价技术导则 地表水环境 [S]. 北京：中国环境科学出版社，2018.

[11] 环境保护部环境应急指挥领导小组办公室. 突发环境事件典型案例选编（第二辑）[M]. 北京：中国环境出版社，2015.

[12] 环境保护部环境应急指挥领导小组办公室. 镉污染应急处置技术 [M]. 北京：中国环境出版社，2015.

[13] 柴福鑫，贺华翔，谢新民，等. 水污染突发事件防控与应急调度 [M]. 北京：化学工业出版社，2020.

[14] 杨光胜. 溢油应急处置技术与实践 [M]. 北京：石油工业出版社，2018.

[15] 牟林，赵前. 海洋溢油污染应急技术 [M]. 北京：科学出版社，2011.

[16] 安伟，张前前，李建伟，等. 深水溢油应急技术 [M]. 北京：科学出版社，2016.

[17] 中华人民共和国生态环境部. HJ 589—2021 突发环境事件应急监测技术规范 [S]. 北京：中国环境科学出版社，2021.

[18] 中华人民共和国应急管理部. AQ/T 9007—2019 生产安全事故应急演练基本规范 [S]. 北京：应急管理出版社，2019.

[19] 国家市场监督管理总局，国家标准化管理委员会. GB 39800.1—2020 个体防护装备配备规范 第1部分：总则 [S]. 北京：中国标准出版社，2020.